K-국방 획득·정비·유지·운영·공급망 관리를 위한

무기체계 운영전략
dARMOS

K-국방 획득·정비·유지·운영·공급망 관리를 위한

무기체계 운영전략

초판 1쇄 발행 · 2025년 10월 27일

지은이 · 문성암, 최경환, 최진우

펴낸이 · 최성훈

펴낸곳 · 작품미디어

신고번호 · 제2020-000047호

주소 · 서울시 동작구 상도로 62가길 15-5(상도동)

메일 · jakpoommedia@gmail.com

블로그 · https://blog.naver.com/cshbulldog

전화 · 010-8991-1060

ISBN · 979-11-991417-4-2 (03390)

ⓒ 문성암·최경환·최진우, 2025

K-국방 획득·정비·유지·운영·공급망 관리를 위한

무기체계 운영전략
dARMOS

문성암 | 최경환 | 최진우

defence
Acquisition
Repair
Maintenance
Operation
Supply chain

작품미디어

추천사

오늘날 국제 안보환경은 한 치 앞을 내다보기 어려운 불확실성으로 가득 차 있다. 우크라이나-러시아 전쟁과 중동 분쟁은 현대전의 승패가 단순히 첨단 무기 몇 기를 보유했느냐에 달린 것이 아니라, 무기체계를 전장에서 얼마나 안정적이고 지속해서 운용할 수 있는가에 의해 결정된다는 냉엄한 현실을 보여주고 있다.

최근 K-방산은 FA-50, K2 전차, K9 자주포, 천무, 비호복합 등의 눈부신 성과를 통해 전 세계의 주목을 받고 있다. 그러나 이러한 성공은 결코 우연이 아니다. 그 이면에는 무기체계의 획득부터 정비, 수리, 공급망 관리에 이르는 총수명 주기Total Life Cycle 전반을 아우르는 보이지 않는 저력이 뒷받침되었기에 가능한 일이었다. 이런 기반이 없었다면 K-방산의 신뢰와 성공은 지속할 수 없다.

필자가 육군참모총장으로 재직 중 워리어플랫폼, 드론봇 전투단, 아미타이거Army TIGER 4.0와 같은 군사혁신을 강력하게 추진하면서, 하드웨어 중심의 전력 증강을 넘어 전력운영의 지속성과 통합 군수지원 역량이야말로 미래전의 핵심임을 절감했다. 방위산업과의 유기적 협력 없이는 진정한 전투력 완성을 이룰 수 없는 시대가 도래한 것이다.

이번에 발간하는 『무기체계 운영전략dARMOS』은 바로 이러한 시대적 요구에 부응하는 필수적인 지침서이다. 저자들은 풍부한 현장 경험과 정책적 통찰을 바탕으로, 무기체계 총수명 주기 관리의 이론적 토대와 실천적 해법을 명쾌하게 제시한다. 이는 단순히 무기체계 획득과 운영에 관한 기술서적을 넘어, 미래 국방을 설계하는 전략적 나침반의 역할을 할 것으로 보인다.

따라서 이 책은 전력 운용의 최일선에 있는 장병부터 국방 정책의 입안자, 방위산업 종사자와 연구자, 그리고 대한민국 국군의 미래를 이끌어갈 차세대 리더 모두에게 필독서가 될 것으로 확신한다. K-방산의 새로운 도약과 튼튼한 국가안보를 고민하는 모든 분께 이 책을 강력히 추천하는 바이다.

– 김용우(월드투게더 회장, 전 제47대 육군참모총장)

『무기체계 운영전략dARMOS』은 국가의 존립에 필수적이지만 베일에 싸인 듯 생소한 무기체계 획득·운용·정비·폐기의 전 과정과 그 과정에 참여하는 국방 공급망 관리의 본질을 종합적으로 소개함으로써, 국가안보와 방위산업의 미래를 고민하는 모든 이들에게 귀중한 통찰을 제공한다. 특히, 저자들은 무기체계의 획득·운용·정비·폐기에 이르는 총수명 주기를 체계적으로 설명하며, 획득비용에 비해 훨씬 더 큰 비중을 차지하는 운영·유지비용 문제를 재고 수량과 수리·정비 주기의 최적화라는 학술적 접근으로 풀어낸 점이 돋보인다. 이를 통해 무기체계의 비용 효과적 관리 방안을 제시하며, 단순한 기술적 시각을 넘어 전략적·경제적 의미를 동시에 짚어낸다. 이러한 연구는 무기체계 이해의 폭을 넓히고, 미래 안보 전략 수립에 실질적으로 이바지할 수 있는 길을 열어줄 것이다. 곧, 이 책은 국방의 복잡한 현안을 알기 쉽게 풀어내면서도, 독자에게 국가안보의 본질적 준비가 무엇인지를 깊이 성찰하게 한다.

– 민순홍(연세대 경영학과 교수)

『무기체계 운영전략dARMOS』은 '획득-수리-정비-운영-공급망'이라는 국방 MRO 전 과정을 하나의 생태계로 조망한 보기 드문 책이다. 민간 물류 회사 CEO로서 늘 '총수명 주기 관점'이 얼마나 중요한지 실감한다. 작전 현장의 무기체계든 글로벌 밸류체인의 화물이든, 핵심은 가동률과 회전율이다. 저자들은 방위산업을 거대한 기계를 해부하듯 분석하면서도, 표준화·예지정비·디지털 트윈 등 최신 민간 기법을 군수 분야에 이식할 방법을 제시한다. 이는 곧 민군 융합이 가져올 '혁신의 여지'를 말한다. 특히, '진화적 획득'과 'AI 기반 예측정비' 분야는 우리 회사가 준비 중인 스마트 풀필먼트 센터의 미래 로드맵과 궤를 같이해 깊은 인사이트를 주었다. 이 책은 국방 전문가뿐 아니라, 불확실성 속에서도 공급망을 멈추지 않게 해야 하는 모든 물류인에게 필독서라 할 수 있겠다. 이 책이 던지는 질문, "당신의 체계는 전시에 과연 살아남을 수 있는가?"에 답하고 싶다면, 당장 첫 페이지를 펼쳐보길 권한다.

– 서용기(로지스올 그룹 부회장)

'무기체계=초장기 프로젝트'라는 고정관념을 뒤집고, 진화적 획득이라는 민첩한 모델을 소개한 『무기체계 운영전략dARMOS』은 우리 같은 민간 물류 사업자에게는 'Agile SCM'의 실전 교본이다. 이 책은 디지털 트윈 기반 수명 주기 시뮬레이션, AI-예지정비, 다계층 공급망 협상 전략을 통해 비용·일정·성능 트레이드오프를 정량화한다. 이는 곧 우리 업계가 직면한 '고금리·고위험·고변동성'의 삼중고를 해소할 수 있는 로드맵이다. 또, 방위산업계의 Offset 계약 사례는 우리 회사의 글로벌 파트너십 모델에 신선한 영감을 주었다. 국방이라는 극한 환경에서 검증된 솔루션이기에 민간 물류도 안심하고 차용할 수 있다. 앞으로 이 책은 불확실성이 일상인 시대에 공급망 전략가의 필독서로 자리매김할 것으로 보인다.

– 이상협 (풍국산업 대표이사)

이번에 출간한 『무기체계 운영전략dARMOS』은 군사와 무기라는 다소 낯선 주제를 사람과 삶의 이야기로 풀어낸 책이다. 무기체계라 하면 흔히 전쟁과 파괴를 떠올리기 쉽지만, 이 책은 그것을 '지켜내기 위한 준비'라는 관점에서 바라보게 한다. 가족을 지키기 위해 집을 튼튼히 세우듯, 나라는 국민을 지키기 위해 무기체계를 준비하고 운영하는 것이다.

필자는 공군에서 오랫동안 복무하며 무기체계의 도입과 운영 과정을 지켜봤다. 그 속에는 언제나 국민의 안전을 최우선에 두겠다는 간절한 마음이 있었다. 이 책은 그런 마음을 담아, 무기체계가 단순한 장비가 아니라 '우리 모두의 일상과 연결된 자산'임을 차근차근 설명한다. 자동차를 사서 오래 쓰기 위해 보험과 정비를 고민하듯, 무기도 생애 전 과정을 관리해야 한다는 점을 누구나 이해할 수 있도록 보여주는 것이다. 특히, 이 책은 어려운 전문 용어에 머물지 않고, 우리의 현재와 미래를 지키기 위한 고민을 담담히 전하고 있다. 곧, 국방을 멀리 있는 일이 아니라 내 삶과 연결된 문제로 느끼게 해 주고 있는 거다.

이 책 『무기체계 운영전략dARMOS』이 독자 여러분께 "함께 지켜낸다"라는 안보의 본질을 일깨워주고, 나라를 사랑하는 마음을 조금 더 가까이에서 느끼게 하는 따뜻한 동반자가 되기를 바라는 바이다.

– 정석환 (전 국방부 정책실장, 전 공군본부 기획관리참모부장)

21세기 전장은 과거와는 전혀 다른 양상으로 진화하고 있다. 우크라이나-러시아 전쟁과 이스라엘-하마스·이란 간의 분쟁은 전장에서 무기체계 운용이 어떻게 결정적 역할을 하는지 여실히 보여준다. 다양한diversity 전장의 환경에서 신속한agile 의사 결정을 요구하는 현대 전장 환경의 특성과 정보·전자·정밀 유도무기체계의 통합integration 및 상호 운용성interoperability 의 보장은 전쟁의 승패와 더불어 국가 생존을 좌우하는 매우 중요한 사항이다.

이런 가운데 K-방산은 인공지능AI 시대에 발맞추어 새로운 도약의 시기를 맞이하고 있다. 단순한 수출을 넘어 무기체계 수출국과의 전략적 파트너십을 구축하는, 새로운 안보외교의 수단이 국가 브랜드의 상징으로 자리매김하고 있다.

이제 무기체계는 획득과 운용, 수리·정비와 수리부품의 공급망 소요관리를 넘어, 무기체계의 소요제기에서부터 획득, 운용, 폐기 등 전 과정에 이르기까지 총수명 주기 관리TLCSM를 포함하는 종합군수지원의 효율성이 제고되어야 한다. 무기체계의 군수지원 전 요소를 포함하여 가동률 향상을 기초로 한 최고의 전투준비 태세 유지는 전쟁의 승리를 위한 최고의 가치라 할 수 있다.

그러므로 무기체계의 소요제기에서 폐기까지 수명 주기 전 과정에 이르는, 무기체계 운영유지를 위한 종합군수지원IPS에 대한 철저한 이해와 관리는 더 이상 선택이 아닌 필수이다. 그런 면에서 이번에 출간한 『무기체계 운영전략dARMOS』은 단순한 기술서적 이상의 학술적, 실무적, 교육적 가치를 포괄하는 무기체계 분야의 필독서라 할 수 있겠다.

책에서 저자들은 군과 방위사업 현장에서 수십 년간 쌓아온 경험을 바탕으로 실제 전장 사례와 국내외 방산환경 변화를 정밀하게 관찰하고 분석했다. 아울러 미래지향적 관점에서 진화적 획득, 신속 전력화, 디지털 정보체계, 전력화 지원 요소 등을 포함하여, 데이터 기반의 인공지능 기술로 좀 더 다양하고, 급속히 변하는 기술발전 등을 고려한 불확실한 미래 안보환경에 요구되는 핵심 개념들을 체계적으로 풀어내고 있다.

필자 역시 군과 방산현장을 경험한 사람으로서, 이 책이 군 실무자, 방산 종사자, 정책입안자, 학계 연구자는 물론 무기체계에 관심 있는 모든 국민께 실질적 통찰과 전략적 방향성을 제공할 것으로 확신한다. 특히, 방위산업의 글로벌 진출이 국가 경제와 안보의 축으로 자리 잡은 지금, 이 책『무기체계 운영전략dARMOS』은 K-방산의 지속 가능한 발전과 도약을 위한 나침반이 되리라 기대한다.

— **최현국**(교수, 국방종합군수지원연구소장, 전 합동참모차장)

차례

프롤로그

2025년 7월 8일은 대한민국 제1회 방위산업의 날이었다. 이 기념일은 1592년 7월 8일, 임진왜란 중 사천해전에서 이순신 장군이 이끈 조선 수군이 손수 만든 거북선을 처음으로 실전에 투입하여 승리한 날을 기념하여 만들게 되었다. 거북선은 이순신 장군이 개량하여 만든 세계 최초의 철갑선으로, 외세에 의존하지 않고 자국의 기술력으로 방위력을 확보하여 자주 국방의 상징이 되었다. 이렇게 순수 우리나라 기술로 만든 거북선의 첫 출전일을 기념함으로써, 자주국방의 중요성과 이를 위한 방위산업의 역할을 강조하고, 방위산업의 발전의 다짐과 이를 위한 지속적인 노력과 투자의 필요성 확인 그리고 방위산업 분야에 대한 국민들과의 소통 강화 및 방위산업에 대한 이해를 증진하기 위해 제정했다. 이런 움직임과 호흡을 같이 하여 무기체계가 가지는 의미와 획득, 수리, 정비, 운영, 폐기 그리고 공급망 관리 등의 개념과 중요성을 학문적 토대로 설명하고, 무기체계에 대한 이해를 도모하고자 이 책을 쓰게 되었다.

최근의 국제 정세는 냉전 이후 미국과 러시아구 소련의 패권 전쟁에서 한 축이 점차 쇠퇴한 반면 중국이라는 또 다른 축이 급부상하고, 급기야 미국의 독주를 따라잡을 수 있을 만큼 새로운 역할을 하고 있다. 중국의 패권 쟁취를 위한 경쟁으로 국제 정세는 다시 매우 위태로운 형국이 되었다. 그것은 최근 발생한 이스라엘과 이란 전쟁, 우크라이나와 러시아 전쟁 그리고 중국의 대만 위협에 이르기까지 크고 작은 전쟁들이 일어나고 있는 상황에서 우리는 충분히 가늠할 수 있다. 이제 세계 각국은 어느 한 진영에 정치, 경제, 사회, 국방을 믿고 맡길 수 없고, 자신의 생존을 위해 자국의 이익을 최우선 할 수밖에 없는 상황이 된 것이다. 여기서 '생존'과 '자국의 이익'이라는 단어를 유심히 살펴볼 필요가 있다. 생존과 자국의 이익을 위해 우리는 어느 분야에 중점을 두고 어떻게 조화로운 방법으로 이것을 지켜내야 하는지를 말이다.

[그림 1] 중국 선양 J-35A(나무위키)

    2024년 기준, 미국의 국방비는 약 9,000억 달러약 1,240조 원로 세계 1위의 국방비 지출 국가이고, 중국이 약 3,000억 달러약410조 원로 그 뒤를 따르고 있다. 국방비의 수준은 3배 가량 차이를 보이지만, 중국은 최근 들어 6세대 전투기 개발이나 스텔스 전폭기 H−20 등 첨단 무기체계 개발에 박차를 가하고, 중국의 5세대 전투기로 일컫는 J−35 40대를 파키스탄에 수출함으로써 해외 수출 활로 개척은 물론 동맹국가를 점차 확대하려는 움직임이 포착되었다. 이런 일련의 움직임은 중국이 파키스탄의 조력과 인도의 견제라는 두 마리 토끼를 잡고자 하는 의도를 가지고 있음을 여실히 보여주었다.

    나라의 국력은 튼튼한 안보에서부터 비롯된다고 해도 과언이 아닐 정도로 국방 선진국이라고 하는 미국, 중국, 독일, 영국, 이스라엘, 일본 등은 강력한 국방과 안보 협력을 바탕으로 국력을 신장시키고 있다. 여기서 우리가 주목해야 할 것은 안보의 최전선에는 무기체계가 있다는 점이다. 왜냐하면 무기체계는 한 나라의 사회, 기술, 경제 등 모든 분야와 밀접하게 관련이 되어 있고, 수출을 통해 외교 안보의 수단으로 활용되기 때문이다. 그뿐만 아니라 무기체계를 획득하고 운영하는 데에는 대규모의 예산이 투입되기 때문에 가성비 높고 품질 좋은 무기체계를 개발하고자 하는 것은 여러 가지 의미가 부여된다. 이렇게 다양한 의미를 가진 무기체계를 제대로 알아야 국방안보에 대한 정확한 이해가 가능하다.

그러나 실상은 답답하다. 무기체계는 몇몇의 관련 종사자만 알고 있고, 알아야 하는 특수한 분야로 생각하는 사람들이 많다. 무기체계 자체 또는 그것을 획득하고 운영하는 세부 절차들은 그 분야에 종사하는 사람만이 특수하게 다루는 것은 사실이지만, 국민의 세금으로 이것을 이행하는 만큼 기본적인 개념이나 원리는 많은 사람이 충분히 이해해야 한다. 무기체계는 사업자가 개인 비용을 업체에 주고 구매할 수 있는 것이 아닌 것은 분명하다. 그러므로 무기체계는 국민의 세금으로 기획재정부, 국회 등이 예산을 편성하고, 감독 권한이 있는 기관이 인정한 비용으로 제작자나 공급자를 선정하여 구매한다. 그리고 이렇게 선정된 무기체계는 육군, 해군, 공군 그리고 해병대에서 안보를 목적으로 사용되며, 사용 중에 발생하는 고장이나 고장을 해결하기 위한 수리 그리고 성능을 유지하기 위한 정비와 마지막 폐기에 이르기까지 총수명 주기가 우리의 일상생활에서 사용하는 제품의 그것과 크게 다르지가 않다. 따라서 약간의 관심만 있으면 누구나 비교적 쉽게 접근할 수 있고, 일상생활에서 사용하는 제품과 달리 생각하지 않아도 될 정도로 매우 유사하다는 것을 알게 될 것이다.

우리 저자들은 국방 분야에 적어도 20여년 이상 근무하면서 국방의 다양한 문제들을 연구하고 있다. 저자들은 그동안의 풍부한 경험과 지식을 토대로 무기체계의 소요부터 폐기까지 무기체계 전 수명 주기 동안 발생할 수 있는 다양한 문제들을 선정하고, 이론과 최신 사례를 접목하여 최대한 무기체계를 쉽게 이해하도록 노력했다. 우리는 독자들이 이 책을 읽고 무기체계 획득과 운영, 수리와 정비 그리고 폐기에 이르는 과정의 이해를 넘어, 국방에 보다 적극적인 관심을 갖고 정부가 방위산업 정책이나 무기체계 획득 계획방위사업추진위원회 결과 등을 홍보하면 여기에 적극적으로 호응하고 때로는 발전적인 의견을 제시하는 아름다운 모습을 기대한다.

무기체계를 구매하고, 사용하고, 폐기하는 일은 일상생활에서 자동차나 컴퓨터, 냉장고 등을 소비하는 일과 크게 다르지 않다. 여러분이 자동차를 구매한다고 가정하자. 자동차를 구매할 때 차 자체의 비용도 중요하지만 한 번쯤은 보험료에 대해 고민하게 된다. 휘발유는 가스보다 가격이 비싸지만 효율이 높으니까 10년간 운행하면 더 유리한 비용이 산정될 수 있다. 또는 5년마다 정비를 해야 하니까 다른 자동차보다 정비주기가 짧아 정비비가 많이 들어갈 것으로 예상한다든지 등 구매 이후의 비용에 대해 고민했을지도 모른다. 자동차를 구매하는 것과 무기체계를 구매하는 것의 작은 차이가 있다면, 대개의 무기체계가 복합한 구조이고 기본적으로 30년 정도의 운영을 목표로 설계된다는 점이다. 이것이 무기체계를 획득하는 데 오랜 시간이 걸리게 하거나 국내가 아닌 국외에서 때로는 미 정부로부터 구매해야 하는 경우가 발생하는 이유이다. 더불어 30년간의 비교적 긴 시간 운영으로 운영유지비가 쟁점이 된다. 운영유지에는 정비, 부품 보급, 교육훈련, 인력운영, 시설 등이 포함되는데, 이런 일도 사실 무기체계가 도입되기 전에 결정해야 운영유지비를 절감할 수 있는 기회가 있다. 얼마나 빨리 경제적으로 지속적으로 지원할 수 있는지가 중요하다. 그럼에도 불구하고 최근에는 무기체계에 적용되는 기술도 매우 빠르게 진화하고 있어 단종이 심각한 수준에 도달했다. 무기체계를 개발하고 제작하는 과정에서 이미 단종이 발생해서 부품 국산화나 조달전략 수립이 중요한 요소로 부상하고 있다.

최근 한국의 방산은 최고의 전성기를 맞고 있다. 2023년 170만 불을 기점으로 수출이 최대가 되고, 수출 국가도 아시아, 유럽은 물론 아메리카나 아프리카로 무기체계 수출을 위해 노크 중이다. 물론 방산이 살상무기를 생산하고 이를 판매하는 것이라 공개적으로 장려하기는 어려운 면이 있으나, 국방도 고용을 창출하는 등 국가경제에 기여할 수 있는 기회가 생기게 된 것에 의미를 두자.

패권국가의 부재로 인한 국지전의 발생도 국방 분야에 최근 일어나는 불확실한 요소 중 하나이다. 이스라엘과 이란, 러시아와 우크라이나가 실제로 전쟁을 치르고 있고, 중국과 대만, 인도와 파키스탄은 언제라도 위기가 발생할 수 있는 충분한 잠재적인 요소들이 많다. 우리는 과거 전쟁에서 새로운 교훈을 얻고 다가올 전쟁을 대비해야 한다.

인류 역사에서 전쟁과 무기는 마치 서로 춤을 추듯 함께 발전해왔다. 새로운 무기가 등장하면 전쟁의 모습이 바뀌고, 전쟁의 필요가 다시 새로운 무기를 낳았다. 원시 시대의 돌도끼부터 현대의 핵무기까지, 이 끝없는 발전 과정은 인류 문명의 어두운 그림자이자 기술 발전의 촉매제였다.

인류 역사에서 기술의 발전은 전쟁의 양상과 군사 전략을 크게 바꾸어 놓았다. 새로운 무기의 등장은 전장의 지형뿐 아니라 전술, 전략, 나아가 사회질서와 국제 정세까지 뒤흔들었으며, 각각의 무기는 등장한 시대의 상징이 되었다. 이제, 고대부터 현대까지 전쟁의 판도를 바꾼 흔히 게임 체인저로 불렸던 몇 가지 무기체계를 소개하고자 한다.

우선 고대 전차chariot이다. 고대 전차는 말이 끄는 이륜 전투 차량으로, 청동기 시대에 등장한 최초의 기동 무기 플랫폼이었다. 초기의 전차는 나무로 만들어져 무겁고 느려서 소가 끌 정도였지만, 기원전 1800년경 살대바퀴spoked wheel를 도입하여 경량화되면서 말이 끌 수 있는 빠른 전투 차량으로 발전하게 되었다. 전차 한 대에는 마차를 모는 병사마부와 활이나 창으로 무장한 전사가 함께 탑승하였고, 속도를 활용해 적 보병을 기습하거나 말굽과 바퀴로 그대로 짓밟는 전법을 구사할 수 있었다. 가벼워진 전차는 기동성과 화력을 갖춘 고대의 전투 기계로 불리며, 일종의 고대판 탱크 역할을 했다.

최초의 전차는 기원전 3000년경 메소포타미아에서 등장했으나, 당시에는 무거운 나무 바퀴 구조로 실전보다는 왕이 이동하는 용도로 사용되었다. 개량된 전차는 기원전 2천년대에 이르러 서아시아 일대에 널리 퍼지게 되었다. 기원전 1700년경 아시아 소아시아 지역에서 유입된 히크소스Hyksos족은 청동 무기와 전차 전술을 앞세워 이집트를 정복하였는데, 철제 무기가 보급되기 전

[그림 2] 수메르의 사륜 전차(나무위키)

청동 갑옷과 날붙이, 그리고 전차의 조합은 당시 이집트군이 상대하기 어려운 혁신 기술이었다. 이후, 이집트 신왕국 시대에 토착 세력이 히크소스의 전차 기술을 역으로 활용하여 그들을 몰아내기도 했다. 이처럼 이집트, 히타이트, 아시리아, 중국 등지에서 전차는 왕실과 군대의 핵심 전력으로 채택되었고, 기원전 1800년에서 1200년 사이 중동 지역의 전쟁을 지배한 게임체인저가 되었다.

전차의 등장은 보병 중심이던 전투 양상을 근본적으로 변화시켰다. 이전까지 병사들은 보병 대형을 지어 밀집 접전을 벌였지만, 기동력이 뛰어난 전차가 등장하면서 기동전과 충격전 개념이 도입되었다. 전차 부대는 빠른 속도로 진격하며 활을 쏘아 보병을 제압하거나 진형을 붕괴시켰고, 충돌할 경우 보병을 직접 깔아뭉개는 막강한 돌파력을 보였다. 전차의 이런 속도와 충격 효과는 다른 어떤 무기로도 대항하기 어려웠기 때문에, 당대의 최강 무기superweapon로 불리며 전쟁의 승패를 좌우하는 결정적 요소로 취급되었다. 전략적으로는 전차를 다량 보유한 국가가 주변국을 압도할 수 있었고, 이에 따라 부국강병을 위한 기술 개발과 말 사육이 중요해졌다. 전차의 운용에는 많은 제작 비용과 유지비가 들었으므로, 부유한 제국만이 대규모 전차 군단을 편성할 수 있었고, 이는 부국이 빈국을 제압하는 당시 국제질서에도 영향을 주었다.

전차는 단순한 무기를 넘어 문명의 상징으로 자리잡았다. 전쟁에서는 엘리트 전사 계층이 전차를 타고 활약함에 따라 전차 부대가 사회적으로 특권 계급화되었고, 왕과 귀족의 권위를 나타내는 상징이 되었다. 예컨대, 이집트의 파라오는 최정예 전차부대를 이끌고 전장에 나섰고, 전차를 금으로 장식할 만큼 귀하게 여겼다. 또한, 평화 시에는 사냥이나 전차 경주와 같은 귀족 스포츠에 활용되어 전차는 왕실 문화의 일부가 되기도 했다. 그리스와 로마에서는 전차 경주가 대중 오락으로 발전하여 올림픽 종목으로 채택되고, 콜로세움 등의 대중 연극과 오락의 소재가 되기도 했다. 이처럼 전차는 군사기술의 발전이 사회 문화까지 영향을 미친 사례로서, 후대에 이르러서도 고대 전차는 문명의 발전과 전쟁 기술혁신의 상징으로 기억되고 있다.

다음은 9세기경 중국에서 발명한 금속을 이용해 만든 화약 대포이다. 대포cannon는 화약의 폭발력을 이용해 금속 포탄을 발사하는 무기로, 성벽이나 진지를 파괴하거나 밀집 부대를 무력화하기 위한 중화기였다. 초기 대포는 청동이나 주철로 주조된 원통형 포신과 발화구로 구성되었다.

14~15세기경 등장한 유럽의 초창기 대포들은 봉당bombard이라 불리는 거대한 포로, 몇 미터 길이의 포신과 수 톤에 달하는 무게를 지녔고, 성벽을 부술 커다란 석탄환을 발사했다. 이후 기술 발전으로 강선 총강강철 포신과 포차바퀴 달린 포가 등장하여 기동성과 정확도가 향상되었고, 발사속도도 점차 빨라졌다. 대포는 발사 시 엄청난 폭음과 화염을 동반하여 심리적으로도 큰 충격을 주는 무기였으며, 직사화기뿐 아니라 곡사화기박격포 등 다양한 유형으로 발전해 나갔다. 이 시대에도 진화적 획득 활동은 있었던 것이다.

1453년, 오스만 제국의 메흐메드 2세는 길이 8미터에 달하는 거대한 청동 대포일명 '오르반의 대포' 등을 활용하여 콘스탄티노플 성벽을 박살 냈고, 그 결과 천년 제국 비잔틴이 몰락하였다. 이처럼 화약 대포의 등장으로 중세의 철옹성도 무너질 수도 있구나 하는 생각에, 유럽 각국은 앞다투어 대포를 개발·배치하기 시작했다. 대포는 15~16세기 동안 유럽의 성곽 전술을 근본적으로 변화시켰고, 동아시아와 이슬람권 등 전 세계의 전쟁 양상에도 큰 영향을 주었다.

화약 대포의 파급력은 국가권력 구조와 국제 관계에까지 미쳤다. 우선, 성주봉건 영주들이 자기 성에 틀어박혀 왕명을 거부하던 중세 봉건 질서는 대포 앞에서 무력해졌다. 강력한 왕이나 중앙 정부만이 대포와 상비 포병대를 유지할 수 있었기에, 대포의 등장은 중앙 집권적 국민국가 탄생을 촉진했다. 왕은 대포로 반항하는 제후의 성을 손쉽게 무너뜨릴 수 있었고, 제후들은 자신을 지

[그림 3] 오스만 제국의 청동 대포(네이버 지식백과)

킬 상비군을 두기 위해 왕에게 종속되는 길을 택해야 했다. 이러한 변화는 근대 초기 유럽에서의 절대왕정의 확립과 국민국가의 형성에도 영향을 미쳤다. 또한, 해외 식민지 쟁탈전에서도 대포는 중요한 역할을 했다. 대항해시대에 유럽 열강은 함포로 무장한 군함을 앞세워 아메리카, 아시아, 아프리카 연안에서 우위를 점했고, 이는 곧 식민지 제국주의 무력의 기반이 되었다. 사회적으로는 대포 제작 기술이 국가 기밀로 취급되어 기술자들이 우대받았으며, 화약 제조 산업이 발달하여 초기 군수산업의 태동을 알리는 계기가 되기도 했다.

또 하나의 게임체인저로 기억되는 기관총은 탄약을 연속적으로 발사할 수 있는 자동화기로, 19세기 말 등장하여 전장의 양상을 바꾼 무기이다. 세계 최초의 실용적 기관총은 미국의 하이람 맥심Hiram Maxim이 1884년에 발명한 맥심 기관총으로, 이것이 사격의 완전 자동화를 구현한 첫 사례였다. 맥심 기관총은 탄환의 반동 에너지를 이용해 자동 장전과 격발을 반복하는 메커니즘으로, 분당 수백 발 이상의 연사가 가능했다고 한다. 이전의 개틀링포Gatling gun는 크랭크를 돌려 발사해야 했지만, 맥심 기관총은 방아쇠를 당기는 동안 탄약이 자동으로 연속 발사되어 소수 인원으로 막대한 화력을 퍼붓는 것이 가능해졌다. 이후 각국은 경량화와 탄약 급탄 방식을 개선한 브렌 기관총, MG34/42, M2 브라우닝 등의 기관총을 개발했고, 삼각대 또는 차량·항공기에 장착하는 보병지원용 경기관총, 중기관총, 대공기관총 등 다양한 용도로 발전시켰다. 기관총의 특징

[그림 4] 하이럼 맥심(나무위키)

은 지속 사격으로 광범위한 탄막을 형성한다는 점이며, 이는 전투 현장에서 결정적인 살상력과 제압력을 제공했다.

기관총은 1890년대 영국군이 아프리카 식민지 전투에서 처음 사용했다고 알려져 있다. 1893년 마투보 전투에서 소수의 영국군이 맥심 기관총으로 수천의 현지 전사를 격퇴했다. 기관총이 주력 병기로 전면 등장한 것은 제1차 세계대전1913~1918으로, 각국 군대는 수만 정의 기관총을 참호에 배치하여 기관총의 전쟁이라 불릴 만큼 참혹한 교착전을 벌였다. 기관총의 살상력에 충격을 받은 군대는 전후 전술을 재고해야 했고, 제2차 세계대전1939~1945 때까지 기관총은 보병 분대의 핵심 화력으로 확고히 자리 잡았다.

기관총의 등장은 공격과 방어의 상호작용을 근본적으로 변화시켰다. 기존의 보병 돌격 전술은 기관총 앞에서 막대한 희생을 초래했고, 참호전의 고착화로 이어졌다. 제1차 세계대전 당시 기관총 진지는 한 명의 사수가 수백 명의 적군을 저지할 수 있을 정도로 강력하여, 야지에 밀집 대형으로 돌격하는 전술은 사실상 무모한 자살 행위가 되었다. 이에 따라 방어 측은 철조망과 참호, 기관총 진지로 연결된 방어 체계를 구축했고, 공격 측은 포병 포격과 탱크, 보병의 협동으로 이 진지를 무력화해야 하는 복잡한 전술이 필요했다. 결국, 기관총은 전장을 수평적으로 넓히고 엄폐의 중요성을 부각시켰으며, 분산 대형 등의 현대 보병 전술 교리를 탄생시켰다. 전략적으로도 기관총은 적은 인원으로 넓은 전선을 방어할 수 있게 해주어 광범위한 전선 형성이 가능해졌다. 또한, 식민지 전쟁에서는 소수의 서구 군대가 대규모 토착 군대를 제압하는 데 기관총이 핵심 역할을 함으로써, 전 세계적인 패권 구조에도 영향을 미쳤다.

기관총이 초래한 충격적인 살상력은 전쟁과 사회 모두에 깊은 흔적을 남겼다. 제1차 세계대전은 기관총으로 대표되는 산업화된 살상의 시대였고, 이로 인한 막대한 인명 피해는 전쟁에 대한 염세와 반전 여론을 증폭시켰다.

탱크전차는 장갑판으로 둘러싸인 동력화된 전투 차량으로, 강력한 화력과 기동성, 방호력을 결합한 기갑 무기체계이다. 탱크의 기본 구조는 두꺼운 장갑 차체와 무한궤도캐터필러 트랙, 그리고 회전식 포탑에 장착된 대포와 기관총으로 이루어져 있다. 무한궤도는 무거운 차량의 하중을 분산

시켜 진흙탕이나 참호 지형도 주파할 수 있게 했고, 강력한 엔진초기에는 100~200마력대이 탑재되어 돌파력과 속도를 보장했다. 세대를 거치며 탱크는 더 빠르고 강력하게 발전하면서 적의 기갑 및 진지를 격파하고, 무전기를 탑재함으로써 전차 간 통신과 지휘가 가능해져 기갑부대의 협동작전이 효율적으로 이루어졌다.

탱크는 제1차 세계대전의 교착 상태를 돌파하기 위해 등장한 발명품이었다. 참호전에 고심하던 영국군은 "움직이는 장갑 트랙터" 아이디어를 구상했고, 1916년 9월 15일 솜 전투의 일환인 플레르-코르셀레트 전투에서 사상 최초로 탱크를 투입했다. 1917년 캉브레 전투에서는 대규모 탱크 돌격으로 독일 참호를 깊숙히 돌파하며 기갑작전의 유용성을 보여주었다. 제1차 세계대전에서 제2차 세계대전에 이르는 동안 각국은 탱크 개발에 박차를 가해, 독일의 판저, 소련의 T-34, 미국의 셔먼 등 우수한 모델들이 잇따라 선보였다.

제2차 세계대전은 본격적인 전차의 시대였으며, 1939년 폴란드 침공과 1940년 프랑스 전역 등에서 독일의 블리츠크리그전격전 전술은 기갑부대의 신속한 돌파로 유럽 대륙을 석권한 사례이다. 전쟁 후에도 탱크는 냉전 시대 대규모 지상전력을 상징하며 지속 개량되어 오늘날까지 주요 지상 무기체계로 남아 있다.

탱크는 전장의 교착상태를 깨고 기동전을 부활시켰다. 참호와 기관총으로 고착되었던 제1차 세계대전의 전장은 탱크의 등장으로 움직이는 방패와 화력의 거점을 얻게 되었다. 탱크는 기관총 사격과 포탄 파편에도 끄떡없는 방어력으로 보병을 보호하며 전진할 수 있었고, 참호나 철조망 같은 장애물도 돌파할 수 있었다. 이로써 공격 측은 더 이상 적 참호 앞에서 무력하게 희생되지 않고 장갑 기동으로 적 후방을 교란하는 전술이 가능해졌다. 제2차 세계대전 동안 독일은 전차와 항공기, 무전 교신을 조합한 전격전Blitzkrieg으로 폴란드, 프랑스 등을 신속히 함락시켰는데, 탱크는 이 전술의 핵심이었다. 전격전에서 항공기가 제공하는 엄호 아래 탱크들이 적 방어선을 돌파하고, 기계화 보병이 뒤따라 진지를 확보하는 식의 입체전 개념이 확립되었다. 이후 현대전에 이르러 탱크는 기계화보병, 포병, 공군 등과 합동하여 움직이는 종심 작전의 왕개미로 활약하며, 대규모 기갑전예 쿠르스크 전투이나 중동전의 일렬 전차전 등 역사상 가장 큰 지상전들을 주도했다.

탱크는 20세기 국가들의 군사력의 상징이자 정치 선전 도구로도 활용되었다. 강대국들은 최신형 탱크를 대량생산하여 군사 퍼레이드에 등장시킴으로써 국력을 과시했다. 냉전 시대 소비에트 연방의 붉은 광장 열병식에는 늘 수백 대의 탱크가 행진하여 사회주의군의 위용을 과시했고, 서방 세계에도 긴장감을 주었다. 또한, 탱크는 내부 치안과 정치적 목적으로도 동원되어, 1956년 헝가리 봉기나 1968년 프라하의 봄 같은 사건에서는 소련 전차부대가 시위대를 진압하기도 했다. 문화적으로 탱크는 현대전의 상징물로 많은 영화와 소설, 장난감 등에 등장했다. 제2차 세계대전 당시 미군의 셔먼 전차나 독일의 티거 전차는 각 진영의 영웅담과 연결되어 국민들의 정신을 고취시키는 매체로 쓰였다. 이처럼 탱크는 산업화 시대의 산물이자 국가 파워의 아이콘으로 자리 매김했으며, 전쟁과 정치 선전에서 모두 막대한 영향을 끼쳤다.

다음으로 군용 항공기의 등장은 전투 공간을 하늘로 확대한 혁신이었다. 초기의 군용기는 정찰기 용도로 쓰인 복엽기들이었지만, 곧 기관총과 폭탄을 탑재한 전투기Fighter와 폭격기Bomber

가 개발되어 본격적으로 공중전과 전략폭격의 시대가 열렸다. 제1차 세계대전 당시의 항공기는 목재와 천으로 된 기체에 피스톤 엔진과 프로펠러를 장착한 구조로, 빠른 속도로 비행하며 수백 킬로의 폭탄을 싣거나 기관총을 발사할 수 있었다. 기술의 발달로 레이더, 항법장치 등이 도입되어 야간이나 악천후에도 작전이 가능해졌다. 제트엔진이 나온 후로는 음속을 돌파하는 전투기와 수천 킬로를 날아가는 대형 폭격기가 등장했다. 군용 항공기는 제공권 장악과 근접항공 지원, 공중수송 등 다양한 역할로 현대전에서 필수 불가결한 요소가 되었다.

항공기의 군사적 활용은 1911년 이탈리아−터키 전쟁에서 이탈리아가 리비아 전선에 비행기를 투입한 것이 최초로 알려져 있다. 당시 이탈리아는 적 진영의 정찰과 소규모 폭탄 투하를 실시하여, 세계 최초의 공중폭격을 감행했다. 제1차 세계대전이 발발하자 독일, 프랑스, 영국, 오스트리아, 헝가리 등은 수백 대의 군용기를 전장으로 보냈다. 전쟁 초기에는 주로 정찰기로 사용되어 적의 동향을 살폈으나, 곧 정찰기를 격추하기 위한 전투기가 출현했고, 뒤이어 후방 도시나 병참을 노리는 폭격기가 등장했다. 제1차 세계대전 말기에는 런던 공습이나 파리 공습과 같은 전략폭격 시도가 이루어지며, 공중전의 가능성과 파괴력을 예고했다. 제2차 세계대전은 항공전의 비중이 결정적이었던 전쟁으로, 영국 본토 항공전Battle of Britain에서 독일 공군과 영국 공군이 하늘의

[그림 6] 제1차 세계대전의 포커 삼엽기(네이버 지식백과)

제공권을 놓고 격돌했고, 태평양전쟁에서는 항공모함 기반의 함재기 전투가 해전의 승패를 가르는 등 항공력이 군사력의 핵심으로 부상했다. 1945년에는 미국이 B-29 폭격기로 원자폭탄을 투하함으로써 사상 최초의 핵공격을 가했고, 종전 이후에도 항공기는 냉전과 현대 분쟁에서 정밀타격과 공중 우세를 위한 수단으로 활약하고 있다.

항공기의 등장은 전략과 전술의 패러다임을 전환시키기에 충분했다. 우선, 정찰기는 전장의 정보를 실시간으로 제공하여 지휘관들이 보다 정확한 작전 결정을 내릴 수 있게 했다. 이는 1914년 마른전투에서 프랑스군이 항공정찰로 독일 측 측면 진출을 간파하고 대응한 사례 등으로 효과를 입증했다. 전투기는 공중에서 적기의 통제를 확보하는 제공권 장악 개념을 탄생시켰으며, 지상군의 작전 성공에 필수적인 요소가 되었다. 폭격기는 전쟁을 후방의 산업시설과 도시까지 확대했다. 특히, 제2차 세계대전 동안 전략폭격은 독일과 영국 본토, 일본 본토에 시행되어 수많은 민간인 사상자와 도시 파괴를 야기했다. 전술적으로 항공기는 지상군과 협조하여 근접항공 지원을 수행함으로써, 지상 전투의 판도까지 바꾸었다. 제2차 세계대전의 북아프리카 전역이나 현대의 걸프전, 우크라이나 분쟁 등에서 공중 지원을 확보한 측이 전장의 주도권을 쥐는 양상이 나타나기 시작했다.

항공력의 발전은 전쟁의 성격과 국제정치에 심대한 영향을 끼쳤다. 항공기는 적국 수도를 직접 폭격할 수 있게 발전하면서 전쟁과 국민의 거리를 좁혔고, 민간인들도 전쟁의 직접 희생자가 되었다. 이는 전후 민간인 보호에 대한 국제법 논의와 전쟁 반대 여론을 증폭시키는 한 요인이 되었다. 또한, 핵폭탄의 항공기 투하 이후 전세계는 항공전력과 핵무기 결합이 가져올 파국에 대한 공포 속에 냉전의 핵억지 체제를 경험하게 되었다. 정치적으로 항공력은 강대국 지위의 요건이 되었다. 항공모함 함대를 보유하거나 전략폭격기를 운용하는 능력은 초강대국의 상징이 되었고, 우주개발 경쟁으로까지 이어졌다. 사회문화적으로 항공기는 현대 문명의 혁신으로 찬미되었고, 전쟁 영웅 전투기 에이스들의 무용담이 대중문화에 등장하기도 했다. 군용 항공기의 등장은 전쟁의 범위를 지구 전체와 하늘로 확장하는 계기가 되었으며, 전쟁이 정치·사회 전반에 미치는 파장을 한층 심화시켰다.

마지막으로 핵무기는 원자핵의 분열 또는 융합반응을 이용하여 극단적인 폭발력을 발생시키는 무기체계로, 인류 역사상 단연코 가장 파괴적인 무기이다. 최초의 핵무기인 원자폭탄atomic bomb은 우라늄이나 플루토늄의 핵분열 연쇄반응을 통해 수만 톤의 TNT에 해당하는 에너지를 순식간에 방출한다. 폭발 시 발생하는 버섯구름mushroom cloud은 수만 미터 상공까지 치솟으며 폭풍, 고열, 방사능 낙진을 동반한다. 1945년에 사용된 리틀 보이Little Boy와 팻 맨Fat Man은 각기 15킬로톤, 21킬로톤 급의 위력이었는데, 폭심지에서는 순간적으로 수백만 도의 온도가 발생하고 반경 수킬로미터 내를 초토화시켰다. 이후 개발된 수소폭탄hydrogen bomb은 핵분열 폭발을 기폭제로 중수소−삼중수소 핵융합을 일으켜 메가톤급백만 톤급 TNT 위력을 내기도 한다. 현대의 핵탄두는 소형화되어 탄도미사일이나 잠수함에 탑재 가능하며, 단 한 발로도 거대 도시를 괴멸시킬 수 있는 대량 살상 무기로 등장하게 되었다.

핵무기는 제2차 세계대전 중 미국의 맨해튼 계획Manhattan Project을 통해 개발되었다. 1945년 7월 16일, 미국은 뉴멕시코주 트리니티Trinity 실험실에서 인류 최초의 원자폭탄 실험을 성공시켰고, 이후 곧바로 실전에 투입하였다. 1945년 8월 히로시마와 나가사키에 두 발의 핵공격으로 20여 만 명에 이르는 일본 민간인이 희생되었고, 충격을 받은 일본 정부는 8월 15일에 무조건 항복을 선언하여 세계대전이 종결되었다. 전후 미국만이 핵무기를 독점하던 시대는 오래가지 못했고, 1949년 소련이 첫 핵실험에 성공하면서 냉전의 핵군비 경쟁이 시작되었다. 이어 영국1952, 프랑스1960, 중국1964도 핵보유국이 되었고, 냉전 후에는 인도, 파키스탄, 북한 등이 핵무장을 갖추면서 현재 공식·비공식적으로 9개국이 핵무기를 보유하고 있다.

핵무기의 등장은 전쟁의 개념 자체를 바꾸어 놓았다. 과거에는 승리를 위한 총력전이 전략의 목표였으나, 핵시대에는 대국 간 전면전이 곧 상호 파멸을 의미하게 되었다. 핵보유국들 사이에서는 핵무기의 억지력 때문에 오히려 직접 충돌 대신 냉전과 대리전 양상으로 경쟁이 제한되었다. 실제로 1945년 이후 오늘날까지 단 한 차례도 강대국 사이에 전면전이 발발하지 않은 것은 핵무기의 공포 덕분이라는 분석이 많다. 이것을 공포의 균형balance of terror 또는 상호확증파괴전략이라고 부르며, 핵무기가 있음으로써 오히려 대규모 전쟁을 억제하는 역설적인 평화가 유지되

[그림 7] 리틀보이 투하 직후 대규모 폭파 광경(나무위키)

고 있다는 주장이다. 한편, 전술적으로는 냉전 기간 핵전쟁 시나리오에 대비한 각종 계획이 수립되었지만, 핵무기의 파괴력이 워낙 커서 전술핵을 제외하면 실질적인 전장에서 사용되지는 않았다. 다만, 핵 공격 능력을 전달하기 위한 미사일 기술의 발전과 조기경보 체계, 핵잠수함 등이 개발되어 군사기술 전반을 끌어올리는 효과가 있었다. 또한, 핵실험과 방사능 영향 연구를 통해 의학과 환경 분야의 지식도 축적되었지만, 반대로 체르노빌 사고 등 민수용 원자력 안전 문제가 제기되는 빌미를 제공하기도 했다.

핵무기는 그 존재만으로도 정치적 힘의 극대화 수단이 되고 있다. 핵보유 여부는 국제사회에서 절대적 위신과 협상력을 부여하여, 유엔안전보장이사회 상임이사국 5개국 모두가 핵보유국이라는 점은 이를 방증한다. 또한, 핵확산 문제는 지속적인 외교 갈등의 원인이 되었고, 핵비확산조약과 같은 국제체제가 마련되었다. 사회적으로, 핵무기는 인류에게 종말에 대한 상시적 불안을 안겨주었다. 냉전기에는 핵전쟁 공포로 민방위 훈련, 방공호 건설이 일상화되었다. 반대로 핵무기 반대와 핵군축 운동도 전 세계적으로 전개되어, 1980년대 레이캬비크 미소 정상회담 등 부분적 성과를 내기도 했다. 히로시마와 나가사키의 참상은 국제사회에 다시는 이러한 비극을 반복하지 말자는 교훈을 남겼고, 이 두 도시는 평화도시로서 핵폐기의 상징이 되었다. 과학기술적 측면에서도 맨해튼 계획 이후 대규모 국가과학 프로젝트들이 잇따랐고, 군사 연구와 민간 연구의 경계가 희미해지는 군산복합체 시대로 이어지게 되었다. 결론적으로, 핵무기는 가공할 파괴력으로 인해 실제 사용은 억제되지만, 존재 자체로 국제정치 질서를 규정짓는 매우 특수한 무기로 남게 되었다. 인류는 핵무기를 통해 자멸의 가능성과 공존의 딜레마를 함께 얻은 셈이다.

고대의 전차에서 현대의 핵무기에 이르기까지, 인류가 만들어 낸 무기체계들은 이전 세대에서는 상상조차 할 수 없는 분야를 지배하여 그 시대의 전쟁 양상을 뒤바꾸고, 사회질서에 커다란 충격을 주었다. 전차는 기동전을 탄생시켜 고대 전쟁의 판도를 바꿨고, 화약 무기인 대포와 총기는 성곽과 중세 군대를 무력화하고 근대 국민국가의 등장을 앞당겼으며, 기관총과 탱크는 산업화된 전쟁의 양상을 보여주고 전술의 혁신을 이끌었다. 또, 항공기는 전쟁 무대를 하늘로 넓혀 총력전의 시대를 열었고, 핵무기는 전쟁 억지와 공포의 균형 속에 국제정치 질서를 재편하는 터닝 포인트가 되었다.

21세기 현재도 기술 발전은 계속되어 사이버 무기, 드론, 인공지능 등 새로운 형태의 무기가 등장하고 있다. 세계의 역사가 보여준 것처럼 무기체계는 정치, 사회, 경제, 기술, 제도적인 변화뿐만 아니라 국가의 존망까지도 결정해 왔다는 점을 우리는 기억해야 한다.

무기체계의 획득 단계에서는 사용 목적에 부합하는 기술적 사양과 운용 가능성을 고려한 선택이 필요하며, 운영 단계에서는 정비, 교육 훈련, 교리 개발 등 다방면의 노력이 수반되어야 한다. 특히, 현대의 복합무기체계는 수천 개 이상의 부품과 전자장비로 구성되어 있어 정비체계의 고도화와 정보화가 필수적이다.

무기체계의 정비, 수리, 운영에 관한 문제는 공급망 관리와 직결된다. 공급망이 잘 관리되면 정비, 수리, 운영에 문제가 발생하지 않는다. 이런 이유로 무기체계의 공급망 관리는 전시뿐만 아니라 평시부터 지속적으로 검토되어야 한다. 글로벌 공급망 위기나 기술 제재는 단기간 내에 전력 공백으로 이어질 수 있으며, 이는 국가 안보에 직결된다. 국산화율 제고, 다변화된 조달 체계, 예비 부품의 적정 비축 등은 단순히 경제적 관점이 아니라 전략적 관점에서 접근해야 한다.

오늘날 우리가 직면한 복합 안보 환경에서, 무기체계의 수명 주기 전반을 아우르는 전략적 관리와 운영은 더 이상 선택이 아닌 필수이다. 기술은 변할 수 있지만, 전투력의 본질은 '준비된 자만이 살아남는다'라는 사실이다. 우리는 단순히 강한 무기를 보유하는 것이 아니라, 그 무기를 지속적이고 효과적으로 운용할 수 있는 체계를 갖추는 데 총력을 기울여야 한다. 그것이 바로 진정한 국가 안보의 시작이자 끝이다.

게다가 무기체계는 인구 감소 시대에 새로운 대안이 될 것이다. 병역 자원의 절대적 감소는 전통적인 대규모 병력 중심의 작전 개념과 운용 방식에 근본적인 변화를 요구하며, 이에 따라 무기체계의 역할은 점점 더 중요하고 복합적인 양상을 띠게 된다. 인구 감소는 병력 충원에 구조적인 한계를 초래하므로, 이를 보완하기 위한 자동화, 무인화, 지능화한 무기체계의 도입이 필수적이다. 무인 전투기, 자율주행 장갑차, 원격 조종 화력 시스템 등은 전장에 투입되는 인원의 수를 줄이면서도 작전 효과를 극대화할 수 있는 수단으로 부각되고 있으며, 이는 단순히 기술적 진보의 문제가 아니라 인구구조 변화에 대응하기 위한 전략적 선택이 될 수밖에 없다.

　동시에 첨단 무기체계는 전투원의 전문성과 숙련도를 전제하기 때문에 전체 병력의 수는 줄어들더라도 소수 정예화된 부대가 고성능 무기체계를 운용함으로써 전투력의 질적 우위를 확보하는 것이 핵심 과제이다. 이러한 맥락에서 무기체계는 더 이상 보조적 수단이 아니라 작전 수행의 중심축으로 자리 잡으며, 전투 개념의 변화도 이를 반영하여 인간-기계 통합 중심의 하이브리드 작전 개념이 부각되고 있다.

　인구 감소는 후방 유지 인력 및 군수 지원 체계에도 영향을 주기 때문에, 무기체계는 단순한 전투 기능을 넘어서서 자율적인 유지 보수, 원격 점검, 예지 정비 등 군수 부담을 최소화할 수 있는 방향으로 진화할 것이다. 이는 전장뿐만 아니라 전체 군 체계의 지속 가능성을 확보하는 데 기여하며, 군 구조 전반의 슬림화 및 효율화를 가능하게 한다. 나아가 인구 감소는 국민의 안보 인식에도 변화를 유도하며, 무기체계의 정밀성, 효율성, 윤리성 등과 같은 요소에 대한 요구 수준이 높아지는 양상도 나타난다. 따라서 미래 무기체계는 단순한 물리적 파괴력뿐만 아니라 정보전, 사이버전, 심리전 등 비정규적 요소에 대응할 수 있는 융합 능력을 갖추는 방향으로 개발되어야 하며, 이는 결국 전통적 군사력 개념의 재정립을 요구하는 것이다. 인구 감소에 따른 무기체계의 역할은 병력 감소를 대체하는 기능적 수단을 넘어, 작전 수행의 중심, 군 구조 혁신의 촉매, 나아가 국가 안보 전략의 핵심 요소로서 재정의되고 있으며, 이는 미래 국방력 건설의 방향성과 직결되는 중대한 과제가 되었다. 이렇듯 무기체계의 총수명 주기 동안 발생하는 다양한 활동과 관련한 주제들로 이야기를 풀어볼까 한다.

1부

Acquisition

획득

1장

개요

 획득체인관리 acquisition chain management

인공지능 artificial intelligence, 드론 drone, 사이버전 cyberwarfare, 우주기술 space technology 등 첨단 기술이 빠르게 발전하고, 북한의 핵과 미사일 개발, 중동·우크라이나 분쟁 등으로 안보의 위협은 매우 다양하고 예측이 어렵게 되었다. 게다가 민간기술 COTS, Commercial Off-The-Shelf의 활발한 도입이 일상화되고, 최소한의 전투임무 수행 능력 Threshold Requirements만 우선 확보 후 단계적으로 개선하려는 전투 요구사항의 유연화 전략으로 획득 환경이 변화하고 있다. 이런 변화에 발맞춰 제품수명 주기는 짧아지고, 경쟁은 더욱 치열해지며 고객의 기대 수준은 지속적으로 향상되어 무기체계 획득체인에 대한 관심이 증대되고 있다. 이러한 변화는 인공지능, 디지털트윈과 같은 4차 산업혁명 기술 4th industrial revolution technology과 결합하여 무기체계의 첨단화를 이끌고 있다.

제2차 세계대전 이후 미국을 중심으로 하는 서구권과 소련을 중심으로 하는 동구권 사이의 냉전 시대가 지나고, 오랫동안 두 개의 강한 축이 유지되면서 전쟁 war이나 다툼 conflicts을 줄이는 계기가 되었다. 그러나 러시아 연방이 핵심으로서의 위치가 약해지고, 미국의 패권 hegemony이 점차 줄어들며 이 틈을 노려 다시 각국은 자국의 이익 profit을 추구하기 위한 다양한 형태의 전쟁을 벌이고 있다.

무기체계 weapon systems는 일반 제품이나 서비스와는 다르게 국가가 수요자이고, 개발에 오랜 시간이 투입되어야 하는 등 일반적인 시장경제나 경영의 원리로는 완전한 설명이 제한되는 부분이 있다. 따라서 획득체인관리에 대한 개념과 그것의 핵심 이슈들을 이해함으로써 경제적 획득과 안정적인 국방운영에 기여하고자 한다.

획득체인관리란 군의 요구 성능을 만족하면서 전체 시스템이 필요한 총수명 주기 비용획득비용, 운영유지비용을 최소화할 수 있도록 무기체계를 최적의 수량으로 군이 필요로 하는 장소와 시간에 제공하기 위해 국방부, 합참, 소요군, 방위사업청, 국내외 업체 등을 효율적으로 통합 관리하는 접근법으로 정의한다.

획득체인관리는 국방부, 합동참모본부, 소요군, 방위사업청과 국내외 업체 등을 주요 네트워크로 하며, 군의 요구사항을 만족시키기 위해 성능, 비용, 일정, 전력화 지원 요소 등 무기체계 획득 및 향후 원활한 운영을 위한 모든 기능이 고려되어야 한다. 획득체인을 관리해야 하는 목적은 전체 시스템을 효율적으로 운영하기 위한 성능, 비용, 일정을 최적화하기 위함이다. 성능performance 과 비용cost, 성능과 일정time, 일정과 비용은 서로 상쇄tradeoff 관계에 있다. 즉, 성능이 높아지면 비용은 높아지고 일정이 지연될 가능성이 높고, 일정이 증가하면 비용이 증가한다. 이들의 관계를 이해하고 시스템 전체 관점에서 원하는 시기에 합리적인 비용으로 요구하는 성능을 갖춘 무기체계를 획득하고자 하는 것이다.

이를 달성하기 위해서는 획득 네트워크를 구성하고 있는 각각의 행위자agent들의 의사소통communication이 매우 중요하다. 군은 성능과 일정에 관심이 많고, 방위사업청은 비용에 더 집중한다면 이들의 상쇄관계를 고려하여 최적화된 방안을 도출해야 한다. 어떤 무기체계에 대한 연구개발 비용은 국외에서 구매하는 비용에 비해 높을 수 있다. 그럼에도 불구하고 연구개발을 하는데 있어 고용을 창출하고, 후속 군수지원에 유리하며 향후 수출의 소요로 국익에 부합하는 측면이 더 많다면 우리는 연구개발 획득방법을 선택해야 한다.

획득체인 행위자는 획득체계procurement systems인 기획planning, 계획programming, 예산budgeting, 집행execution, 평가evaluation를 활용해 무기체계를 확보한다. 이들은 서로 밀접하게 연계되어 있다. 기획에 반영된 무기체계가 계획과 예산 단계에 반영된다. 물론, 최근에는 빠른 기술 발전 추세를 고려해 긴급 전력을 획득하는 경우에는 기획에 반영되지 않고 바로 계획 단계부터 시

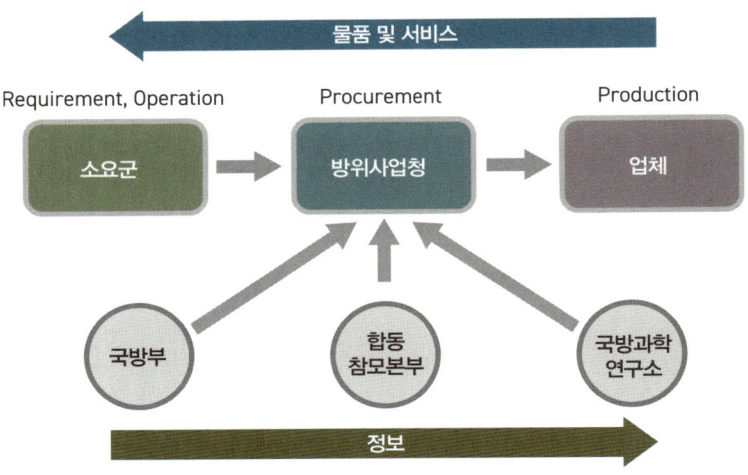

[그림 1-1] 획득체인관리 개념도

작되기도 한다. 이렇듯 기획, 계획, 예산, 집행이 모두 하나로 연계되어 계획적으로 획득한다. 획득체계를 통해 효율적efficient, 경제적economical, 지속 가능성sustainable을 달성한다.

최근에는 PPBEEPlanning, Programming, Budgeting, Executing, Evaluating라 불리우는 체계의 주기를 짧게 하여 최대한 무기체계를 조기에 인도하고, 지속 개선 또는 개량하는 방법으로 사업이 추진되고 있다.

 ## 공급체인관리Supply Chain Management와의 차이점

공급체인관리SCM는 원자재 조달부터 최종 소비자에게 이르는 전 과정을 통합적으로 관리하는 전략으로, 수요와 공급의 균형을 맞추고 비용을 절감하며 고객 만족도를 높이는 것을 목표로 한다. 획득체인관리는 군사적 전력 확보와 국가안보라는 특수한 목적을 달성하기 위해 정부, 군, 방위산업체가 참여하는 복합 거버넌스compex governance 관리 방법으로 정의된다. 이 기법은 무기체계의 개발, 시험평가, 양산 및 배치에서 폐기에 이르기까지 전 수명 주기를 포괄하며, 성능 달성, 일정 준수, 생애 주기 비용 최적화라는 세 가지 축의 균형을 중시한다. 반면, 공급체인관리는 민간 제조 및 서비스 산업, 그리고 원자재 조달부터 최종 고객에게 이르는 자재와 정보, 자금 흐름을 통합하여 효율성과 비용 절감을 추구하는 경영 패러다임으로, 고객 서비스 향상과 시장 경쟁력 확보를 핵심 목표로 한다.

두 기법은 모두 다수의 이해 관계자 간 협업을 기반으로 하지만 목적과 구조, 규제 환경에서 본질적인 차이를 지닌다. 획득체인관리의 참여 주체는 국방부와 방위사업청 같은 정부기관, 군사용자, 방산업체제작자, 국방 연구기관 등으로 구성되며, 강력한 법적 규제와 보안 요건을 충족해야 한다. 이에 비해 공급체인 관리는 공급자, 제조 업체, 유통업체, 소매업체, 고객으로 이어지는 상업적 네트워크를 중심으로 하며 상대적으로 규제가 완화되고 시장 기반의 계약 관계를 형성한다.

프로세스 측면에서도 획득체인관리는 작전요구 도출, 탐색개발, 체계개발, 시험평가, 전력화 및 운용유지라는 수명 주기 단계에 맞춰 엄격히 관리되는 반면, 공급체인관리는 구매, 생산, 재고관리, 물류와 유통, 고객 서비스의 연속적 흐름을 최적화하는 데 중점을 둔다. 성과 측정 지표에서도 차이가 두드러지는데, 획득체인관리는 전력화 일정 준수, 작전 수행 가능 여부, 총수명 주기 비용 절감 등 군사적 효과성을 평가하는 반면, 공급체인관리는 리드타임 단축, 재고회전율, 고객 만족도, 투자 대비 수익률을 중심으로 성과를 측정한다.

최근 복합 기후, 전쟁, 전략광물리튬, 희토류, 망간, 형석, 몰리브덴,아연, 구리 등 수출 통제 등으로 공급체인관리는 최근 risk를 추가하여 공급체인 위험관리SCRM, Supply Chain Risk Management로 발전했다.

미국 국방부에서는 2025년 6월에 SCRM 가이드북을 개정하여 무기체계 초기 연구개발 단계인 요구사항 수립시점 부터 적용을 적극 권장하고, 적대국 위협, 공급망 취약성, 공급 지연, 보안 이슈 등을 사전에 식별·완화하여 작전 수행능력을 유지하도록 하고 있다.

이를 위한 리스크 대응전략으로 다음 4가지를 제시하고 있다.

- **회피**Avoid: 위험 원인 제거, 공급자 변경, 규격 변경 등
- **통제**Control: 발생 가능성·영향 최소화대체 공급원, 프로세스 개선, 계약조건 강화
- **이전**Transfer: 타 조직 또는 상위기관으로 위험관리 책임 이전보험, 아웃소싱 등
- **수용**Accept: 비용 대비 효과가 낮을 경우 감수, 지속 모니터링은 필수

이러한 차이에도 불구하고 두 기법은 정보 흐름 통합, 협업 네트워크 구축, 프로세스 최적화라는 공통의 관리 원리를 공유하며, 이로 인해 민간 공급체인관리 기법의 일부를 국방 획득에 접목하려는 시도가 지속되어 왔다. 예를 들어, Lean 또는 Agile SCM 개념을 도입하여 무기체계 개발의 속도와 비용을 절감하거나, 민군 공용 부품 표준화와 디지털 트윈 기술을 활용하여 공급망 가시성supply chain visibility을 제고하는 연구가 이루어지고 있다.

그러나 군사 보안, 기술 보호, 성능 중심의 요구사항은 민간 공급체인관리의 개방적이고 비용 중심적 접근법과 충돌할 수 있으며, 특히 핵심 무기체계의 경우 민간 기법의 직접적 적용은 제한적일 수밖에 없다.

이에 따라 향후 연구와 실무에서는 핵심 무기체계에는 전통적 획득체인관리 모델을 유지하되, 주변 군수품이나 보급품에는 공급체인관리 기법을 도입하는 하이브리드 모델, 나아가 국방 SCM이라는 독립적 개념을 정립하고 인공지능, 사물인터넷, 빅데이터 기반의 디지털 공급망 관리 기술을 접목하는 방향이 요구된다.

이러한 통합적 접근은 군사적 성능 요구를 충족하면서도 효율성efficiency과 기민성agility을 동시에 확보할 수 있는, 미래 지향적 국방 획득 전략의 토대를 마련할 것이다.

③ 획득에서의 불확실성과 위험 관리

경경제가 불안정하고 세계 각국에서 전쟁이 일어나는 상황으로 인해 국가별 정책이 무기체계 획득에 영향을 미치는 불확실한 환경일수록 최적화된 의사 결정은 매우 제한된다. 무기체계 획득은 개발할 기술을 요구 성능에 맞도록 정해진 비용 내에서 군이 원하는 시기에 인도해야 한다.

결국 여기에 답이 있다. 첫째는 기술을 어떻게 개발할 것인가이다. 둘째는 개발한 기술을 어떻게 군이 원하는 무기체계에 통합하고 적용할 것인가이다. 셋째는 사용자가 원하는 시기에 무기체계를 운영할 수 있도록 해야 한다. 마지막으로 무기체계 개발 이전까지 투입되는 비용을 경제적으로 관리해야 한다. 비용은 기술, 성능, 일정과 모두 관련이 있다.

하지만 무기체계의 개발만을 고려해서는 안 된다. 무기체계를 운영할 장비, 교육 훈련, 시설, 수리부속 등 전력화 지원 요소도 함께 개발되어야 무기체계가 최상의 상태로 운영될 수 있다. 무기체계를 획득하고 운영하는 사람들은 항상 주장비전차, 항공기, 함정, 잠수함, 자주포 등를 획득할 때부터 30년간의 전력화 지원 요소에 대해 고민하고, 어떻게 하면 경제적으로 최상의 상태를 유지하며 무기체계를 운영하고 폐기해야 할지를 계획해야 한다. 하지만 주장비에 대한 도입은 눈에 잘 보이고, 곧 다가올 현실이기 때문에 해결책을 비교적 쉽게 찾을 수 있다. 하지만 문제는 해수면 아래에 있는 커다란 전력화 지원 요소에 대한 확인은 제한되고 눈에 잘 띄지 않는데, 이는 비교적 먼 미래의 일이기 때문이다.

운영유지비는 획득비에 비해 총수명 주기 비용에서 차지하는 비중이 크다. 게다가 최근에는 진화적 획득을 위해 무기체계를 한 번에 획득하지 않고 시간을 가지고 최신 첨단기술을 지속 적용하는 개념을 활용하다 보니 성능개량이 많아져 운영유지 성격의 획득비가 늘어나고 있는 추세이다. 이러한 이유로 무기체계를 획득하는 경우, 획득비와 운영유지비를 모두 합한 총수명 주기 비용을 비교하여 무기체계를 선정한다.

뿐만 아니라 최근에는 인공지능, 드론, 로봇robot 등 첨단 과학기술을 무기체계에 적용하는 사례가 확대되고, 동시에 하드웨어hardware 중심에서 소프트웨어software 중심으로 무기체계의 발전 추세가 변화하고 있다. 소프트웨어는 하드웨어에 비해 변화가 쉽고, 모듈식으로 관리가 가능해 분야별 성능개량이 용이하다. 하지만 체계통합system integration이 쉽게 해결되지 않아 개발이 지연되는 경우가 많다. F-35 성능개량이 시험평가에서 요구했던 성능이 달성되지 않아 지연되고 있는 것이 대표적인 사례로 손꼽힌다. 게다가 미국의 초음속 미사일은 개발 중에 성능 미달성에 따른 비용 상승 등으로 여러 번 개발을 포기하려 했던 적도 있다.

이런 불활실성에 대비하기 위해 사업추진기본전략 수립 시 획득체인관리 위험요소와 대응방안이 반영되어야 하며, HBOM Hardware Bill Of Material, SBOM Software Bill Of Material 도입을 의무화하여 무기체계 부품이나 소프트웨어 구성의 투명성을 확보해야 한다.

끝으로 국방부 또는 방위사업청이 주관하는 획득체인관리 협의체를 구성하여 정부와 업체가 획득체인에서 발생할 수 있는 위험을 공유하고 협력체계를 구축해야 한다.

 ## 획득체인관리의 핵심 이슈들key issues

이 장에서는 본문에서 중요하게 다루어질 획득체인관리의 핵심 이슈들을 간략히 소개한다. 이러한 이슈들은 전략적 수준에서 관리되며, 이슈별로 전술적 수준, 운영적 수준으로 구성된 세부 활동들로 구분된다.

전략적 수준strategic level은 획득에 장기간 영향을 미치는 의사 결정으로, 소요 결정, 총수명 주기 비용관리, 방위산업 육성 및 기술 보호 등 대개 3년 이상의 장기적인 관점에서 고려해야 하는 수준이다. 전술적 수준tactical level은 1년에서 3년, 운영적 수준operational level은 1년 이내 단위로 필요한 의사 결정이다.

❶ 통합 관점의 소요 결정requirements from integrated perspectives : 적의 위협을 무력화하기 위한 무기체계는 여러 가지가 있다. 그러나 이를 가장 효율적으로 달성하기 위한 무기체계를 결정하는 것은 매우 어렵다. 특히, 최근 인공지능 기반의 무인 무기체계 등장으로 통합 관점의 소요 결정이 절실히 필요한 시점이 되었다. 게다가 2개 군 이상이 함께 작전을 수행해야 하는 경우가 점차 증대되고 있다. 이는 획득체인관리에서 총수명 주기 비용을 최소화하고, 전력을 효과적으로 운영하기 위한 가장 초기 단계이다.

❷ 총수명 주기 비용 관리total lifecycle cost management : 무기체계를 포함해 군수품의 최초 개발부터 폐기 처분 시까지 전 수명 주기 과정을 통합적으로 관리해, 비용을 최소화하는 동시에 무기체계의 가용도를 높임으로써 효과적으로 전투 준비 태세를 갖추게 하는 기법이다. 무기체계는 보통 30년의 수명 주기를 갖기 때문에 무기체계를 결정할 때 획득비용만을 고려하는 것이 아니라 30년 운영기간 동안 소요되는 운영유지 비용까지 고려해야 한다. 그러나 획득 시점에서는 정확한 운영유지 비용을 산정하기 어렵고, 심리적으로 무기체계 도입 이후의 투입비용의 중요성을 인식하기 어렵기 때문에 총수명 주기 비용 관리가 매우 중요하다.

❸ 전력화 지원 요소 관리support element management for weapon system deployment : 무기체계가 전장에서 합동성, 완전성, 통합성을 발휘할 수 있도록 하는 제반 지원 요소로서, 전투발전 지원 요소와 통합체계 지원 요소로 구분한다. 무기체계 획득과 연계하여 개발하거나 구매하여 지원하는 요소인 전투발전 지원 요소는 군사교리, 부대편성, 교육 훈련, 시설, 무기체계 상호운용에 필요한 하드웨어 및 소프트웨어가 있다. 통합체계 지원 요소는 무기체계 수명 주기 동안 체계를 효과적이고 경제적으로 운영·유지하기 위해 소요를 식별, 설계 반영, 확보, 관리하는 제반의 지원 요소이다. 흔히, 무기체계를 획득할 때 전력화 지원 요소는 무기체계에 비해 상대적으로 우선순위가 낮은 편이다. 그러나 이런 경우 무기체계가 운영될 때 가동율이 저하되고 운영유지 비용이 많이 발생한다. 전력화 지원 요소는 총수명 주기 비용과 연계하여 무기체계 획득시 반드시 고려해야 할 사항이다.

❹ **과학적 획득 관리**scientific acquisition management: 무기체계 획득은 보다 우수한 성능의 제품을 경제적인 비용으로 신속하게 사용자인 군에 제공하는 것을 목표로 한다. 성능, 비용, 일정은 상호 상쇄관계tade-off에 있기 때문에 무기체계 획득에 있어 세 가지 요소에 대한 정량적인 분석과 관리가 필수이다. 과학적 획득 관리 방법에는 획득가치관리Earned Value Management, 목표비용관리 Cost As Independent Variables, 시스템 공학 System Engineering이 있다.

❺ **시험평가**test&evaluation: 도입할 무기체계에 대한 성능, 기술, 품질 측면 또는 운용관리적 측면에서 군의 요구조건과 개발목표의 충족 여부와 운용적합성, 효율성, 안전성 등을 확인 검증하는 절차이다. 일반적으로 개발시험평가DT&E, Development Test & Evaluation와 운용시험평가OT&E, Operational Test & Evaluation로 구분한다. 시험평가를 통과해야 무기체계를 군에서 사용 가능하다.

❻ **신속획득**rapid acquisition: 4차 산업혁명의 기술확산으로 획득체인에도 많은 변화가 발생했다. 일반적으로 무기체계는 긴 프로세스로 소요 결정 이후 획득까지 장시간이 소요되기 때문에 빠른 획득을 위한 프로세스 제거나 통합 또는 민간 상용품을 구매하는 제도가 탄생했다. 경미한 성능개량, 신속획득 시범, 현존전력 극대화, 임차 사업이 바로 그것이다.

❼ **진화적 획득**evolutionary acquisition: 무기체계를 획득하는 데는 장기간이 소요된다. 최근의 빠른 기술 변화로 무기체계 획득 환경도 많은 변화가 필요하다. 기술의 진부화와 개발 실패의 위험을 최소화하기 위한 방안으로 진화적 획득이 나타났다. 게다가 진화적 획득은 우선 기본적인 임무수행이 가능한 무기체계를 군에 공급하여 전력 공백을 최소화하는 데 도움이 된다. 군의 요구에 맞는 성능향상에 빠르게 대처가 가능한 방법이다.

❽ **조달전략**procurement strategy: 무기체계 조달은 국가예산을 최대한 국내 방산기업에 투자하고, 단일single 특정요구 성능을 지양해서 경쟁환경을 만들어야 한다. 사용품 조달을 확대하여 군

수품에 대한 호환성을 갖추어야 한다. 빠른 기술의 변화와 경쟁이 치열한 조달환경에서 양질의 군수품을 적기에 합리적인 가격으로 조달하기 위한 전략이 필요하다.

❾ **방위사업 계약**defense project contract: 도전적 연구개발 환경 조성 및 방산수출 활성화를 위해 방위사업 특성에 부합하는 계약특례제도이다. 방위사업은 고가, 대규모, 장기간 최첨단 기술을 연구개발해야 하는 불확실성과 복잡성이 높은 특수성을 가지고 있으나, 이러한 환경을 반영하지 못하고 엄격한 기준을 적용하여 과도한 지체상금을 부과하거나 빈번하게 소송이 발생하는 점을 감안해, 도전적 연구개발을 성실히 수행할 경우 지체상금 감면이나 유연하게 계약변경을 할 수 있도록 했다. 이는 품질과 성능 위주의 낙찰자결정 방법으로, 기술력 위주의 개발을 유도하여 방산업체의 경쟁력 확보를 하기 위한 계약이다.

❿ **원가관리**cost management: 합리적이고 공정한 계약금액을 결정하기 위해 계약제도와 원가계산 기준을 법규화하고, 이를 바탕으로 업체로부터 믿을 수 있는 원가정보를 획득하여 합리적인 가격을 결정하는 것뿐만 아니라, 연구개발 및 국산화 촉진을 적극 지원하고 업체로부터 자발적인 원가절감 노력을 하도록 동기를 부여함으로써 국방예산의 절감과 방위산업의 육성 발전을 도모할 수 있도록 체계적으로 운영하는 것이다.

⓫ **협상전략**negotiation strategy: 무기체계 협상은 크게 기술technique, 계약 조건terms and conditions, 절충교역offset 미화 1,000만 불 이상인 국외 구매사업에 적용, 가격cost 으로 구분한다. 일반적으로 기술협상은 사업팀, 절충교역은 방위산업진흥국, 계약 조건 및 가격은 계약팀이 담당한다. 협상전략을 수립하기 위해서는 협상환경 분석이 선행되어야 한다. 협상환경과 방안은 주로 강점strength, 약점weakness, 기회opportunity, 위협threaten이라고 일컫는 SWOT 방법으로 분석한다.

⓬ **방위산업 육성과 기술보호**defense industry promotion and technology protection: 방위사업청은

국방전략서, 국방과학 기술혁신 시행계획과 연계하여 방위산업발전 기본계획을 5년마다 작성한다. 방위산업발전 기본계획에는 방위산업육성 기본정책, 방위산업 생산설비 합리화, 방산물자 연구개발 및 구매, 방산물자 국산화 추진, 방위산업 국제 협력 및 수출 등에 대한 세부사항이 포함된다. 방위산업 육성이 활발할수록 국가안보 등을 위해 보호되어야 하는 핵심 기술이 외부로 유출될 가능성이 높아지기 때문에 이에 대한 철저한 대책 마련이 필요하다.

❸ **표준화 관리**standardization management: 구매 또는 연구개발하여 획득한 군수품의 조달, 관리와 유지를 효율적으로 수행하기 위한 조직적 행위와 기술적 요구사항을 결정하는 품목지정, 형상관리, 규격화를 위한 모든 관리 활동을 의미한다. 표준화는 개발되어 운영 중인 무기체계 개발 시 사용되는 부품 및 기술들을 표준화하여 여러 무기체계에 공동으로 활용함으로써, 연구개발비는 물론 운영유지비를 절감할 수 있다.

2장
통합 관점의 소요 결정

　육·해·공군 및 해병대 각각의 군은 독립적으로 운영되기보다는, 전쟁war이나 작전operations 상황에서 상호 협력해야 한다. 무기체계를 통합적으로 확보하면 군 간의 협력cooperation과 지원support이 원활해져, 상황에 따라 유기적으로 전력을 결합하거나 분리하여 최적의 작전 수행이 가능하다. 공군의 공중 지원이 필요할 때, 해군의 항공모함에서 이륙하는 전투기나, 육군이 필요로 하는 항공 지원을 공군이 제공하는 형태가 우리가 흔히 아는 각군 간의 협력이다.

　그리고 각 군이 독립적으로 무기체계를 개발하고 확보할 경우, 동일한 성능을 가진 여러 시스템을 중복해서 보유할 가능성이 크다. 하지만 통합적 시각에서 무기체계를 의도하면 중복되는 요소를 최소화하고, 한정된 제원 내에서 필요한 자원을 우선순위에 따라 효율적으로 배분할 수 있다. 또한, 특정 군에 집중된 시스템이 다른 군에서도 활용될 수 있어 비용절감 효과를 얻을 수도 있다.

　각 군의 무기체계가 독립적으로 발전하다 보면 기술 발전의 방향성이 일관되지 않거나, 상호 보완되지 않는 경우가 발생할 수 있다. 하지만 통합적 시각에서 무기체계를 확보하면 각 군의 기술이 서로 보완적으로 발전할 수 있어, 다양한 전장에서 시너지를 낼 수 있다. 무인기나 인공지능, 로봇 기술 등 육군, 해군, 공군, 해병대 등에서 공통적으로 활용될 수 있는 부분을 선별할 수 있다.

　군은 전장에서 여러 다양한 작전 환경에 직면하게 되며, 육군, 해군, 공군, 해병대 각각의 특성에 맞는 무기체계들이 독립적으로 존재하기보다는 통합되어야 더 강력한 전력을 발휘할 수 있다. 현대전에서는 육군만의 무기체계보다는 공군의 공중 우세, 해군의 해상 작전 능력 등 모든 군의 협력이 중요한 역할을 하므로, 이를 지원하는 무기체계의 통합적인 접근이 필요하다. 이러한 접근을 통해 인터페이스 문제 최소화, 전장정보 공유체계 통합, 미래전 양상 대응력 강화 등에도 매우 유리하다.

군의 작전은 종종 다차원적이고 복잡한 요소를 포함한 육군의 지상 작전과 공군의 공중 작전, 해군의 해상 작전이 동시에 진행되는 상황에서, 각 군의 무기체계가 통합되어 효율적으로 작동하면 각 군 간의 계획 및 실행이 원활해진다. 통합된 무기체계를 통해 각 군의 작전이 상호 지원하고 연계되어, 복잡한 전쟁 상황에서도 일관된 전력 투입이 가능해지기 때문이다.

인구 감소는 국방에서도 큰 이슈이다. 통합적인 관점에서 소요를 결정할 때 인구 감소와 같은 무기체계 운영의 환경 변화를 반드시 고려해야 한다. F−35를 운영하는 영국에서도 인력난으로 인해 2024년 계획된 임무 중 불과 30% 가량만 수행했다고 영국 감사원은 분석했다. 인구 감소에 대한 방안으로 무인화, 자동화, 로봇화 등을 소요 결정할 때, 통합적인 관점에서 함께 고려해야 한다.

무기체계와 전력지원체계의 구분

무기체계는 유도무기, 항공기, 함정 등 전장battle field에서 전투력을 발휘하기 위한 무기와 이를 운영하는 데 필요한 장비, 부품, 시설, 소프트웨어 등 제반요소를 통합한 것으로 정의된다.

전력지원체계는 무기체계의 지속적인 전투력 발휘를 위한 장비, 물자, 일반시설, 기반체계 소프트웨어, 그 밖의 물품 등 제반요소로 정의된다. 여기서 주목할 것은 무기체계는 무기뿐만 아니라 운영에 필요한 장비, 부품, 시설, 소프트웨서 등이 무기와 동시에 획득하는 개념이라는 것이다.

무기체계의 소요를 결정할 때부터 무기 이외의 운영에 필요한 전력화 지원 요소가 반드시 포함되어야 한다. 소요를 결정할 때 이러한 요소들이 충분히 검토되지 않으면 운영 단계에서 가동율이 떨어지거나 정비, 보급지원 등 후속 군수지원 요소 도입에 많은 비용이 소요된다. 이러한 이유로 소요 단계부터 무기체계 소요에 부합하는 제반요소인 전력화 지원 요소의 반영이 매우 중요하다.

무기체계에는 전투력 운영과 전력 증강의 타당성을 분석하는 모델이나 무기체계 획득과 직접 연계되는 모델인 지상군 자원소요 분석모델GORRAM, Ground Operations & Resource Requirement Analysis Model, 전구급 공중전 분석모델STORM, Synthetic Theater Operations Research Model, 해군 분석모델NORAM, Navy Operations & Resource Analysis Model은 무기체계로 간주된다. 이외에도 성능개량으로 운영개념이 현저하게 변경되거나 중대한 작전운용성능required operational capability이 변경되는 무기체계도 기존과는 별도의 무기체계로 간주된다.

무기체계는 통신망 등 지휘통제·통신무기체계, 레이다 등 감시·정찰무기체계, 전차·장갑차 등 기동무기체계, 전투함 등 함정무기체계, 전투기 등 항공무기체계, 자주포 등 화력무기체계, 대공유도무기 등 방호무기체계, 사이버전장 관리체계 등 사이버무기체계, 위성 등 우주무기체계, 모의분석·모의훈련 소프트웨어, 전투력 지원을 위한 필수장비 등 그 밖의 무기체계로 구분한다.

전력지원 체계는 일반차량, 특수차량, 정비장비, 탄약·유도탄장비, 전투지원 일반장비, 측정장비, 통신전자장비, 근무지원장비 등 전투지원장비, 피복·장구류, 식량류, 화학물자류, 유류, 특수섬유물자, 탄약·유도탄물자, 전기·전자물자, 근무지원물자, 인쇄물자류 등 전투지원물자, 의무지원장비 및 물품, 교육 훈련장비, 교육 훈련물자, 교육 훈련용탄약, 자원관리정보체계, 국방 모델링 및 시뮬레이션M&S, Modeling and Simulation 체계, 기반운영 환경 등 국방정보 시스템, 군사시설 등이 있다.

 ## 2 지속 가능한 무기체계 조건conditions for a sustainable weapon system

무기체계는 단순히 전투에서의 화력 우위를 확보하기 위한 도구가 아니라, 국가안보와 외교 전략의 핵심 축으로 기능하는 복합 자산complex assets이다. 현대의 안보 환경에서 무기체계의 가치는 화력이나 기술적 성능에 국한되지 않고 경제적 지속성, 외교적 영향력, 윤리적 정당성, 그리고 기술적 확장성이라는 다층적 요소들이 상호작용하는 결과로 평가된다. 이와 같은 요소들은 개별적으로 작동하기보다 상호 보완적 관계 속에서 무기체계의 운용 지속성 및 전략적 가치를 결정짓는다.

따라서 지속 가능한 무기체계의 구축은 단순한 기술 우위 확보 차원을 넘어 국가 전략 전반의 맥락에서 종합적으로 이해되어야 한다.

먼저, 성능은 무기체계의 가장 기초적이며 필수적인 조건으로, 전투 수행 능력이 담보되지 않는 무기체계는 어떠한 전략적 목적도 달성할 수 없다. 역사적으로 독일의 V-2 로켓은 세계 최초의 장거리 탄도미사일이라는 기술적 혁신을 이루었음에도 불구하고 복잡한 제조 공정과 높은 단가, 제한적인 전략적 효과로 인해 지속성을 확보하지 못하였다. 반대로, 미국의 F-16 전투기는 공대공 및 공대지 임무를 모두 수행할 수 있는 다목적 플랫폼multi-purpose platform으로 설계되어 운용 유연성을 확보했으며, 수십 년에 걸친 지속적 개량을 통해 여전히 세계 각국에서 사용되고 있다. 경제성 또한 무기체계의 생존력viability에 결정적 영향을 미친다. 개발비뿐 아니라 유지·보수 비용과 병참 체계의 효율성이 모두 고려되어야 하며, 이를 간과할 경우 아무리 뛰어난 성능을 가진 무기라 하더라도 전략적 가치가 상실될 수 있다. 미국의 F-22 랩터Raptor는 세계 최고 수준의 스텔스 및 공중 우세 능력을 보유했음에도 불구하고, 지나치게 높은 제작 및 운용 비용으로 인해 수출이 제한되고 양산이 조기 종료되었다. 반면, 터키의 Bayraktar TB2 무인기는 저비용 구조에도 불구하고 정찰과 공격 임무에서 높은 전술적 효용을 발휘하며 우크라이나 전쟁 등에서 핵심 전력으로 부상함으로서 경제성이 무기체계의 국제 확산과 장기 운용성을 견인할 수 있음을 보여주었다.

성능 대비 낮은 가격가성비은 우리나라가 무기체계 수출 경쟁력을 갖춘 핵심 요소 중의 하나이기도 하다. 무기체계는 또한 외교적·안보적 수단으로서 국가의 전략적 이익을 증진시킨다. 이스라엘의 아이언돔Iron Dome은 자국 방어를 위한 요격 시스템임과 동시에 미국과의 기술 협력과 외교적 유대를 공고히 하는 상징적 자산으로 기능하였으며, 반대로 서방제 무기가 사우디아라비아의 예멘 내전 개입에 사용되면서 발생한 국제적 비난 사례는, 무기 수출이 국가의 외교 이미지와 직결됨을 보여준다.

이처럼 무기체계는 단순히 전술적 효용을 넘어 외교적 신뢰와 전략적 억제력을 확보하는 수단으로 설계되고 운용되어야 한다. 더 나아가 도덕성은 현대 무기체계의 국제적 수용성을 결정짓는 핵심 요소로 부상하고 있다. 국제사회는 무기 사용의 정당성과 민간 피해 최소화를 점점 더 중시하고 있으며, 이는 무기체계 설계와 운용 단계 전반에 직접적 영향을 미친다. 정밀유도무기의 등장은 민간 피해를 줄이면서 전략목표를 달성할 수 있게 함으로써 도덕성과 효율성을 동시에 확보한 대표적 사례이며, 반대로 지뢰 및 클러스터탄과 같이 민간 피해가 불가피한 무기체계는 국제조약을 통해 사용과 확산이 제한되거나 금지되었다.

마지막으로 확장성과 진화 가능성은 현대전의 급격한 기술 변화를 반영하는 중요한 조건이다. 무기체계는 단발적 완제품이 아니라 지속적 개량과 진화를 전제한 플랫폼으로 설계되어야 하며, 이를 위해 모듈화와 개방형 아키텍처, 네트워크 중심 등 전 환경에 적응할 수 있는 구조가 필수적이다.

미국의 이지스 전투체계는 수십 년간 미사일 방어와 해상전 능력을 지속적으로 확장하며 진화해 온 사례로, 이러한 구조적 유연성이 무기체계의 장기 생존력과 전략적 가치를 보장한다. 결론적으로 지속 가능한 무기체계는 단순히 전장에서의 승리를 목표로 하는 도구를 넘어, 국가 전략의 구현체이자 외교적 영향력의 상징이며 윤리적 책임과 국제적 신뢰를 확보하는 수단이다.

따라서 무기체계 개발과 운용은 성능 향상에만 치우칠 것이 아니라 경제성, 외교적 활용성, 도덕성, 기술적 확장성을 종합적으로 고려해야 하며, 이러한 총체적 접근을 통해서만 무기체계는 장기적 생존력과 전략적 지속 가능성을 확보할 수 있고, 나아가 국가안보와 국제 질서에서 주도적 역할을 수행할 수 있다.

지속 가능한 무기체계는 단지 전장에서의 승리를 보장하는 도구를 넘어, 국가의 전략적 자산이자 외교적 무기이며, 윤리적 책임과 국제사회에서의 정당성을 확보하는 수단이다. 기술의 진보가 빠른 현대 안보 환경에서 무기체계는 기능적 완성도를 넘어서, 경제성과 윤리성, 그리고 확장성을 고려한 통합 설계가 필수적이다.

성능만이 아니라 외교적 연계성과 도덕성까지 고려한 무기체계만이 그 가치와 수명을 오랜 기간 유지할 수 있으며, 궁극적으로는 국가안보와 국제적 신뢰의 기반이 된다. 이는 단순한 무기의 문제가 아닌, 국가 전략과 철학의 구현이라는 점에서 더 큰 의미를 가진다.

③ 소요 결정 방법론

소요를 결정하는 방법에는 위협기반 소요 결정threat-based requirement과 능력기반 소요 결정capabilites-based requirement이 있다. 위협기반 소요 결정은 전통적으로 소요를 결정하는 방법으로 대처해야 할 명확한 형태의 위협이나 잠재국의 위협 형태와 수량 등에 따라 소요를 결정하는 방법이다. 상대방이 이동형 탄도미사일ballistic missiles이나 드론drones으로 우리의 안보를 위협한다면, 이에 상응하는 무기체계를 확보하도록 소요를 결정하는 방법이다. 일반적인 국가들이 위협기반 소요 결정 방법론을 사용하고 있다.

이에 반해 능력기반 소요 결정은 명확한 적대국이 존재하지 않거나 다양한 형태의 위협이 대두될 경우, 기준을 삼을만한 결정적인 위협 선택이 제한되는 경우 또는 기술의 발전 속도가 빨라 게임체인저game changer 등의 우월한 성능을 보유하고 있을 때, 어떤 위협에도 대처할 수 있는 다양한 능력capabilities을 기반하는 방법론이다.

위협기반 소요 결정은 명확히 식별되는 위협에 대응하는 소요를 결정하기 때문에 제한된 예산과 빠른 기간 내에 무기체계 확보를 중요하게 간주한다. 반면, 능력기반 소요 결정은 명확히 기준이 되는 위협을 식별하는 데 제한이 있기 때문에, 예산이나 기간이 중요한 요소가 아닐 수 있다. 최근에는 4차 산업혁명 기술 등 빠른 기술의 진보로 극초음속 미사일, 하이마스, 드론 등이 능력

[그림 1-2] 미국 극초음속 미사일(레이시온)

기반 소요에 의해 만들어진 대표적인 무기체계이다.

　기업은 고객에게 재화goods 와 서비스service를 제공하고, 이런 활동activities을 통해 가치value를 높이고, 돈을 버는 것이다. 국방Defense에서는 고객customer이 무기체계weapon system를 직접 운영하고 관리하는 국방부, 육군, 해군, 공군, 해병대가 될 것이다. 방위사업청DAPA은 이들이 장비equipment나 서비스service 등 국방 운영에 필요한 물품과 서비스를 획득하는 역할을 한다. 방위사업청이 획득의 역할을 충실히 하기 위해서는 고객인 군의 요구사항requirement을 정확히 파악할 수 있도록 군과의 원활한 협조가 필요하다. 작전운용성능required operational capability은 군사전략을 달성하기 위해 획득할 무기체계의 운용개념을 충족시킬 수 있는 성능수준과 무기체계 능력을 제시한 것이다. 그리고 무기체계 운용에 간접적으로 영향을 미치는 사항, 환경 적응성, 인체공학 기반 설계, 전력화 지원 요소 등으로 구성하는 기술적·부수적 성능이 있다. 작전운용성능과 기술적·부수적 성능은 연구개발 또는 국외 구매 무기체계 획득을 위한 시험평가의 기준이 되기 때문에 매우 중요하다.

　소요를 결정할 때에는 무기체계의 필요성, 운영개념, 도입시기, 소요량과 작전운용성능, 전력화 지원 요소 등이 동시에 검토되어야 한다. 게다가 국방정책, 안보상황과 군사전략을 고려한 군사력 건설 방향, 국방과학기술의 개발 및 확보 수준, 방산업체의 생산능력, 무기체계 정비, 합동성 및 상호 운용성 등이 지상, 함정, 항공, 화력, 방공 등 한 분야로 편중되지 않고, 통합적인 관점에서 군사전략 및 목표를 달성할 수 있게 소요를 결정해야 한다.

　특히, 미래의 군사적 요구는 다양한 첨단 기술의 융합에 따라 변하고 있으며, 이를 통합적으로 고려한 소요 결정이 점차 중요해진다. 각 군의 특성과 역할을 반영하되, 우주, AI, 드론, 무인체계 등이 서로 협력할 수 있는 방향으로 전략을 수립해야 한다. 이를 위해 각 기술 분야의 연계성과 상호 지원 체계를 구축하고, 효율적인 자원 배분과 통합된 시스템 개발을 목표로 해야 한다. 이러한 통합적 접근을 통해, 보다 신속하고 효율적인 작전 수행이 가능해지며, 국가의 안보를 더욱 강화할 수 있을 것으로 기대한다.

　드론drone은 전통적인 무기체계 대비 비용이 저렴하고, 생산 및 운용이 용이하다는 점에서 비대칭 전력으로서 매우 효율적인 장점을 갖는다. 특히, 정찰reconnaissance과 타격strike 임무를 동시에 수행할 수 있어 작전의 유연성flexibility을 극대화하고, 위험 지역에서 병력의 희생을 최소화할 수 있는 전술적 이점이 있다. 우크라이나 전쟁 사례에서도 드론은 초기 기습 공격부터 적의 기갑부대 및 주요 군사시설을 정밀 타격하며 큰 성과를 올렸다. 그러나 드론 단독으로는 상대방의 방공체계를 완전히 무력화하거나 공중 우세를 완벽하게 장악하는 데는 한계가 있다는 것도 드러났다. 한 언론매체에서는 드론이 우크라이나 전쟁을 장기화로 이끈 무기체계의 하나로 평가하기도 했다. 이는 드론이 독립된 전력으로 작용하기보다는 전통적 전력, 즉 지상군과 공군 전력의 통합 운용 속에서 비로소 실질적 효과를 거둘 수 있음을 보여준다. 우크라이나 사례를 통해 우리가 얻어야 할 핵심적인 시사점은 드론의 양적 확보와 함께, 기존 무기체계와의 통합 운용 개념을 발전시키고, 소요 결정 과정에서도 각 전력 간 시너지synergy를 면밀히 고려해야 한다는 것이다. 드론 운용을 통해 달성 가능한 작전 목표와 제한사항을 명확히 정의한 뒤, 전통적 전력체계와 상호 보완적 관계 속에서 운용 방안을 수립해야 궁극적으로 전장의 지배력을 높이고, 전쟁 수행의 효율성을 극대화할 수 있을 것이다.

무기체계 획득은 단순한 장비 구입이 아니라 국가안보 전략, 국방정책, 국방개혁 방향과 일치해야 한다. 통합된 시각은 상위 정책의 정당성을 확보하고, 정책 목표달성에 부합하는 소요 결정으로 이어지게 된다.

3장

총수명 주기 비용 관리

 ① 방위력개선사업과 전력운영사업

　방위력개선사업과 전력운영사업은 군사작전에 직접 운용되거나 전투력 발휘에 직접 영향을 미치는지의 여부에 따라 구분된다. 방위력개선사업은 군사력 개선을 위한 무기체계의 구매와 연구개발, 성능개량, 그리고 이에 수반되는 시설을 설치하는 사업을 말한다. 전력운영 사업은 무기체계 이외의 장비, 부품, 시설, 소프트웨어 등 물품을 획득하는 사업을 의미한다. 따라서 F-35A, KF-21, 장거리 지대공 유도무기L-SAM, AI 기반 유·무인 복합전투 체계와 같은 무기체계는 방위력개선 사업으로 획득하며, 무기체계 인도가 종료된 이후에 필요한 장비, 부품, 시설 등은 전력운영 사업으로 조달한다. 합동참모본부에서 무기체계의 소요를 결정하는 대부분의 경우에는 방위력개선 사업으로 추진한다. 뿐만 아니라, 일반적으로 무기체계의 획득 방법을 연구개발 또는 구매로 결정하는 선행연구나 소요와 투입할 예산의 적절성 등을 검토하는 사업타당성 조사가 수반되어야 한다.

　방위력개선사업은 방위력개선비로, 전력운영사업은 전력운영비로 확보한다. 전력운영비는 군인 또는 부대의 전투력 유지를 목적으로 운영되며, 이는 초급간부 주거 여건 개선, 병 봉급 및 피복류 구매 등을 조달하는 병력운영비와 수리부속 구매, 성과기반 군수지원 등을 조달하는 전력유지비 등이 있다.

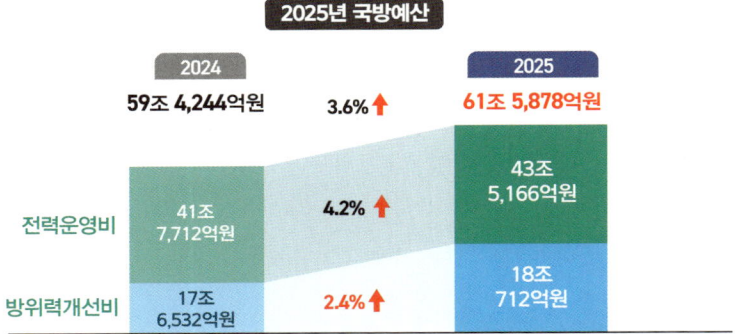

[그림 1-3] 2025년 국방예산(국방부)

 후속군수지원 요소

무기체계의 획득은 단순히 무기체계 자체의 조달뿐만 아니라, 이를 부대에 전력화하기 위한 지원장비, 수리부속, 교육 훈련, 수용시설, 기술자료 등이 동시에 조달되어야 한다. 전력화 지원 요소와 후속군수지원 요소는 주장비의 도입 시점에 일괄로 동시에 도입이 되는지 아니면 주장비가 모두 도입된 전력화 시기 이후에 도입되는지에 따른 차이가 있다.

후속군수지원 요소는 주장비 운영에 필수적인 요소이나, 조달되는 시점이 주장비 도입 이후 그리고 폐기까지 장기간이기 때문에 정확한 비용 추정이 제한된다. 이러한 이유로 후속군수지원 요소는 바닷물 아래에 있는 빙하에 비유된다. 일반적으로 후속군수지원은 시스템 획득비용보다 3배 가량이 더 많은 것으로 알려져 있다. 그렇기 때문에 획득뿐만 아니라 도입 이후 획득 이전부터 후속군수지원에 관한 방법, 부서간 임무 및 역할 구분도 세부계획이 수립되어야 한다. 그리고 무기체계를 운영하면서 그에 따른 고유한 특성을 반영하면서 운영되어야 한다. 후속군수지원에 대한 비용 절감 기회는 획득 이전에는 높지만 무기체계가 도입된 이후에는 비용 절감 기회는 매우 낮아지는 점도 착안해야 할 점이다.

[그림 1-4] 무기체계 총수명 주기 비용과 빙하

총수명 주기 비용은 무기체계 획득비용전력화 지원 요소 비용 포함과 후속군수지원비용을 더한 비용으로 산정된다. 무기체계 도입을 위해 업체를 선정할 때기종결정이라고 함 후속군수지원비용까지를 고려해야 하나 정확한 비용 산정이 제한되고, 특히 처음 도입되는 무기체계의 경우 후속군수지원에 대한 비용 산정은 더욱 제한되기 마련이다.

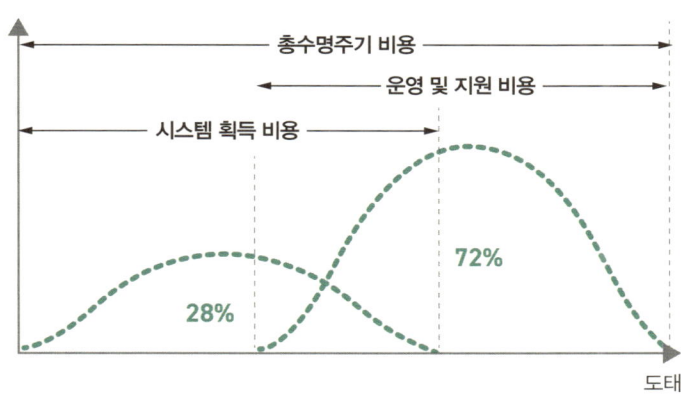

[그림 1-5] 수명 주기 비용 구성

3 총수명 주기 관리

사람과 유사하게 제품이나 장비도 수명 주기가 있다. 인간이 태어나서 청년기를 지나 장년기를 거쳐 노년기에 이르는 과정처럼, 제품도 도입, 성장, 성숙, 쇠퇴의 과정을 거친다. [그림 1-6]의 제품 수명 주기 Product Life Cycle 이론은 1966년 레이먼드 버논 Raymond Vernon이 제품은 도입, 성숙, 표준화 단계로 진화하며 대량생산 기술로 제품의 비교 우위를 갖추기 위해 해외의 저렴한 노동을 가진 국가에 투자하는 모형을 제시하며 발전하기 시작했다. 이후 마케팅 분야에서 최소의 투자 비용으로 최대의 이익을 발생시키기 위한 단계별 전략을 제시했다.

제품뿐만 아니라 무기체계나 장비들도 소요부터 획득과 운영·유지 그리고 폐기에 이르는 모든 활동을 전체 수명 주기 관점에서, 투입 비용은 적지만 높은 가동율을 유지하기 위한 총수명 주기 관리가 나타났다. 기업에서의 높은 수익이라는 성과와 목표가 국방에서는 높은 가동율이라는 성과지표로 바뀌는 개념이다.

총수명 주기 관리 업무에는 국방 RAM Reliablility, Availbility, Maintainability, 통합체계 지원 요소 관리, 부품 국산화, 부품 단종관리 등이 있다. 국방 RAM은 신뢰도, 가용도, 정비도를 말한다. 신뢰도는 일정 기간 동안 어떤 고장이 얼마나 자주 발생할 것인가의 확률을 통계적으로 분석하고, 설계

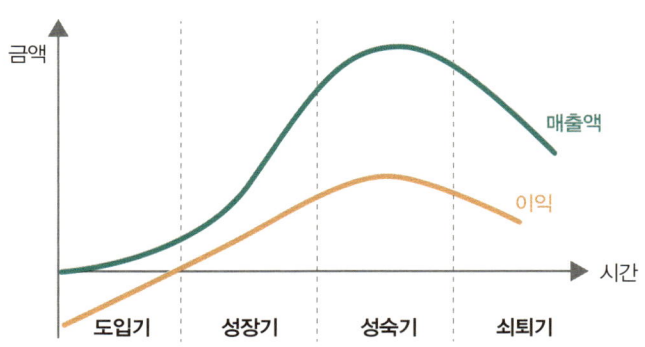

[그림 1-6] 제품수명 주기 이론

상의 취약점을 찾아내는 업무이다. 가용도는 시스템의 고장·수리를 거쳐 임의의 시점에서 가동 상태에 있을 확률이다. 정비도는 시스템이 고장 났을 때 정비로 정해진 시간 내에 부여한 임무를 수행할 수 있도록 성능을 복구시킬 수 있는 확률이다. 정비도 산출을 위하여 사용하는 개념은 평균수리 시간MTTR: Mean Time To Repair으로, 장비의 고장발생 시 수리 및 복구를 하기 위해서 소요되는 일련의 시간들의 평균값이다.

통합체계 지원 요소에는 체계지원 관리, 연구 및 설계 반영, 유지관리, 정비계획 및 관리, 지원장비, 보급지원, 인력운용, 교육 훈련 및 지원, 기술교범 및 기술자료, 포장·취급·저장 및 수송, 시설, 지원정보 체계가 있다.

부품국산화parts localization는 부품을 해외에서 수입하는 대신 자국 내에서 제조하거나 개발하는 것을 의미한다. 부품을 해외에서 수입할 경우, 환율이나 물류비용 등 외부 경제적 요인에 따라 가격이 변동될 수 있는데, 이러한 변동성을 줄이고 안정적인 공급망을 구축할 수 있게 한다. 게다가, 국내에서 생산하는 것이 물류비와 세금을 줄이며, 국내 산업의 경쟁력 강화에도 도움이 되고, 품질 관리 및 안전성 강화에도 기여가 가능하다.

부품국산화는 자국 내에서 무조건 부품을 생산이나 개발하는 것을 의미하지는 않는다. 대상 부품은 수입 대비 국산화 시 제조 및 조달비용이 절감되거나, 개발 투자에 대한 회수 가능성, 해당 부품의 연간 사용량과 수출 가능성, 교체 수요 등 경제성economic feasibility이 있어야 한다. 그리고 국산화를 통해 소재, 공정, 조립 등 다른 산업에 긍정적인 파급효과가 있고, 기술 자립성을 갖출 수 있으며, 국산화를 통해 고용 및 지역경제에 기여하는 등 파급효과ripple effect가 있어야 한다. 물론, 개발 가능한 기술 수준이어야 하며, 공급망 전략과 부합 여부에 따라 부품국산화를 결정하게 된다.

부품단종 관리는 수요에 따라 개발되어 생산되다가 기술의 발전 또는 시장 상황의 변화에 따라 노후화가 진행되어 생산이 중단되거나, 생산업체의 도산, 자원의 고갈로 인한 공급 중단 등으로 인한 부품 확보의 어려움이 발생하지 않도록 관리하는 것을 의미한다. 단종된 부품의 대체 부품을 빠르게 찾아내 공급망을 유지하고, 기존 제품을 수명 주기 동안 유지하고 관리할 수 있어 제품의 내구성을 높이고, 고객에게 높은 신뢰를 줄 수 있다. 그리고 효율적으로 대체 부품을 찾아 재고관리 효율성에도 긍정적인 효과가 있고, 부품단종 관리 역시 기술개발과의 연계성이 있기 때문에 이를 통해 경쟁력 강화의 역할도 수행할 수 있다.

일반적으로 부품단종 관리는 부품의 단종 시점에 따라 사전 조치와 사후 조치로 나눠서 체계적으로 대응해야 한다.

〈사전 조치〉
- 공급 업체로부터 단종EOL, End of Life 정보를 조기에 수집할 수 있는 정기 커뮤니케이션 체계 구축
- 주요 부품에 대한 단종 위험도를 분석하고 위험도에 따라 사전 대체 전략 수립
- 대체 가능한 부품 목록을 사전에 확보하고, 품질·기능·신뢰성·인증 요건 등을 검토하여 대체 부품의 사양 승인 준비
- 단종 예정 부품의 최종 주문LTB, Last Time Buy 계획 수립 및 필요한 수량을 예측한 적정 재고 확보
- 복수 공급선 확보focus on second source 추진 및 표준화된 부품 사용 유도
- 단종 정보 데이터베이스 구축, 연계 제품 및 재고 현황 관리

〈사후 조치〉
- 단종 부품이 포함된 제품군에 대한 영향 분석 및 대상 제품과 고객사에 대한 리스크 평가
- 필요시 설계 변경redesign을 통해 대체 부품 적용 검토, 회로 및 소프트웨어 수정이 필요한 경우 검증 절차 수립
- 품질 인증이 필요한 경우, 변경 품목에 대한 시험 인증 재진행 계획 수립 및 인증기관과 협의
- 고객사와의 기술 협의를 통해 대체품 적용 일정과 납기 계획 조율
- 확보된 재고를 바탕으로 최종 생산 스케줄 조정, 이후 서비스용 부품 확보 계획 수립
- 단종 부품 사용 이력과 변경 이력을 제품 이력 관리 시스템에 반영
- 관련 부서설계, 구매, 품질, 생산, 서비스 등 간 협업 프로세스를 통해 전사적 대응 체계 운영

4장

전력화지원 요소 관리

새로운 무기를 개발하거나 구매할 때, 단순히 장비 확보에서 끝나지 않는다. 무기가 실제로 전장에서 제 역할을 하려면 여러 지원 요소들이 함께 준비되어야 한다. 이것을 '전력화 지원 요소'라고 하는데, 쉽게 말해 무기를 제대로 사용하고 유지하는 데 필요한 모든 것을 의미한다. 현대 전쟁은 육·해·공군, 해병대가 함께 움직이는 합동작전이 중요하다. 따라서 새 무기를 도입할 때도 한 군만의 문제가 아니라 전체 군 차원에서 통합적으로 생각해야 한다. 공군이 신형 전투기를 도입한다면, 단순히 전투기만을 인도한다고 해서 전력이 완성되는 것은 아니다. 전투기 도입과 함께 다음 요소의 도입이 필요하다.

● 전투기를 조종, 정비, 보급지원, 시설관리 등을 담당할 인원 확보
● 담당 인원을 교육할 교육 훈련training 및 시뮬레이터simulator
● 정비에 필요한 지원장비support equipment, 수리부속spare part 그리고 정비계획maintenance plan
● 임무를 수행할 탄약 및 연료, 그리고 안정적 보급체계logistics system
● 전투기를 운영할 부대와 지휘체계command system
● 작전교범 및 전장 통신 연계 시스템, 지원정보 시스템supporting information system

전투기와 함께 작전할 육군 부대나 해군 함정과의 상호 운용성interoperability도 고려해야 한다. 예산budget 측면에서도 무기 자체 비용 이외에 훈련비용training cost, 정비시설maintenance facility, 예비부품spare parts 확보 등 여러 지원 요소에 필요한 비용을 사전에 계획해야 한다. 이렇게 체계적으로 준비해야만 전투기가 인도되는 순간부터 바로 실전에서 운영할 수 있게 된다.

2022년 폴란드와 계약한 FA-50GF Gap Filler, 신속한 전력공백을 메우기 위한 전력를 수출한 12대가 인도 초기에 가동에 문제가 있다고 기사화되어 폴란드 정부에서 계약에 관한 감사까지 했으나, 이는 전력화 초기에 수리부속 및 탄약 지원, 조종사 교육 훈련 등이 결합된 복합 문제로 발생한 해프닝으로, 전력 도입 이전에 전력화 지원 요소의 완전한 구비가 중요함을 보여주는 또 하나의 사례가 되고 있다.

 **개념**

전력화 지원 요소는 크게 전투발전 지원 요소Combat Development Support Element, CDSE와 통합체계 지원 요소Integrated Product Support Element, IPSE로 구분한다. 전투발전 지원 요소는 무기를 실제 군사 작전에 활용하기 위한 개념과 조직 측면의 준비사항이다. 예를 들어, 새로운 드론을 도입했다면 이를 어떻게 전투에 활용할지, 작전 교리를 만들고 드론을 운용할 전문 부대를 편성하는 것이 여기에 해당한다. 통합체계 지원 요소는 무기를 실제로 운용하고 유지하는 데 필요한 12가지 핵심 요소들이다. 이 부분이 바로 무기의 총수명 주기 전반에 걸쳐 뒷받침이 되는 실질적인 지원체계이다.

② 구성 요소

❶ 체계지원 관리 Product Support Management: 무기의 수명 주기 전체를 관리하는 컨트롤 타워로 비유된다. 전문 관리자를 두어 나머지 11개 지원 요소를 총괄 조정하고, 무기의 신뢰성과 가용성을 분석해 미리 대책을 수립한다. 어떤 부품이 얼마나 자주 고장날지 예측하고 대비하는 것이 여기에 해당한다.

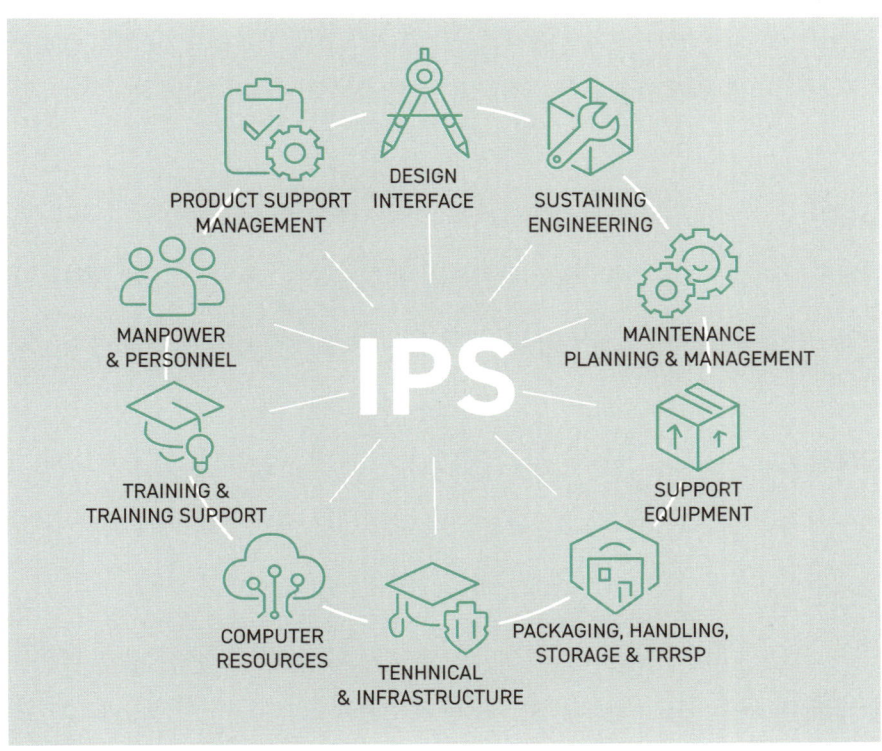

[그림 1-7] 통합체계지원 요소들

❷ 연구 및 설계 반영 Desdign Interface: 무기를 설계할 때부터 나중에 사용하고 정비하기 쉽게 만드는 것이다. 엔진을 교체할 때 쉽게 접근할 수 있게 설계하거나, 내구성 높은 부품을 사용해 고장을 줄이는 것이 여기에 속한다. 또한, 비용 대비 효과를 고려하여 고장률을 낮추는 시스템 설계도 역시 연구 및 설계 반영에 포함된다.

❸ 유지관리 Sustaining Engineering: 무기가 배치된 후에도 지속적인 성능 유지와 개선을 위한 기술 지원이다. 시간이 지나면서 발견되는 문제점을 해결하거나, 성능을 업그레이드하는 활동을 포함한다. 전투기 소프트웨어에 버그가 발견되면 패치를 개발해 적용하는 활동이 여기에 속한다.

❹ 정비계획 및 관리 Maintenance Planning and Management: 언제, 어떤 수준으로 무기를 정비할지

계획하는 것이다. 간단한 점검부터 완전 분해 정비까지 여러 단계의 정비를 체계적으로 관리한다. 항공기는 몇 시간 비행 후 어떤 부품을 점검하고, 어떤 절차로 수리할지 정하는 것이다.

❺ **지원장비** Support Equipment: 무기를 운용하고 정비하는 데 필요한 특수 도구와 장비들이다. 전투기 엔진을 내리는 리프트, 미사일을 점검하는 테스터 같은 것들이 여기에 해당한다. 이런 지원장비 없이는 무기를 제대로 사용하거나 수리할 수 없다.

❻ **보급지원** Supply Support: 무기 운용에 필요한 탄약, 연료, 예비부품 등을 확보하고 공급하는 것이다. 아무리 좋은 무기도 탄약이 없으면 쓸모가 없게 된다. 특히, 초기에 충분한 예비부품을 확보하고, 장기적으로 부품이 중단되지 않도록 공급망을 관리하는 것이 중요하다.

❼ **인력운용** Manpower and Personnel: 무기를 다룰 인원을 확보하고 관리하는 요소이다. 장비 한 대당 몇 명의 운용병, 정비병이 필요한지 산정하고, 전문인력을 교육하거나 모집을 통해 준비한다. 신형 헬기를 도입한다면 새로운 무기체계에 적합한 조종사와 정비사를 헬기가 도입되기 전에 미리 양성해야 한다.

❽ **교육 훈련 및 지원** Training and Training Support: 장병들에게 새 무기를 다루는 방법을 가르치는 요소이다. 아무리 좋은 무기도 사용법을 모르면 소용이 없어진다. 교관 양성, 시뮬레이터 구축, 교재 개발 등을 통해 장병들이 무기체계에 익숙하도록 훈련이 필요하다.

❾ **기술교범 및 기술자료** Technical Data: 무기의 사용법, 정비법, 부품 목록 등을 담은 매뉴얼과 기술자료이다. 이런 자료가 잘 갖춰져야 일선 부대에서 자체적으로 문제를 해결할 수 있고, 새로 부임한 인원도 빠르게 업무를 익힐 수 있게 된다. 최근에는 상호작용 interactive 기능을 추가한 전자식 교범을 제작하여 흥미와 전문성을 동시에 얻을 수 있도록 하고 있다.

❿ 포장, 취급, 저장 및 수송 Packaging, Handling, Storage and Transportation: 무기와 부품을 안전하게 포장하고, 운송하며, 보관하기 위한 요소이다. 정밀 장비는 충격 완화 포장이 필요하고, 미사일 같은 위험물은 특수 안전용기가 필요하다. 또한, 고성능의 무기체계일수록 장비 특성에 맞는 보관 조건온도, 습도 등도 갖춰야 하는 경우가 많다.

⓫ 시설 Facilities and Infrastructure: 무기를 운용하고 정비하는 데 필요한 기반시설이다. 전투기라면 격납고와 활주로, 잠수함이라면 모항의 계류시설, 레이더라면 설치할 언덕과 기지 등이 필요하다. 이런 시설이 없으면 무기가 들어와도 제대로 운영할 수 없다.

⓬ 지원정보 체계 IT support information systems: 무기의 운용과 유지 데이터를 관리하는 정보시스템이다. 현대의 첨단 무기는 디지털 관리 시스템을 통해 부품 수명, 고장 이력, 정비 일정 등을 추적·관리한다. 이를 통해 효율적인 자원 관리와 빠른 문제 대응이 가능해진다. 특히, 최근에는 디지털관리 시스템에 자료를 축적하여 머신러닝 machine learning, 딥러닝 deep learning과 같은 인공지능 artificial intelligence 기법을 적용해 의사 결정 및 예측을 정교화하고 있다.

❸ 방산업체의 역할

무기체계 전력화에는 방산업체의 역할이 매우 중요하다. 이들은 단순히 무기만 만들어 납품하는 것이 아니라 위에서 설명한 12가지 요소에 관여한다. 기술교범 작성, 교육 훈련 지원, 정비계획 수립, 예비부품 공급, 시설 요구사항 제공 등 다양한 영역에서 군과 협력해야 한다. 특히, 최근에는 성과기반 군수지원PBL 같은 현대적 지원방식이 도입되면서, 방산업체가 무기의 일정 수준 가동률 보장을 책임지는 경우가 늘고 있다. 이는 무기의 개발 ⋯▸ 생산 ⋯▸ 운용 ⋯▸ 폐기에 이르는 전

생애 주기에 걸쳐 방산업체와 군이 긴밀히 협력하는 추세를 보여준다.

결국 무기체계 전력화는 '무기 구매'가 아닌 '전투력 창출'의 과정이다. 첨단 무기를 들여오더라도 이를 운용할 사람, 정비할 시설, 필요한 부품과 기술자료, 적절한 교육 훈련 등이 함께 준비되지 않으면 실제 전투력으로 이어지지 않는다는 의미이다.

전력화 지원 요소는 바로 이런 종합적인 준비 과정을 체계화한 개념으로, 국방예산의 효율적 사용과 실질적인 전투력 증강을 위해 반드시 필요한 요소이다. 화려한 무기 도입 소식 뒤에는 이처럼 보이지 않는 수많은 지원 요소들이 함께 준비되고 있음을 알아두면 좋겠다.

5장
과학적 획득 관리

흔히 '무기체계 획득'이라는 말을 들으면 단순한 구매 또는 계약 행위를 떠올리기 쉽다. 그러나 실제로 국방 분야에서의 무기체계 획득은 훨씬 더 복잡하고 정교한 과정이다. 대규모의 예산이 소요되며, 한 번의 잘못된 판단이 수십 년간의 국방력 공백을 초래할 수도 있다. 이러한 이유로 최근 국방 획득 분야에서 강조되고 있는 것이 바로 '과학적 획득 관리'이다.

① 개념

과학적 획득 관리는 한마디로 무기체계 획득에 있어 객관적, 계량적, 체계적인 기법을 적용하여, 성능·일정·비용의 균형을 최적으로 달성하고자 하는 관리 패러다임이다. 단순히 절차를 따르는 데 그치지 않고, 기획 단계에서부터 폐기까지 전 과정에서 과학적 도구를 활용함으로써, 비효율을 줄이고, 예측 가능성을 높이며, 결과물의 질을 극대화하는 것을 목적으로 한다. 특히, 기술 진보의 속도가 빨라지고, 안보 환경이 복잡·다변화되는 현대 국방 상황에서는 '느리고 확실한 무기'보다 '빠르고 유연한 무기'가 요구된다. 이를 가능하게 만드는 것이 바로 과학적 획득 관리이다.

❷ 핵심 구성 요소

❶ 시스템 공학 System Engineering, SE

시스템 공학은 무기체계의 설계, 개발, 운용, 유지, 폐기까지 전 생애 주기를 관리하는 통합적 접근법이다. 다양한 하위 구성 요소가 유기적으로 결합되어야 하는 복합무기체계의 경우, 시스템 공학 없이는 전체적인 조율이 사실상 불가능하다. 예를 들어, 하나의 전투기만 하더라도 레이더, 무장, 항법장치, 조종 시스템, 통신 체계 등 수백 가지의 구성 요소가 통합되어야 한다. SE는 이러한 구성 요소의 요구사항을 정의하고, 인터페이스를 조정하며, 통합과 시험을 통해 전체 시스템의 목표 성능을 확보하게 한다. 또한, SE는 리스크 관리 risk management, 요구사항 추적성 requirements traceability, 검증 및 확인 V&V 등의 요소를 포함하여 개발 초기에 오류를 식별하고, 비용이 폭증하기 전에 문제를 교정할 수 있도록 한다.

❷ CAIV Cost As an Independent Variable

CAIV는 비용을 하나의 독립 변수로 설정하여 성능이나 일정을 조정하는 전략적 설계 기법이다. 이는 예산 내에서 가장 효율적인 무기체계를 확보하기 위해 필요하다. 전통적으로는 성능을 우선 확보하고, 비용은 그에 따라 증가하는 방식이었다면, CAIV는 그 반대이다. 정해진 비용 범위 안에서 최대한의 성능을 도출하도록 유도한다. 예를 들어, 해상작전 헬기를 개발하는 과정에서 원래 계획한 항속거리를 일부 조정하면, 연료탱크 용량이 줄어들고, 이에 따라 전체 기체 중량이 감소하여 보다 단순한 동체 설계를 적용할 수 있다. 이는 전체 시스템 개발 비용을 수십억 원 줄이는 결과로 이어질 수 있다. 즉, CAIV는 단순한 비용 절감이 아니라 전략적 비용-성능 최적화의 수단으로 이해해야 한다.

❸ EVMS Earned Value Management System

EVMS는 계획 대비 실제 사업 성과를 비용과 일정의 관점에서 분석하여 사업의 진척도를 수치화하는 관리 도구이다. EVMS는 다음의 세 가지 주요 지표를 중심으로 분석한다.

- **PV**Planned Value : 계획된 예산 기준 사업 진척도
- **EV**Earned Value : 실제로 완성된 일의 가치
- **AC**Actual Cost : 실제로 사용된 비용

이 세 가지 지표를 통해 우리는 SPI일정성과 지수, CPI비용성과 지수 등을 산출하고, 프로젝트가 시간 내에 예산에 맞춰 제대로 진행되고 있는지를 파악할 수 있다. EVMS의 가장 큰 장점은 조기 경고 기능이다. 성과가 일정이나 예산에서 벗어나기 시작할 때 이를 정량적으로 식별하고, 시정조치를 빠르게 취할 수 있다.

 ## ❸ 적용 사례 : 한국형 전투기KF-21 개발 사업

대한민국의 대표적인 과학적 획득 관리 적용 사례는 바로 KF-21 한국형 전투기 개발 사업이다. 이 사업은 국내 최초의 국산 전투기 개발 프로젝트로, 수많은 도전과 난관을 동반했다. 이 과정에서 방위사업청과 개발 주체인 KAI는 다음과 같은 방식으로 과학적 기법을 적용했다.

- **SE 적용**: 개발 초기부터 전반적인 구조 및 시스템 통합 설계를 시스템 공학적으로 접근하고, 개발 전환 단계에서 발생 가능한 기술 리스크를 요구사항 추적을 통해 사전에 조율
- **CAIV 적용**: 스텔스 성능, 항속거리, 무장 탑재량 등의 성능 요소 간 균형 조정하고, 중간급 성능을 선택함으로써 예산 한도를 넘지 않도록 설계
- **EVMS 적용**: 개발 일정의 주요 마일스톤마다 진척도를 측정하고, 일정 지연 요소를 실시간 파악하여 방위사업청과 제작사 간 의사소통 효율화

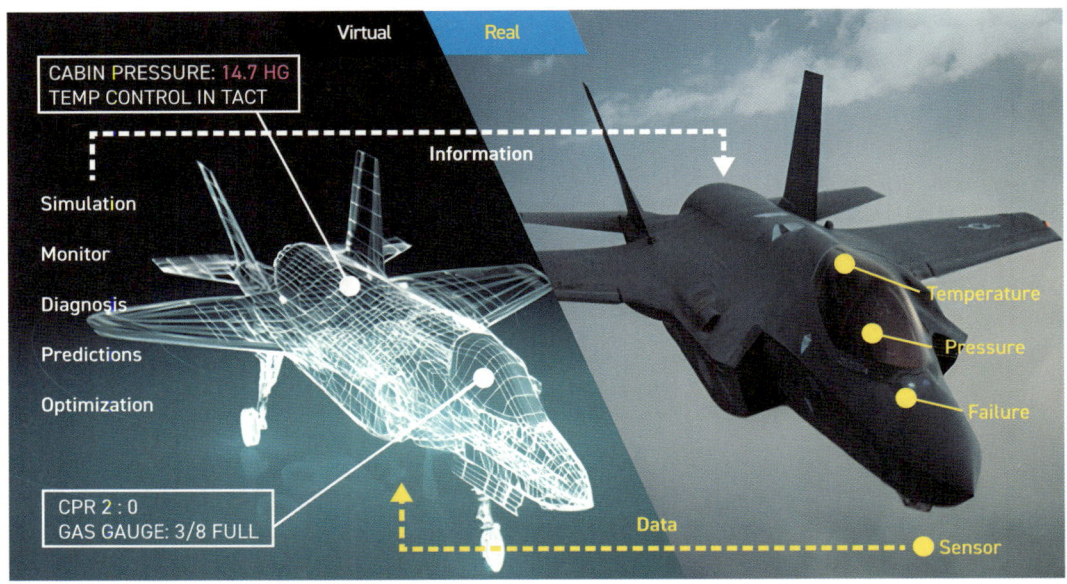

[그림 1-8] 디지털 트윈 적용 항공무기체계 모니터링(방위사업청)

그 결과 한국형 전투기 사업은 초도비행을 성공적으로 완료하였고, 일정과 예산의 엄격한 관리로 2025년 6월 KF-21 추가 물량 20대 양산계약에서도 계약금액의 큰 변동없이 계약이 성공적으로 체결되었다. 이는 과학적 획득 관리의 명확한 성과라 할 수 있다.

향후에는 기존의 문서 중심 SE를 넘어, 모델 기반 시스템 공학MBSE, Model Based System Engineering이 주류가 될 것이다. 이는 시스템을 시뮬레이션 모델로 설계하고, 개발 단계에서부터 가상 검증이 가능하게 한다. 또한, 디지털 트윈Digital Twin 기술을 활용하면 실제 무기체계의 성능performance을 현실세계real world와 유사한 환경settings에서 실시간으로 예측하고 개선할 수 있다. 데이터 기반 의사 결정은 더욱 고도화된 예측 분석을 가능하게 한다. 일정 지연이나 예산 초과 가능성을 사전에 탐지하고, 대안을 자동으로 제시하는 시스템이 도입도 고려해볼 만하다. 지금까지는 성능과 비용 중심의 평가가 이루어졌지만, 앞으로는 탄소배출, 에너지효율성, 폐기성 등의 지속 가능성 요인도 획득 관리의 핵심 요소가 될 것이다. 이는 국방의 책임성과 윤리성을 담보하는 미래형 전략이다.

과학적 획득 관리는 단지 기술적 용어의 나열이 아니다. 그것은 우리 군이 필요로 하는 무기체계를 가장 효율적이고 안전하게 확보하는 방법에 대한 진지한 고민의 결과물이다. 이 접근법은 사업 성공의 확률을 높이고, 국민 세금의 낭비를 줄이며, 궁극적으로는 국가안보의 질적 수준을 향상시키는 데 기여한다.

우리는 지금, "무기 하나의 성능을 높이는 것"이 아니라 "국가 전체의 방위력을 과학적으로 경영하는 시대"에 살고 있다. 그리고 이 변화의 중심에는 시스템 공학, CAIV, EVMS와 같은 과학적 기법이 자리하고 있다. 이제 과학적 획득 관리는 선택이 아닌 필수이다.

6장
시험평가

무기체계는 단순한 기계적 조합을 넘어 국가안보의 최전선에서 한 치의 오차도 허용하지 않는 성능을 입증해야 하는 복합적인 존재이다. 이러한 무기체계가 실제 전장에서 제 역할을 다하고, 나아가 대한민국의 안보를 굳건히 지탱하기 위해서는 개발 단계에서부터 전력화에 이르는 전 과정에 걸쳐 면밀하고 엄정한 검증이 필수적이다. 바로 이 검증의 핵심에 무기체계 시험평가가 자리하고 있다.

 **개념**

무기체계 시험평가는 개발된 무기체계가 요구되는 성능과 운용 적합성을 충족하는지 종합적으로 확인하고 검증하는 과정이다. 이는 단순한 성능 측정에 그치지 않고, 실제 전장 환경에서의 운용 가능성, 전술적 유용성, 사용자 편의성, 그리고 신뢰성 및 안전성 등 다각적인 측면을 평가하여 궁극적으로 해당 무기체계가 전력화 가치가 있는지를 판단하는 중요한 절차이다. 마치 잘 지어진 건축물이 설계 도면대로 견고하고 안전하게 지어졌는지 꼼꼼히 확인하는 과정과 같다.

시험평가는 크게 개발시험평가DT&E. Development Test & Evaluation와 운용시험평가OT&E. Operational Test & Evaluation로 구분된다. 개발시험평가는 개발 단계에서 설계 요구조건의 충족 여부를 확인하고, 기술적 위험 요소를 식별 및 개선하며, 양산 가능성을 검토하는 데 중점을 둔다.

이는 개발된 시제품이 의도된 성능을 발휘하는지, 그리고 기술적으로 안정적인지를 검증하는 초기 단계의 평가라고 할 수 있다. 반면, 운용시험평가는 실제 또는 유사한 작전 환경에서 무기체계가 군의 요구사항을 충족하고 실제 운용에 적합한지를 확인하는 최종 단계의 평가이다. 이 단계에서는 해당 무기체계가 전술적 개념에 부합하게 운용될 수 있는지, 기존 전력체계와의 상호 운용성은 어떠한지 등을 면밀히 검토하여 전력화 여부를 최종 결정하게 된다. 이러한 체계적인 평가 과정을 통해 오차 없는 전력의 확립을 추구하며, 이는 곧 국방력 강화로 직결된다.

❷ 중요성

무기체계 시험평가의 중요성은 아무리 강조해도 지나치지 않다. 우선 국방예산의 효율적 운용을 보장한다. 고가의 무기체계 개발에 막대한 예산이 투입되는 만큼, 불필요하거나 성능이 미달하는 무기체계를 전력화하는 것은 국가예산의 낭비로 이어질 수 있다. 시험평가는 이러한 위험을 사전에 방지하고, 투자된 예산이 실질적인 국방력 강화로 이어지도록 하는 필수적인 과정이다. 마치 대규모 프로젝트를 시작하기 전에 철저한 사전 검토를 통해 불필요한 시행착오와 비용 낭비를 막는 것과 같다.

그리고 시험평가는 전력의 신뢰성과 안전성을 확보한다. 전장에서 무기체계는 병사들의 생명과 직결되는 중요한 요소이다. 오작동하거나 불안정한 무기체계는 치명적인 결과를 초래할 수 있다. 시험평가는 무기체계의 잠재적인 결함을 식별하고 개선함으로써 실제 운용 시 발생할 수 있는 위험을 최소화하고, 궁극적으로 병사들의 안전을 보장하며 전력의 신뢰도를 높일 수 있다. 이는 자동차를 출고하기 전에 수많은 안전 검사를 통해 운전자의 생명을 보호하는 것과 같은 이치이다.

끝으로 시험평가는 국방획득의 투명성과 책임성을 강화한다. 시험평가는 객관적인 데이터를 기반으로 무기체계의 성능을 입증하고 전력화 여부를 결정하는 과정이므로, 국방획득 과정의 투명성을 확보하는 데 기여한다. 이는 방산 비리 등을 예방하고, 국민으로부터 국방예산 집행에 대한 신뢰를 얻는 중요한 기반이 된다. 마치 모든 공공사업에 대한 철저한 감사와 평가가 투명성을 높이는 것처럼, 무기체계 획득 과정에서도 시험평가는 중요한 역할을 한다.

수행방법

시험평가 방법은 일반적으로 실물에 의한 평가physical testing evaluation와 자료에 의한 평가documentary testing evaluation로 구분되며, 두 방법은 상호 보완적으로 활용된다.

❶ **실물에 의한 시험평가** : 개발이 완료된 무기체계 또는 시제품을 대상으로 하는 시험평가로, 국내 시험평가 또는 국외 시험평가로 구분하며 작전운용성능, 군 운용적합성 및 전력화 지원 요소 등의 충족 혹은 적합 여부를 판단하는 시험평가이다. 다만, 한국적 작전환경에서의 충족 혹은 적합성 등에 대한 판단이 필요한 경우에는 국외 시험평가와 함께 국내 시험평가를 추가하여 실시한다.

❷ **자료에 의한 시험평가** : 제안한 성능에 대하여 업체가 제시한 자료를 대상으로 하는 작전운용 성능·통합체계 지원 요소 등의 충족 혹은 적합 여부를 판단하는 시험평가이다. 이때 성능자료, 개발경위, 개발 간 M&S를 활용한 성능검증 활동 및 실적, 제작국의 시험평가 결과, 해당 국의 군 사용 여부 및 판매실적 등이 포함된 제안서와 수집된 각종 자료 및 정보 등을 이용하여 실시한다.

먼저 자료에 의한 평가는 설계도면, 해석자료, 시험성적서, 시뮬레이션 결과와 같은 기술적 문서 및 데이터를 활용하여 체계의 성능과 신뢰성을 간접적으로 검증하는 절차를 의미한다. 이 평가는 주로 개발 초기 단계에서 수행되며, 설계 적합성 검토와 초기 성능 추정, 시험 계획 수립의 근거 자료로 사용된다. 구체적으로는 PDRPreliminary Design Review과 CDRCritical Design Review 같은 체계 설계 검토, 모델링 및 시뮬레이션M&S, Modeling & Simulation을 통한 성능 예측, 선행 기술자료의 분석 등이 대표적 방법에 해당한다. 이 방법은 비용 및 시간 절감, 시험 위험 최소화 측면에서 유리하지만, 실제 운용 환경을 완전히 반영하지 못해 예측치와 실측치 간 오차가 발생할 수 있다는 한계가 존재한다.

이에 반해 실물에 의한 평가는 시제품 또는 양산품을 대상으로 실제 환경에서 성능을 직접 측정하고 검증하는 과정이다. 이는 자료 평가를 통해 도출된 예측 성능을 실증하고, 실전 운용 조건에서 체계의 신뢰성과 운용 적합성을 평가하기 위해 필수적이다. 대표적인 방법으로는 화력 및 명중률을 확인하는 실사격 시험, 기동성 및 속도를 검증하는 기동 시험, 극한 온도·습도·진동·충격 환경에서의 내환경 시험, 그리고 실제 운용 부대에서 수행되는 운용 시험operational test이 있다. 실물 평가는 평가 결과의 신뢰도가 높고 실증적이라는 장점이 있으나, 시험 수행에 소요되는 비용과 시간, 안전성 확보의 어려움, 시험 환경의 제약이라는 단점이 병존한다.

자료에 의한 평가의 대표적 예는 K2 전차 개발 과정에서 장갑 방호력 예측을 위해 수행된 전산유한요소 해석finite element analysis 기반 시뮬레이션이 있으며, KF-21 전투기의 경우 풍동시험 데이터를 활용하여 공력 특성을 검증한 이후 실물 비행시험에 착수한 바 있다. 반면, 실물 평가는 K9 자주포의 사거리 및 명중률 검증을 위한 실사격 시험이나, 천궁-II 지대공미사일의 실제 요격 시험에서 확인할 수 있다.

향후 무기체계 시험평가는 두 방법을 결합한 하이브리드hybrid 평가 체계로 나아가야 할 필요가 있다. 인공지능 기반 모델링 및 디지털 트윈 기술을 적용하여 자료 평가의 정확성을 고도화하고, 이를 바탕으로 실물 시험의 범위와 횟수를 최적화하는 방향이 요구된다. 더불어, 센서 및 사물인터넷을 활용한 실시간 데이터 수집과 빅데이터 분석을 통해 시험평가의 정밀성과 신속성을 향상시킬 수 있다. 또한, NATO 등 국제표준에 부합하는 공동 시험평가를 확대하여 비용 효율성을 확보하고, 시험 결과의 국제적 신뢰성을 제고하는 방안도 고려할 필요가 있다.

결론적으로, 무기체계 시험평가는 자료 기반 분석과 실물 검증의 상호보완적 활용을 통해 신뢰성 높은 평가를 수행해야 하며, 최신 디지털 기술을 접목한 통합적 평가체계로의 전환이 향후 국방 연구개발 분야의 중요한 과제로 부상하고 있다.

4 주요 사례

　구체적인 시험평가 사례를 통해 그 중요성을 더욱 실감할 수 있다. 차세대 전투기 도입 사업에서 시험평가는 핵심적인 역할을 수행했다. 해당 전투기가 대한민국의 작전 환경에 적합한지, 기존 공군 전력과의 연동성은 어떠한지, 그리고 유사시 적의 위협에 효과적으로 대응할 수 있는지를 확인하기 위해 수많은 비행 시험, 레이더 성능 시험, 무장 통합 시험 등이 진행되었다. 이 과정에서 발견된 사소한 결함이라도 철저히 분석하고 개선하여, 최종적으로 대한민국 공군이 요구하는 최고 수준의 성능을 갖춘 전투기를 전력화할 수 있었다. 심지어 전투기를 생산하는 공장에 방문하여 생산능력을 점검하고, 조종사가 직접 전투기에 탑승하여 성능을 확인하고, 성능 이외의 지원 요소들도 직접 눈으로 확인했다. 이러한 시험평가가 제대로 이루어졌기 때문에 전력화 이후 큰 문제점 없이 운영하고 있다.

　또 다른 사례로는 K2 전차 개발 사업을 들 수 있다. K2 전차는 최첨단 기술이 집약된 대한민국 국방 과학 기술의 상징과도 같은 무기체계이다. 개발 과정에서 K2 전차는 [그림 1-9]와 같은 혹한기 및 혹서기 시험, 야지 주행 시험 그리고 사격 시험, 방호력 시험 등 상상할 수 있는 모든 상황을 가정한 극한의 시험평가를 거쳤다. 특히, 사격 통제 장치의 정확성, 기동 성능, 그리고 피탄 시 승무원 보호 능력 등에 대한 엄격한 검증이 이루어졌다. 이러한 시험평가를 통해 발견된 문제점들은 즉각적으로 설계에 반영되어 개선되었다. 그 결과 K2 전차는 세계 최고 수준의 성능을 갖춘 전차로 인정받으며, 우리 군의 핵심 전력으로 자리매김할 수 있었다. 이는 시험평가가 단순한 '통과의례'가 아니라, 무기체계를 완벽하게 만들어가는 '창조적 과정'임을 보여주는 대표적인 사례로 남아 있다.

　무기체계 시험평가는 단순히 개발된 무기체계의 성능을 확인하는 기술적인 과정을 넘어, 대한민국의 안보를 담보하고 미래 국방력을 책임지는 중요한 초석이다. 끊임없이 변화하는 안보 환경 속에서 우리는 더욱 정교하고 엄정한 시험평가를 통해 오차 없는 전력을 구축하고, 예측 불가능한

[그림 1-9] 주행시험 및 저온 시동시험 등 시험평가 중인 K-2 전차(방위사업청)

미래의 위협에 효과적으로 대응할 수 있는 강력한 국방력을 지속적으로 강화해 나가야 할 것이다.

더불어 시험평가에서 쌓은 많은 무기체계들이 오늘날의 수출에서 효자 종목으로 기여하는 것도

모두 시험평가의 덕분이라고 할 수 있다.

7장
신속획득

급변하는 안보 환경과 기술 진보는 오늘날 무기체계 획득 방식에 근본적인 재고를 요구하고 있다. 과거에는 수십 년에 걸쳐 전력화되던 무기체계가 이제는 실시간 위협에 맞춰 유연하고 빠르게 확보되어야만 한다. 이와 같은 빠른 환경 변화로 '신속획득Rapid Acquisition'은 현대 군사 전략의 핵심 기조로 급부상하고 있다. 특히, 전쟁 중인 우크라이나−러시아의 드론 도입 사례나 북한의 비대칭 전력, 드론 및 사이버 위협이 실시간으로 나타나는 대한민국의 안보 환경에서는 신속획득의 필요성이 더욱 부각된다.

 ## 개념과 필요성

신속획득이란 기존의 복잡하고 경직된 무기체계 획득 절차를 보완 또는 간소화하여, 군 작전상 긴급하거나 실질적인 요구가 있는 무기체계를 단기간 내에 확보하는 방법이다. 이러한 전략은 소요 결정부터 개발, 평가, 전력화까지 10~15년이 소요되는 기존의 정형화된 획득 체계를 벗어나, 위협 기반과 기술 성숙도를 중심으로 빠르게 대응하는 것이 특징이다.

현대 전장에서는 전통적인 위협뿐 아니라 소형 드론, 재밍 장비, 정밀 유도무기 등 빠르게 진화하는 비대칭 수단들이 빈번히 등장한다. 이들 위협에 대응하기 위해 '지금 필요한 전력'을 빠르게 확보할 수 있어야 한다. 그것이 바로 신속획득의 탄생 배경이다. 또한, 기존 무기체계를 일부 개선하거나 상용 기술을 활용하는 방식을 통해 시간과 비용을 절감하는 효과도 기대할 수 있다.

미국은 2000년대 이라크-아프가니스탄 전쟁에서 긴급전쟁소요 Joint Urgent Operational Needs, JUONS 제도를 통해 지뢰나 즉석 폭발 장치 등의 보호 성능을 갖춘 소형·중형 전술차량인 MRAP Mine Resistant Ambush Protected, 무인기 ScanEagle, 즉석 폭발 장치 IED, Improvised Explosive Device 탐지장비를 전장에 신속히 투입하였고, 이후 신속 획득 전담 조직인 RCO, Rapid Capabilities Office를 육군, 공군에 각각 설치하며 무기체계의 신속한 도입을 이루었다. 이스라엘은 아이언돔 요격체계를 2년 개발, 1년의 시험평가를 거쳐 다른 무기체계와는 다르게 획기적으로 신속하게 배치하였고, 실전운용 결과를 통해 지속적으로 성능을 개선하고 있다. 전쟁을 하고 있거나 대치 중인 상황에 있는 국가들은 선택의 여지없이 신속획득의 개념을 적용하고 있다.

결국, 신속획득은 획득 절차를 단순화하는 것, 이미 개발되어 있는 민간의 무기를 그대로 또는 군의 요구도를 반영하여 일부를 변형해 즉시 도입하는 것, 기존 무기체계를 지속적으로 진화시키며 성능을 고도화하는 것, 빌려서 사용하고 성능을 확인하는 것으로 구분할 수 있다.

 **유형**

실질적으로 운영되거나 추진 중인 신속획득의 네 가지 중심 유형은 다음과 같다.

❶ 경미한 성능 개량

이는 기존 무기체계 또는 장비를 부분적으로 개선하거나 소프트웨어, 센서, 구성품 일부를 개량하여 작전능력을 빠르게 향상시키는 방식이다. 개발보다 '개량'에 초점이 있어 상대적으로 짧은 기간 내 효과를 거둘 수 있다.

K9 자주포에 자동화 포탑 제어장치 및 통신장비를 추가하여 포병 대응속도를 향상하고, K200

장갑차의 엔진 및 냉각 시스템을 교체하여 고온 지역 운용능력 개선은 경미한 성능 개량 사례로 기록되어 있다.

❷ 신속 시범획득 Rapid Demonstration Acquisition

이는 민간기업이 보유한 상용 기술 또는 신기술을 활용하여 단기간 내 군에 시범적으로 납품하고, 군 운용평가를 통해 추후 전력화 여부를 결정하는 방식이다. 기술성숙도TRL, Technology Readiness Level가 높은 민간 기술의 군 적용 가능성을 검증하며, 혁신적 전력 발굴의 통로이기도 하다. 최근 신속 시범획득은 드론이나 인공지능 기반 무기체계를 획득할 때 주로 활용되고 있다. 저피탐 소형 정찰 드론을 민간업체로부터 소규모 구매 후 특수작전 부대에서 실전 환경 운용 시험을 하고, 인공지능 기반 영상분석 소프트웨어를 감시장비와 연동해 실시간 피아 식별 실험하여 획득한 사례가 있다.

신속 시범획득 사업 제도 운용 후 처음으로 2021년 소요로 결정된 '감시정찰용 수직 이착륙 드론'은 2020년 7월 신속 시범획득 사업으로 계약이 체결되어 그해 12월 군에 납품됐다. 이후 6개월간 육군과 해병대의 야전에서 시범운용을 통해 철저한 성능검증을 받아 육상과 해안지역에서

[그림 1-10] 해안 경계용 수직 이착륙 드론(회전익, 방위사업청)

실시한 시범운용에서 주·야간 공중 감시정찰 능력의 우수성이 확인됐다. 특히, 광범위한 해안지역의 감시 사각지역 정찰을 통해 해안 감시·정찰 제한사항을 극복하고, 효과적인 해안 경계작전을 수행할 수 있다는 점이 이 장비의 가장 큰 장점으로 평가되어 2021년 7월 합동참모회의를 통해 정식 소요로 결정했다. 해안 경계용 수직 이착륙 드론은 [그림 1-10]과 같다.

❸ 현존전력 성능 극대화

이 방식은 이미 운용 중인 장비나 체계의 성능을 극대화하기 위한 전술·운용 방식의 개선이나 체계 간 연동을 통해 빠른 효과를 추구하는 접근이다. 무기체계 자체를 바꾸지 않더라도, 데이터 연동, 지휘체계 통합, 운용개념 변경 등을 통해 효율성을 높일 수 있다.

FA-50 HUD 성능 개선, 모의 비행장치 성능개선, POD 성능개선, 기존 공대지 정밀유도탄을 드론에 탑재할 수 있도록 조정해 유연한 운용이 가능하도록 하거나, C4I 체계와 무인 수색 차량의 통신을 연동해 실시간 지휘통제가 가능하도록 통합한 것이 대표적인 현존전력 성능 극대화 사업 사례이다.

❹ 임차 lease

무기체계 임차는 필요 무기체계를 직접 구매하지 않고, 일정 기간 임대하여 사용하는 방식으로 구매의 한 종류이다. 일반적으로 단기간 운용하거나 신속한 대응이 필요한 위협 상황이 발생할 경우, 기술이나 성능의 검증이 필요할 경우, 예산 제약 또는 전략적 유연성 확보가 필요할 경우 등에 활용할 수 있다. 임차는 구매 계약 및 생산 대기 없이 신속하게 운용이 가능하고, 대규모 초기 비용 투입 없이도 무기체계를 운영할 수 있으며, 도입 이전에 운용 후 성능, 전력화 지원 요소 등의 도입 여부 판단이 가능하기 때문에 신속획득의 대안이 될 수 있다.

임차 방식을 활용한 사례로는 영국이 2007년 아프가니스탄 작전 지원을 위해 미국에서 MQ-9 Reaper 무인기를 임차하여 빠르게 신속한 전력 보강이 가능했고, 이후 성능 검증을 거쳐 영구 구매를 하게 되었다. 리퍼 운용 경험은 이후 영국 자국형 무인기 개발에도 반영했다. 캐나다는 기존

해상작전 헬기 사업이 지연되자 미국 해군이 보유하고 있는 SH-60 헬기를 단기 임차하여 CH-148 대체용으로 사용했다. 이스라엘은 초기 조기경보기 전력 확보 시 스웨덴 사브사와 단기 임차 계약을 체결하여 기술 이전 및 운용 노하우를 축적하고, G-550 조기경보기 개발에 활용했다.

　우리나라도 획득을 추진 중인 공중 조기경보 통제기, 소형 자폭드론, 대형 기동헬기 등 많은 비용이 소요되거나 조기 도입이 제한되는 사업의 경우에는 임차를 통해 전력 획득의 유연성을 확보하고, 장기적으로 우리나라가 이런 무기체계를 자체적으로 연구·개발할 경우 기술이전과 운영 노하우가 축적될 수 있도록 임차 방식도 적극 활용해야 한다.

③ 발전 방향

　신속획득이 지속 가능하고 체계적으로 작동하기 위해서는 다음과 같은 발전 방향이 필요하다. 신속획득의 성패는 최종 운용자인 군의 관여 정도에 달려 있다. 단순한 요구 제기 수준을 넘어, 부대 차원의 실전 시험 및 피드백 체계를 제도화해야 한다. 실시간 피드백은 전력화 가능성과 실용성을 높인다. 그리고 고도의 성능을 지닌 무기체계를 요구 성능으로 제시하기보다 지속적인 개선을 통해 무기체계를 확보할 수 있도록 요구 성능을 개선할 필요가 있다. 민간의 기술은 상용화 속도와 혁신성이 높다. 이를 효과적으로 흡수하기 위해 기술 공유 플랫폼을 구축하고, 민간 인증절차를 간소화하며, 중소기업 대상 군 전력화 지원 프로그램 등이 확대되어야 한다. 또한, 안정적인 예산을 확보하기 위해 법적 근거를 마련하고, 위험 기반 심사 절차를 마련하여 책임과 속도의 균형을 맞추어야 한다.

　마지막으로 모든 신속획득이 성공할 수는 없다. 일부 기술은 실패하거나 기대치에 미달할 수 있으나, 그것이 오히려 미래 방향을 제시해줄 수 있다. 신속획득의 목적은 단기적 성공이 아닌, 빠른 실험과 학습을 통한 전략적 우위 확보에 있다. 처음부터 높은 성능의 무기체계를 기대할수록 그 무기체계의 획득 시기는 늦어지고, 기술은 그만큼 진부화될 가능성이 커진다.

　신속획득은 새로운 기술의 홍수 속에서 '빠른 실패와 빠른 성공'을 모두 수용할 수 있는 새로운 군사력 확보 방식이다. 경미한 성능개량, 민간기술의 시범 도입, 현존 체계의 극대화는 각각 다른 방식으로 신속성과 유연성을 가능하게 한다. 이를 제도적으로 뒷받침하고 문화적으로 수용한다면, 미래 전장에 있어 우리 군은 단순한 '기술의 수요자'가 아니라 '능동적 전략 주도자'로 도약할 수 있을 것이다.

8장

진화적 획득

군사력은 한 국가의 주권과 생존을 지키는 가장 기본적인 수단이다. 특히, 무기체계는 군사력의 실체이자 기술력의 총아라 할 수 있다. 그러나 첨단화되고 복잡해지는 현대 전장에서 무기체계를 단번에 완성하여 도입하는 기존의 획기적 획득grand design 방식은 더 이상 유효하지 않다. 기술 불확실성, 급변하는 위협 환경, 예산 제약 등은 전통적인 무기획득 방식을 적용하기 어렵게 만들고 있다. 이러한 배경 속에서 주목받는 것이 바로 진화적 획득evolutionary acquisition 방식이다.

① 개념

진화적 획득은 하나의 완성된 무기체계를 단번에 개발·전력화하는 것이 아니라, 기술 성숙도와 작전운용 필요성에 따라 점진적으로 개발하고 반복적으로 개선하는 획득 방식이다. 우리는 이를 점증적 개발incremental development과 나선형 개발spiral development의 두 가지 방식으로 정의한다. 점증적 개발은 사전에 정의된 성능 목표를 기준으로 여러 단계를 거쳐 무기체계를 완성해가는 방식이며, 나선형 개발은 초기 요구사항을 최소화하고 실전 운용 결과를 반영해 반복적으로 개선하는 방식이다.

진화적 획득의 핵심은 소요군이 필요한 무기체계의 초기 전력화를 신속히 이뤄냄과 동시에 미래 기술 발전 가능성을 내재화하는 것이다. 특히, 불확실성이 높은 기술 요소에 대해 일단 운용 가능한 수준으로 개발한 후, 실전 운용을 통해 요구사항과 기술을 조정하며 최적화를 도모하는 점에서, 기민성과 실용성이 결합된 획득 전략이라 할 수 있다.

 **필요성**

첫째, 기술의 발전 속도가 빨라졌기 때문이다. 기존의 획득 방식은 개발에만 수년이 소요되고, 전력화 시점에는 이미 기술이 구식이 되는 경우가 속출하고 있다. 반면, 진화적 획득은 최신 기술을 단계적으로 반영할 수 있어 이러한 문제를 해결할 수 있다.

둘째, 전장 환경이 예측 불가능하게 변하고 있다. 고정된 위협에 맞춘 정적인 무기체계는 기동성과 유연성이 떨어진다. 진화적 획득은 실전 운용 결과를 기반으로 계속해서 개량이 가능하기 때문에 위협 환경 변화에 능동적으로 대응할 수 있다.

셋째, 국가예산이 한정되어 있다는 현실적 제약도 진화적 획득을 뒷받침한다. 완성형 무기체계를 한 번에 개발, 배치하려면 막대한 비용이 들어가지만, 진화적 방식은 예산 상황에 따라 단계별로 자원을 조절할 수 있다.

③ 대표적 사례

가장 대표적인 성공 사례는 미국의 F-35 전투기이다. F-35는 초기부터 블록 개념을 적용하여 Block 1, 2, 3, 4로 단계적 진화를 거쳤다. 초도 생산된 항공기들은 제한된 능력을 가졌지만, 운용 데이터를 기반으로 반복적인 소프트웨어 업그레이드와 하드웨어 개량이 이루어졌다. 이로 인

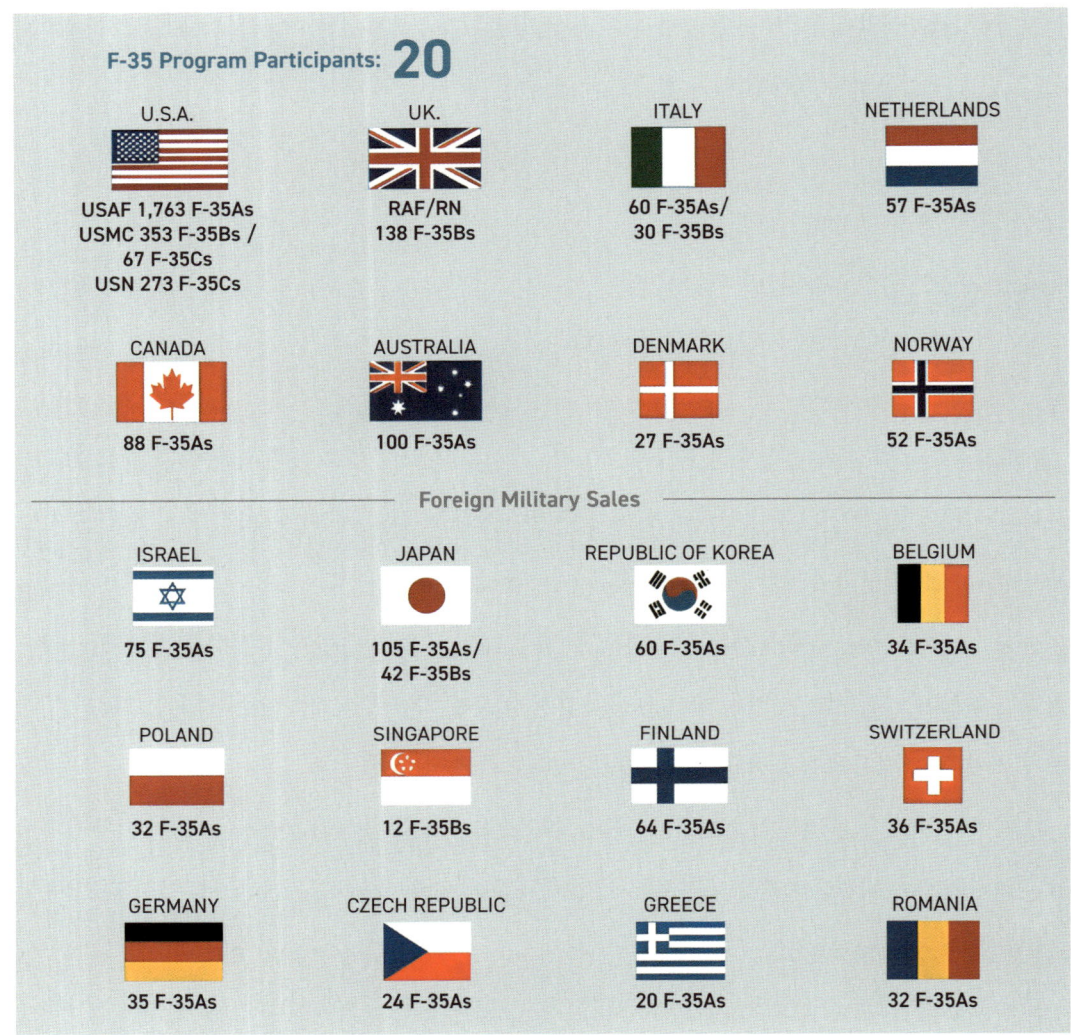

[그림 1-13] F-35 운용국가 현황(F35.com, F-35 Fastfact)

해 개발 지연과 비용 초과 문제가 있었음에도 불구하고, [그림 1-13]에서 볼 수 있는 것처럼 전 세계적으로 수많은 동맹국이 운용하는 첨단 무기체계로 자리매김하게 되었다.

　국내 사례로는 K9 자주포의 지속적 성능개량이 있다. 최초형 K9은 이후 K9A1, K9A2 등의 형태로 진화하면서 자동화, 사거리 증가, 통신체계 개선 등을 달성하였다. 이러한 방식은 진화적 획득의 전형적인 적용이라 할 수 있다.

또한, 한국형 전투기 KF-21 역시 진화적 획득 모델을 지향하고 있다. 초기 블록은 제한된 공대공 전투능력에 중점을 두되, 이후 블록에서는 공대지 능력, 스텔스성 강화, 무인기 운용 등 추가적인 성능을 탑재할 예정이다. 향후에는 무인전투기 UCAS, Unmanned Combat Air System 나 다목적 무인기 AAP, Adaptable Aerial Platform 등이 [그림 1-14]와 같이 융합된 유·무인 공군 전투체계 플랫폼이 적용될 예정으로, 6세대 전투기로의 능력 확장까지 고려하고 있다. 이러한 계획은 기술 불확실성을 관리하며 전력화를 조기에 달성하는 전략적 접근이라 할 수 있다.

진화적 획득은 단순한 개발 방식의 변화를 의미하지 않는다. 이는 기술·운영·제도·문화 전반의 전환을 요구하는 포괄적 접근이며, 변화무쌍한 현대 전장에서 군사력을 효과적으로 유지·강화하는 유력한 대안이다. 이제 우리는 '완벽한 무기'를 기다리는 대신, '충분히 쓸 수 있는 무기'를 먼저 갖추고, 실전 속에서 지속적으로 완성해나가는 전략적 사고로 전환해야 할 시점에 와 있다. 진화적 획득은 이러한 전환을 가능케 하는 새로운 무기획득 패러다임이다. 앞으로 진화적 획득은 무기체계를 획득하는 매우 일반적인 방식이 될 것이다.

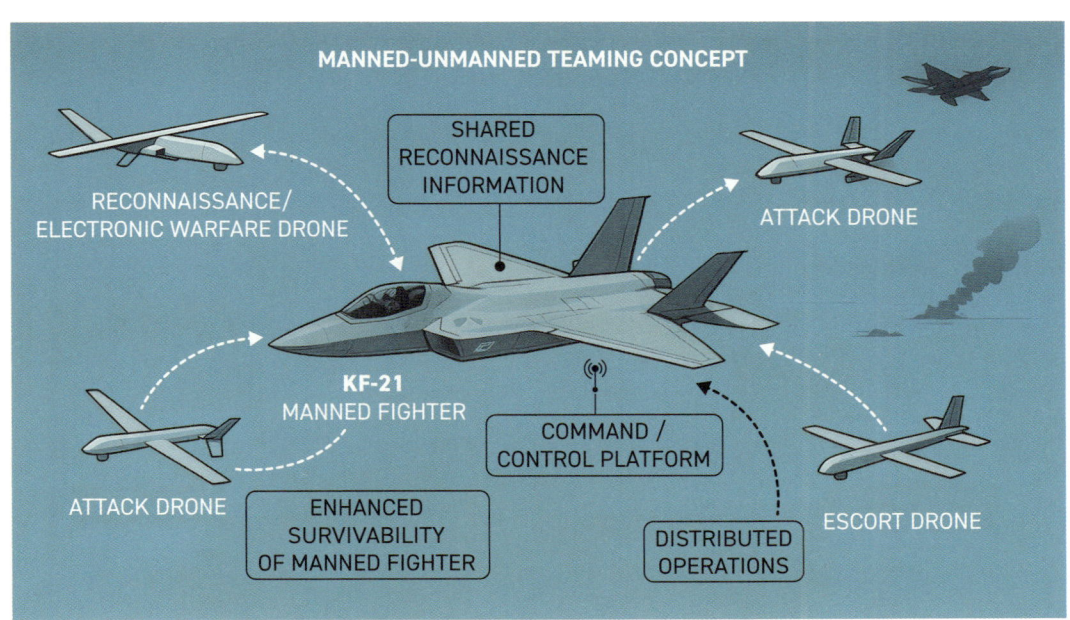

[그림 1-14] KF-21을 활용한 유·무인 전투기 복합체계 가상도(chatgpt)

9장

조달전략

무기체계는 그 복잡성과 중요성으로 인해 조달 과정 자체가 국가의 전략적 역량을 가늠하는 척도가 된다. 단순히 필요한 무기를 구매하는 것을 넘어, 조달전략은 국방력 강화, 자주국방 실현, 나아가 국가 경제의 활성화에 기여하는 다면적인 의미를 지닌다.

① 기본원칙

무기체계 조달은 막대한 예산이 소요되고, 국가안보에 직결되는 만큼 명확한 원칙 아래 이루어져야 한다. 첫째, 국내 조달 우선 원칙이다. 이는 단순한 애국심을 넘어선 전략적 선택이다. 국내 조달은 국방 기술의 자립을 촉진하고, 국내 방위산업의 성장을 견인하여 양질의 일자리를 창출한다. 유사시 해외로부터의 공급망 불안정성을 해소하고, 신속한 후속 군수지원 및 개량 능력을 확보하는 데 필수적이다. 또한, 핵심 기술의 해외 유출을 방지하고, 국가 기밀 보호에도 기여한다. 그러나 요구 성능이 비용, 일정, 성능 등의 불일치로 국외 구매를 전략적으로 선택할 경우에는 국내 방산업체가 부품제작 및 수출 등 대상 무기체계의 부품 제작기술을 습득하여 공급할 수 있는 컨소시엄 등을 적극적으로 시행해야 한다. 이 원칙은 우리나라에서만 적용하는 것은 아니다. 미국의 Buy American, 유럽의 Buy European 등의 정책에서 국내 조달이 갖는 의미를 되새기게 된다.

둘째, 경쟁 계약 우선 원칙이다. 수의계약이 특정 상황에서 효율적일 수 있으나, 경쟁을 통해 품질 향상과 가격 인하를 유도하는 것이 일반적인 원칙이다. 다수의 국내 업체들이 참여하여 기술 혁신을 경쟁하고, 이를 통해 최적의 성능과 가격을 갖춘 무기체계를 확보할 수 있다. 이는 예산 효율성을 극대화하고, 특정 업체에 대한 특혜 시비를 방지하여 조달 과정의 투명성을 높이는 데 중요한 역할을 한다. 이런 측면에서 대외 군사판매foreign military sales보다는 경쟁에 의한 상업구매direct commercial sales를 우선한다는 원칙도 같은 맥락으로 이해가 가능하다.

셋째, 조달원sources 확대를 통한 경제적 확보 원칙이다. 특정 업체나 소수의 공급원에만 의존할 경우, 협상력 저하와 공급 불안정성이라는 위험을 안게 된다. 다양한 국내 업체들을 육성하고 경쟁을 유도함으로써, 조달 가격을 낮추고 안정적인 공급망을 구축할 수 있다. 이는 장기적으로 방위산업 생태계를 건강하게 유지하고, 지속적인 기술 발전을 가능하게 한다.

넷째, 제작 업체 및 공급 업체와의 직접 계약 원칙이다. 중간 유통 단계를 최소화하여 불필요한 비용을 절감하고, 제작 과정에 대한 직접적인 통제력을 확보할 수 있다. 이는 품질 관리의 용이성을 높이고, 문제 발생 시 신속한 대응을 가능하게 한다. 또한, 협상 과정에서 투명성을 제고하고, 공급망 전체의 효율성을 높이는 데 기여한다.

마지막으로 예산의 투명성 확보 원칙이다. 무기체계 조달은 국민 세금으로 이루어지는 만큼, 모든 과정이 투명하게 공개되고 감시되어야 한다. 예산 집행 내역의 공개, 계약 과정의 투명화, 그리고 관련 정보에 대한 접근성 보장은 국민적 신뢰를 얻는 데 필수적이다. 이는 비리 발생 가능성을 낮추고, 국방예산이 본래의 목적에 맞게 효율적으로 사용되도록 해야 하기 때문이다.

 ## 2 중요성

조달전략은 조직이 필요로 하는 자재, 서비스, 기술 등을 어떻게 확보할 것인지 체계적으로 계획하고 실행하는 전략이다. 조달전략의 중요성은 국내 조달, 국제 협력, 공급망 관리라는 세 가지

측면에서 다음과 같이 설명할 수 있다.

여기서는 국내 조달national procurement 측면의 중요성이다. 조달전략의 원칙에서도 알 수 있듯이 국내 조달 중심으로의 전략 수립이 매우 중요하다. 국내 중소기업이나 지역 제조 업체로부터의 조달은 산업 생태계 유지와 일자리 창출에 기여할 수 있고, 국내 공급망은 해외보다 정치·경제적 리스크가 적고, 운송기간이 짧아 보다 신속하고 안정적인 조달이 가능하다. 국내 조달 시 정부의 조세 감면, 기술개발 지원, 인증제도 등 다양한 정책 지원을 활용하고, 혜택을 받을 수 있다. 팬데믹이나 글로벌 물류 대란과 같은 비상 상황에서 국내 조달은 신속한 대응이 가능하기 때문에 국내 조달을 중심으로 조달전략을 수립하는 것이 추천된다. 그러나 수십만 종의 부품이 필요한 무기체계는 국내에서만 모든 부품을 조달하는 데는 제약이 따른다. 우리도 K2 전차, K9 자주포, KF-21 한국형 전투기의 경우에는 해외 의존도를 최소화하고, 자주국방 실현을 위해 국내 조달 중심으로 조달체계를 꾸준히 추진해 왔지만, 엔진 등 핵심 부품의 경우는 여전히 해외에서 조달하고 있다.

다음으로는 국제 협력international cooperation 측면의 중요성이다. 원가 경쟁력을 갖춘 해외 소싱은 제품의 가격 경쟁력 향상에 직접적인 영향을 준다. 가성비가격 대비 성능의 비율는 무기체계에서도 중요한 화두이다. 선진 기술을 보유한 해외 국가 또는 업체와의 협력은 기술력 향상과 공동 개발의 기회를 제공한다. 공급망의 다변화는 특정 국가나 공급처의 의존을 줄이고, 다양한 국가와의 협력을 통해 공급망 안정성을 확보할 수 있게 한다. 자유무역협정을 통한 관세 절감, 수입조건 완화 등은 조달전략에서 역시 큰 이점을 제공한다.

끝으로 공급망 관리supply chain 측면의 중요성이다. 무기체계는 적기 인도가 중요한 요소 중의하나인 만큼, 적절한 시점에 적절한 품질과 가격의 자재를 공급받아야 생산이 지연되지 않는다.전략적인 조달은 단가 절감뿐 아니라 물류비, 재고비용 등 전체 공급망 비용을 줄여 비용 효율성확보가 가능하다. 공급처 다변화, 장기계약 등을 통해 공급 중단이나 가격 급등 같은 위험에 대비가 가능하고, ESG환경·사회·지배구조를 고려한 조달전략은 기업의 지속 가능성과 국가의 평판 관리에도 도움이 된다.

무기체계 조달전략은 단순한 구매 활동이 아니라, 국가 및 기업의 경쟁력과 지속 가능성 확보의 핵심 요소이다. 효과적인 조달전략은 '국내 산업과의 연계성', '국제 시장과의 협력 그리고 공급망의 효율성'이라는 세 가지 축을 균형 있게 고려함으로써, 방위산업의 안정성과 성장 가능성을 동시에 확보하는 기반이 된다.

미국과의 상호국방조달협정RDPMOU, Reciprocal Defense Procurement Memorandum of Understanding은 양국 간 방산물자와 서비스의 상호 조달을 촉진하고, 조달 절차의 상호 개방과 공정한 대우를 보장함으로써, 국방획득 분야의 전략적 협력 강화를 위한 제도적 틀이다. RDPMOU는 미국 국방부가 인정하는 상호국방조달협정으로, 해당 협정이 체결된 국가는 미국 연방조달규정FAR, Federal Acquisition Regulation에 따라 자국 방산업체가 미국의 조달시장에 참여할 수 있는 자격을 부여받게 되며, 미국의 'Buy American Act' 등의 내국민 우대 조항에서 면제를 받을 수 있다. 이 협정은 미국 내 주요 동맹국들과 제한적으로 체결되며, 해당국 방산기업에 미국의 조달시장 접근성을 제공하는 동시에 미국 업체에도 상응하는 기회를 보장하여 상호주의 원칙에 기반한 협력 관계를 조성한다. 조달전략 측면에서 RDPMOU는 국내 방산업체의 미국 시장 진출 가능성을 제고함으로써 방산 수출 확대와 글로벌 공급망 진입을 위한 실질적 기반을 제공하며, 특히 미국 국방조달 시스템이 세계 최대 규모인 점을 고려할 때 이는 전략적 차원의 시장 다변화 및 수출 확대의 교두보 역할을 한다. 또한, RDPMOU는 국내 조달 시스템의 투명성, 경쟁성, 제도적 정합성 등을 미국과 상호 인정함으로써 국방획득체계의 글로벌 스탠다드화global standardization를 촉진하고, 우리나라의 방산 제도와 정책 수준이 국제 기준에 부합함을 의미하는 신뢰의 지표로 작용한다. 나아가 이 협정은 단순히 방산물자 조달에 그치지 않고, 조달 프로세스 전반의 상호 이해 증진, 제도 교류, 기술 협력의 가능성 등을 포함하고 있어, 조달전략의 고도화와 산업협력의 다변화를 동시에 달성할 수 있는 전략적 수단이다.

최근 이슈가 되고 있는 미국의 관세 정책도 한국 무기체계 조달전략에 미치는 영향이 클 것으로 분석된다. 미국이 특정 방위산업 제품에 대한 관세를 인상하거나 수출 통제 정책을 강화할 경우, 한국은 조달비용 상승과 공급망 지연이라는 이중 부담을 겪게 될 것이다. 특히 미-중 전략경쟁으로 인한 첨단 기술 수출규제는 한국이 미국산 부품 의존도level of dependence를 낮추고, 독자 기술개발 혹은 제3국 다변화 조달diversification procurement 을 모색하게 만드는 동인driver이 될 것으로 전망된다.

유럽연합 EU이나 북유럽 국가들을 중심으로 확산되는 ESG Environmental, Social, Governance 정책은 방산 조달전략에도 새로운 기준을 제시하고 있다. 예컨대, 무기 생산 과정에서 탄소배출carbon emission 감축, 노동권right to work 보호, 기업 지배구조corporate governance 투명성 등 비경제적 요소가 점차 조달 평가 요소로 반영되고 있어, 한국 방산업체가 해외 수출이나 공동 개발joint development에 참여할 때 ESG 인증이나 친환경eco-friendly 공정 도입을 필수적으로 고려해야 한다. 이는 한국 내부에서도 무기체계 조달 시 단순 가격과 성능뿐만 아니라 지속 가능성 지표sustainability indicator를 평가 기준에 포함시키도록 정책을 수정하게 만들 수 있으며, 국산 방산업체의 ESG 역량 강화 투자로 이어질 가능성이 크다. 또한, ESG 규제가 강한 국가들과의 협력에서 기준 미달로 인한 배제 위험을 최소화하기 위해 한국은 기술개발 단계부터 친환경 소재 활용, 폐기물 관리 체계, 인권 리스크 점검 등을 포함한 총수명 주기 관점에서 조달전략을 수립할 필요가 있다.

 **③ 각국의 방위산업 전략**

미국의 방위산업전략NDIS, National Defense Industrial Strategy은 세계적인 지정학적 경쟁 심화와 기술 패권 경쟁, 그리고 전쟁양상의 변화에 대응하기 위한 전략으로 수립되었다. 특히, 미 국방부는 중국과 러시아 등 잠재적 전략경쟁국의 군사력 증강과 공급망 통제를 위협 요소로 간주하며, 이에 대한 대응으로 방위산업기반Defense Industrial Base, DIB의 회복력 확보, 민간 첨단 기술의 군사적 전환 촉진, 공급망 다변화, 국방 제조 역량 강화 등을 핵심 축으로 전략을 추진하고 있다. 중점 전략으로는 ① 혁신적 기술기업의 국방 생태계 참여 유도, ② 고위험 고수익 기반의 투자 활성

화, ③ 전략물자 및 중요 구성품의 국산화 및 비의존화, ④ 민간–군 협력 강화를 통한 이중용도 기술Dual-use Technology 통합, ⑤ 안보협력 국가와의 공동생산체계 구축 등이 있으며, 이를 통해 방위산업을 민간 산업과 긴밀히 연결된 혁신 중심의 국가안보 자산으로 재정의했다. 시사점으로는 국방 분야에서 단순한 병기 조달 중심의 접근에서 벗어나, 디지털 전환·AI·반도체·첨단소재 등 전략기술의 선점과 산업 기반 전반의 경쟁력 강화가 방위산업의 핵심 과제로 부상했음을 보여주며, 자국 내 산업의 회복력뿐만 아니라 동맹국과의 기술 연합과 공급망 연계도 강화되고 있음을 알 수 있다.

호주의 방위산업개발전략DIDS, Defence Industry Development Strategy은 인도·태평양 지역의 안보 불안정성 증대와 중국의 군사적 영향력 확대에 대응하기 위한 자주국방 역량 강화의 일환으로 수립되었다. 호주 정부는 자국 중심의 '주권적 방위산업Sovereign Defence Industry'을 육성하고, 동맹국과의 전략적 산업 협력을 심화하여 지역 안보 질서에 능동적으로 대응하려는 목표를 설정하였다. DIDS는 ① 방산조달 시스템의 속도 및 민첩성 제고, ② 우선순위 역량 중심의 자국 산업 육성㎝ 장거리 타격, 미사일 방어, 사이버전 등, ③ 방산기업의 지속가능한 공급망 참여 확대, ④ 산업기술 R&D 투자의 정부 주도 강화, ⑤ 미국·영국 등 AUKUS 협력국과의 기술 이전 및 공동 개발 확대를 주요 전략으로 채택하고 있다. 시사점으로는 호주가 전통적인 무기 수입국에서 벗어나 전략적 자립성을 추구하는 공급망 내재화와 기술 주권 확보를 핵심 가치로 삼고 있으며, 지역 안보 중심국으로서의 역할 강화를 위해 방위산업을 단순한 안보 수단이 아닌 경제·기술 산업정책의 축으로 통합하고 있다는 점이 주목된다.

유럽연합의 방위산업전략 EDIS, European Defence Industrial Strategy은 유럽 내 전략적 자율성strategic autonomy 확보와 대외 안보 위협 대응, 특히 러시아의 우크라이나 침공 이후 본격화된 안보 불확실성 고조에 대응하기 위해 마련되었다. 유럽연합 집행위원회는 회원국 간의 분절된 방산시장을 통합하고, 공동 조달·공동 생산·공동 연구를 촉진함으로써 유럽 방위산업기반EDIB의 경쟁력을 제고하고자 하였다. EDIS는 ① EU 역내 공동 방산조달 프로그램 확대, ② 유럽방위기금을 통한 R&D 투자 확대, ③ 소규모 기업 및 혁신 스타트업의 국방 생태계 참여 촉진, ④ 주요 전략 분야_{탄약, 장거리 무기체계, 방공 등} 공동생산 능력 구축, ⑤ 비유럽 국가에 대한 기술·공급망 의존도 축소를 핵심 전략으로 삼고 있다. 시사점으로는 유럽이 NATO 중심의 전통적 집단안보 체계에서, 보다 독립적인 방위산업 전략을 병행하면서 유럽형 방위기술 클러스터 조성과 국방기술 내재화를 통해 지정학적 위기 대응 역량을 강화하려는 의지를 드러내고 있으며, 그 과정에서 경제 블록의 결속력과 국방기술 주권의 중요성이 더욱 부각되고 있다.

주요 국방 선진국에서는 자국 내 생산 및 개발을 강조하고, 동맹국과의 협력을 통한 기술협력 및 안정적 공급망 확보, 첨단 전략기술개발 투자를 통한 역량 강화 및 기술 주권 우위 선점을 위해 조달전략을 기본으로 한 광범위한 방위산업 전략을 수립하고, 국가의 주요 전략문서에 포함하여 조달의 중요성과 위상을 크게 향상시켰다.

10장

방위사업 계약

 계약contract은 일정한 법률적 효과의 발생을 목적으로 두 사람 이상이 의사 표시의 합의를 이룸으로써 이루어지는 법률행위로 정의한다. 매매계약은 환경에 따라 다양한 형태가 있는데, 정부기관과의 계약은 국가를 당사자로 하는 계약에 관한 법률국가계약법을 준수해야 한다. 국가계약법에서는, 계약은 서로 대등한 입장에서 당사자와의 합의에 따라 체결되어야 하며, 당사자는 계약의 내용을 신의성실의 원칙에 따라 이행하여야 한다. 또한, 계약을 체결할 때 계약 상대자의 계약상 이익을 부당하게 제한하는 특약 또는 조건을 정해서는 안 되며, 금품과 향응에 관해서는 계약을 해제할 수 있는 청렴계약을 요구한다. 장비, 피복류, 유류, 자재 등 일반물자를 구매하는 국방조달 계약은 국가계약법을 적용한다.

 반면, 방위산업은 장기간 대규모의 예산을 무기체계 개발에 사용하며, 높은 품질의 요구로 개발의 실패 위험이 역시 높다. 그리고 수요자가 국가로 제한되는 특수성이 있다. 따라서 방위산업을 위해 업무를 하는 업체는 이러한 위험risk을 적절하게 줄이는 정책이 필요하다. 그렇지 않으면 어떤 업체도 위험을 감수하며 무기체계 개발 업무를 수행하기 어렵다. 이를 위해 방위사업법에 국가계약법의 예외 조항으로 명시함으로써 방산업체의 경영 부담을 경감하고, 일정 수준의 수익성을 보장한다.

① 국가 계약national contract

　정부기관에서 계약을 체결하기 위해서는 일반경쟁 방법으로 하는 것이 원칙이다. 그러나 계약의 목적, 성질, 규모 등을 고려하여 대통령령 대상 업체의 자격을 제한하거나 참가자를 지명하여 경쟁에 부치거나 수의계약을 할 수 있다. 경쟁입찰에 부치는 경우 계약 이행의 난이도, 이행 실적, 기술 능력, 재무 상태, 사회적 신인도 및 계약 이행의 성실도 등 계약 수행능력 평가에 필요한 사전 심사 기준, 사전 심사 절차 등에 따라 입찰 참가자격을 사전 심사하고, 적격자만을 입찰에 참가하게 할 수도 있다. 일반적으로 시설 공사는 사전 적격심사를 거쳐 입찰 참가를 제한한다. 물가 변동, 설계 변경, 전쟁 등 불가항력에 의한 계약금액 변동으로 수정이 필요한 경우 계약금액을 조정할 수 있다. 국가계약에는 다양한 유형의 계약이 존재하며, 이는 계약 목적의 특성, 사업의 규모 및 추진 방식에 따라 적절하게 선택된다. 무기체계 획득과 같은 대규모, 고위험, 기술집약적인 사업에서는 이러한 계약 유형들이 유기적으로 활용되어야 사업의 효율성과 투명성을 확보할 수 있다.

　먼저 회계연도 시작 전 계약은 국방 분야에서 특히 중요한데, 연도 초기에 즉시 집행이 필요한 사업의 경우 회계연도 시작 전에 계약을 체결함으로써 시간 지연 없이 사업을 추진할 수 있다. 장비정비 부품이나 탄약의 조달은 작전 공백을 최소화하기 위해 연도 시작 전에 계약을 체결하고 회계연도 개시 이후에 자금이 집행되도록 할 수 있다.

　장기계속계약은 수년에 걸쳐 지속적으로 공급하거나 개발해야 하는 무기체계 사업에 자주 활용된다. 전투기 성능개량 사업은 한 해에 완료될 수 없고, 수년간의 단계별 개량이 필요한 경우가 많기 때문에, 연차별 예산 배정과 사업 지속성을 보장하기 위해 장기계속계약이 체결된다. 이는 안정적 사업 추진과 함께 계약 관리의 일관성을 확보할 수 있는 장점이 있다.

　단가계약은 물량이나 총액이 확정되지 않은 상태에서 일정 단가만을 정해 놓고 필요할 때마다 물품을 납품 받는 방식으로, 무기체계 정비용 부품 공급계약에 많이 적용된다. 이를 통해 예비품을 상황에 따라 탄력적으로 공급받을 수 있어 창정비와 전력 유지에 유리한 면이 있다.

개산계약은 최종 비용이 불확실한 경우 잠정적인 계약금액을 설정한 후, 실제 발생 비용에 따라 정산하는 방식이다. 신무기체계 개발사업처럼 기술적 불확실성이 큰 경우에 활용되며, 계약자는 적정한 범위 내에서 개발을 진행하고 사업 종료 후 비용을 조정한다. 이는 방산업체가 초기 리스크를 부담하더라도 장기적으로 수익을 확보할 수 있는 유인을 제공하여 기술개발을 촉진시킨다.

종합계약은 여러 개별 계약을 하나로 묶어 일괄 체결하는 방식으로, 통합 군수지원이나 체계통합system integration이 필요한 무기체계 사업에 적합하다. 복합 무기체계 획득 시 플랫폼, 센서, 무장 등 다양한 구성 요소를 일괄로 계약하여 일정과 품질을 통합 관리할 수 있기 때문이다.

공동계약은 두 개 이상의 업체가 공동으로 계약에 참여하는 것으로, 방산 분야에서는 국내 대기업과 중소 협력 업체가 컨소시엄을 구성하여 참여하는 형태로 활용될 수 있다. 이는 기술 분담과 위험 분산 효과가 있으며, 특정 무기체계의 부품을 국내 생산 기반에서 공동으로 개발하거나 생산할 때 유용하다.

희망 수량 경쟁입찰계약은 발주기관이 특정 수량을 보장하지 않고, 입찰자에게 공급 희망 수량만을 제시하는 방식으로 실수요가 유동적인 탄약류나 보급품 조달에 적용된다. 이는 공급자에게 유연한 생산 계획 수립을 가능하게 하며, 국방 조달의 수요 예측 불확실성에 대응하는 데 적절한 것으로 평가된다.

2단계 경쟁입찰계약은 제안요청서RFP, Request For Proposal 기반으로 1단계에서 기술능력을 평가하고, 적격 업체를 선별한 후 2단계에서 가격 경쟁을 통해 최종 계약자를 선정하는 방식이다. 복잡한 기술요소가 포함된 무기체계 개발사업에 적합하며, 레이더 개발과 같은 첨단 무기체계 획득에서는 기술 역량을 우선 평가한 후 가격 경쟁을 유도하여 사업 리스크를 최소화할 수 있다.

이러한 다양한 계약방식은 각각의 특징과 장점을 바탕으로 무기체계 획득사업의 성격에 맞게 조합되어 사용될 수 있으며, 사업의 성공적인 추진과 국방 역량 강화에 기여할 수 있다.

② 방위사업 계약 defense project contract

　방위사업계약은 군수품을 획득하기 위한 계약에서 국방 연구개발이나 무기체계의 양산 및 운용에 필수적인 전력화 지원 요소, 방산물자, 안보 위협, 테러 등의 긴급사태에 대응하기 위한 군수품, 장병의 생명 및 안전과 직결되는 군수품을 구매할 때 적용한다. 방위사업은 막대한 예산이 투입되는 장기간 프로젝트로 높은 품질의 무기체계를 개발한다는 특성으로, 개발이 실패할 경우 매몰비용 sunk cost이 발생하거나 사고로 이어질 수 있다. 이런 특성으로 인해 개발자의 경제적 이윤 확보가 제한되고, 무엇보다도 방위산업 생태계를 훼손하며 방산업체가 업계를 떠나는 것을 막고 그들을 보호해야 할 필요가 있다.

　방위사업계약에는 다양한 형태의 계약 방식이 존재하며, 이는 무기체계의 특성과 조달 목적, 기술개발의 불확실성, 비용 변동 가능성 등에 따라 선택된다.

　일반확정계약은 계약금액이 확정되어 있는 형태로, 납품대금이 변경되지 않기 때문에 예산 관리에 유리하며, 사전에 사양과 수량이 명확히 정해진 단순 물자의 조달에 주로 활용된다. 일정한 수량의 탄약이나 규격화된 차량 등의 조달에는 일반확정계약이 적합하다.

　반면, 물가조정단가계약은 계약 기간 중 물가 변동에 따라 계약금액을 조정할 수 있는 계약으로, 장기간이 소요되는 장비조달 사업에 자주 활용된다. 수년간 단계적으로 도입되는 무기체계에서 인건비나 원자재 가격 변동에 따른 손실을 방지하기 위해 이 계약이 선택될 수 있다.

　원가절감보상계약은 계약자가 원가를 절감했을 때 절감액의 일정 비율을 보상해주는 방식으로, 업체의 효율성 향상을 유도한다. 무기체계 양산 과정에서 조립 공정 간소화, 소재 변경 등으로 절감한 비용에 대해 업체가 보상받을 수 있어 생산성과 품질 향상에 기여할 수 있다. 이와 유사하지만 구조적으로 다른 원가절감 유인 계약은 절감액을 일정 비율로 분할하여 정부와 업체가 공유하는 방식으로, 장기적인 파트너십 구축에 유리하다. 이는 다년간에 걸친 유도무기 양산 사업에서 성능은 유지하되 생산 원가를 줄이기 위한 수단으로 효과적일 수 있다.

한도액 계약은 비용의 상한선을 정해두고 계약을 체결하며, 이 범위 내에서만 비용이 인정된다. 개발비가 일정하지 않거나 기술적 불확실성이 높은 초기 연구개발 단계에서 주로 활용되며, 국산 항공기 개발과 같은 대형 무기체계의 개념 연구나 체계 설계 단계에서 사용된다. 뿐만 아니라 운영되고 있는 무기체계의 고장은 확률적으로 발생하기 때문에, 한도액 계약을 활용하면 유연하게 무기체계 수리부속을 지원하고, 정비를 위한 용역을 지원받을 수 있다.

중도확정계약은 계약 체결 시점에는 개산으로 체결하되, 사업의 일정 단계에서 계약금액을 확정하는 방식으로, 초기에는 개발 리스크를 고려하되 중반 이후에는 가격 통제를 가능하게 한다. 이는 탐색 개발이 완료되고 체계 개발로 넘어가는 전환기에 적합한 계약으로 T/TA-50 고등훈련기 탐색 개발 시 적용되었던 사례가 있다.

특정비목불확정계약은 전체 계약금액 중 일부 비목圖 인건비, 재료비 등이 확정되지 않은 상태에서 계약을 체결하는 것으로, 주요 비용 요소에 대한 변동성이 높거나 외부 변수의 영향이 클 때 적용된다. 신기술 기반의 무기체계에서 부품의 가격이 외부 시장 상황에 따라 좌우되는 경우, 이런 계약이 활용될 수 있다.

일반개산계약은 비용 전체를 확정하지 않고, 예측 가능한 수준에서 잠정 계약금액을 정해 체결하는 방식으로 기술개발 사업과 같이 완성 전까지 정확한 원가 산출이 어려운 무기체계 개발에 적합하다.

성과기반계약은 결과 중심의 계약 형태로, 일정 성능 목표나 전력화 성과가 달성되었을 때 대가를 지급하는 방식이다. 이는 무기체계가 상호 협의된 성능 기준을 만족시켜야만 비용을 지급하므로, 업체에게 기술적 성과 달성에 대한 강한 동기를 부여한다. 정밀유도무기의 명중률이나 전투기 가동율 등 정량적 성과를 기준으로 계약 이행 여부를 판단할 수 있다.

장기옵션계약은 기본 계약 체결 이후 필요시 추가 물량을 옵션으로 구매할 수 있도록 하는 방식으로, 전력화 이후의 후속 양산이나 추가 수요에 유연하게 대응할 수 있다. 이런 점을 고려할 때 K계열 무기체계의 양산 이후 후속 물량 확보에 활용될 수 있다.

마지막으로 한도액성과계약은 성과 기반 계약과 한도액 계약의 결합 형태로, 일정 성과를 달성하되 지급 금액이 한도액을 초과하지 않도록 관리하는 방식이다. 기술적 성과와 예산 통제를 동시에 고려해야 하는 첨단 무기체계 개발사업, 자율 무기체계 연구개발에서 제한된 예산으로 최대 성과를 요구할 때 매우 효과적이다.

이와 같이 방위사업의 다양한 계약 방식은 각 사업의 목적, 위험, 기술 수준에 따라 정교하게 선택되어야 하며, 이는 무기체계 획득의 효율성과 효과성을 결정짓는 핵심 요소로 작용하기 때문에 어떤 계약을 선택하느냐는 매우 어려운 의사 결정이다. 따라서, 사업이 종결된 이후 적용했던 계약방법이 적절했는지 여부를 사후에 평가하여 적용할 수 있다.

③ 공급계약supply contract

공급망 관리supply chain management 분야에서도 계약을 다룬다. 우리는 그것을 공급계약이라고 부르고, 공급자와 구매자 간의 예상되는 위험을 최소화하고, 전체 이윤은 최대화하는 것을 목표로 한다. 공급계약은 민간에서 활발하게 활용되고 있고, 유사한 위험을 줄이기 위해 방위사업계약에서도 이름을 달리하여 활용되고 있다.

수량유연계약quantity flexibility contact은 구매자가 공급자에게 주문 수량을 일정 범위 내에서 조정할 수 있는 권한을 부여하는 계약이다, 특정 기간 동안 최소 및 최대 주문 수량을 지정하고 그 범위 내에서 수량을 유연하게 조정할 수 있기 때문에, 최소 주문량과 최대 수요량을 확보함으로써 공급자와 구매자 모두의 위험을 상호 감수하는 개념이다. 주로 수요가 급격하게 변하는 제품군에 적용하는 계약으로, 소비재 기업에서 시즌에 따라 수요가 변동하는 제품에 대해 공급자가 수량을 유연하게 조정하는 계약이다.

반품계약buy-back contact은 구매자가 공급받은 제품 중 일부를 일정 조건하에 반환할 수 있도록 허용하는 계약이다. 구매자는 제품의 수요를 예측하기 어려운 경우 재고 리스크를 최소화할 수 있다. 국방에서는 무기체계 계약 조건에 반품 조건 반영을 의무화하고 있다. 무기체계 도입 이후 일정기간3~7년 동안 사용하지 않는 수리부속에 대해 판매자가 재구매한다. 군에서는 처음 도입하는 무기체계 수리부속 신뢰성 자료가 부족하기 때문에 반품계약은 매우 유용하게 활용된다. 무기체계의 운영 중에 발생하는 다빈도 결함 품목이나 도입 시기에는 결함이 발생할 것이라고 예상하지 못했던 수리부속으로 대체하는 것이 일반적이다.

백업계약back-up contract은 판매 시즌이 시작되기 전에 일정 주문량만큼의 구매를 약정하고, 제조업자는 약정 구매량의 일정 비율만큼만 백업 기간 재고로 보유한다. 그리고 2차 배송 시기가 되면 재고로 보유하던 수량의 범위 내에서 구매자가 요청한 만큼 배송할 수 있도록 하는 계약 방식이다.

가격보호계약price protection contract은 제품의 수명 주기 동안에 도매 가격이 하락할 경우, 소매상의 미판매 재고의 가격을 보증하는 방식이다. 주로 PC 산업에서 많이 활용되는 계약이다.

선구매계약advance purchase contract은 생산 능력이 구비되기 이전에 주문할 양과 가격을 결정하는 계약이다. 선구매계약은 코로나 19 치료체 등과 같이 새로 개발한 약품이나 신형 자동차 구매 등에서 활용이 가능하다.

수익-공유계약revenue-sharing contract은 판매자가 판매 단가를 낮추면 구매자는 더 많은 제품을 구매할 수 있도록 유인하는 계약이다. 구매자가 많은 제품의 구매를 희망하기 때문에 판매자도 더 많은 제품을 생산할 수 있다. 낮아진 판매 단가에 대한 보상은 구매자의 판매 수익을 합의한 비율만큼 구매자의 수익을 공유하는 것이다.

공급계약들은 리스크 관리, 공급 안정성, 효율적인 자원 배분 등을 중요한 고려사항으로 삼는 방위사업계약에서 그 가치가 크게 나타날 수 있다. 따라서, 각 계약 유형에 맞는 전략을 세우고, 예측 가능한 리스크를 최소화하면서 국방 효율성을 극대화할 수 있을 것으로 기대된다. 수익-공유계약은 방위사업에서 계약의 당사자가 국가라는 이유로 활용도가 낮지만, 이외에 대부분의 계약이 군과 방위산업에서 발생할 수 있는 위험을 최소화하는 목적으로 변형되어 사용되고 있다.

11장

원가관리

방위산업 원가관리는 국방 분야에서 간과하기 쉽지만, 국가안보와 효율적인 국방력 유지를 위한 핵심적인 요소이다. 단순히 비용을 줄이는 것을 넘어, 제한된 국방예산을 효율적으로 배분하고 최적의 국방력을 구축하는 데 필수적인 과정이다. 이는 마치 거대한 건물을 짓는 데 있어 설계 단계부터 재료비, 인건비 등을 면밀히 계획하고 관리하는 것과 같다. 무기체계 개발부터 양산, 운영 유지, 그리고 최종 폐기까지 총수명 주기에 걸쳐 발생하는 모든 비용을 체계적으로 파악하고, 분석하며 통제하는 일련의 활동이 바로 무기체계 원가관리의 본질이다.

방위산업 원가란 「방위사업법」에 명시된 방산 대상 물자를 생산하는 기업을 대상으로 적용하는 원가 구조로, 기초적인 원가관리 회계의 원가 구조와 유사하게 구성되어 있다. 방산 원가 구조는 [그림 1-15]와 같다. 제조원가는 직접비와 간접비로 구분이 되며, 원가에 추가로 일반관리비를 합하여 총원가를 산정하고, 총원가에서 이윤과 기타 부대비용을 합산하여 총계산 가격을 결정하게 된다.

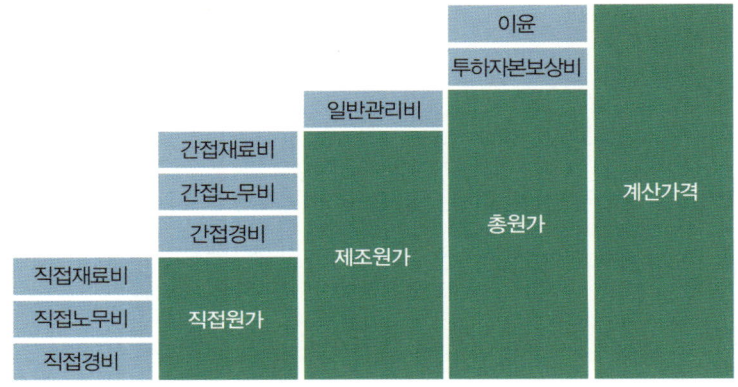

[그림 1-15] 방산 원가 구조(방위사업청)

① 원가의 분류

재료비는 물품의 소비에 따라 발생하는 원가이다. 재료비는 제품의 생산에 직접 소비되는 원재료비인 직접재료비와 제품 제조에 보조적으로 소비되거나 여러 제품 제조에 공통적으로 소비되는 것으로서 제품의 실체를 구성하지 아니하는 재료의 가치인 간접재료비로 구분한다. 직접재료비는 주요 재료비, 구입 부품비, 포장 재료비 등이 있고, 간접재료비는 보조 재료비, 소모 공구, 기구, 비품비 등이 있다. 재료를 구입할 때 드는 부대비용 중 외부 부대비용은 재료비로 계산하며, 내부 부대비용은 경비로 계산한다.

노무비는 계약 목적물을 제조하기 위해 소비되는 기본급, 각종 수당, 상여금, 퇴직급여 등과 같은 노동력의 대가이다. 노무비는 제조 현장에서 계약 목적물을 생산하기 위해 직접 작업에 종사하는 종업원이 제공하는 노동력의 대가인 직접노무비와 제조 현장에서 보조 작업에 종사하는 노무자, 종업원, 현장 감독자 등 제공하는 노동력의 대가인 간접노무비가 있다. 노무비 중에 노동력의 획득·보전 및 관리와 관련하여 발생하는 비용은 경비로 분류하여 계산한다.

경비는 재료비와 노무비 이외에 재조원가 요소이다. 직접경비는 해당 제품에 직접 부과할 수 있는 비용으로 감가상각비, 지급 임차료, 설계비, 공사비, 개발비, 보관비, 설치비search cost 등이 있다. 간접경비는 주 종류 이상의 제품생산에 공통적으로 발생하는 비용으로 복리후생비, 전력비, 교통비, 연료비, 운반비, 보험료 등이 있다.

일반관리비는 기업을 유지하기 위해 관리 활동에 발생하는 비용으로, 임원 급여, 각종 수당, 상여금, 퇴직급여, 도서 인쇄비, 여비 교통비, 통신비, 전산 운영비 등이 있다.

공통원가는 방산 원가 대상 물자의 원가를 계산할 때 동일한 계약 상대자에 대한 복수의 제품 또는 계약에 공통적으로 적용되는 원가이다. 공통원가는 간접재료비 단가, 직접노무비 단가, 간접 및 무작업 노무량여유율, 공용 감가상각비 단가를 말한다. 공통원가를 적용하는 이유는 원가 산정 시 일관성을 유지하고, 투명성을 제고하기 위함이다.

② 중요성

　　무기체계 원가관리는 여러 측면에서 그 필요성과 중요성이 두드러진다. 첫째, 국방예산의 효율적 운용이다. 한정된 국가예산 속에서 국방비는 항상 치열한 논의의 대상이 된다. 무기체계 원가관리는 불필요한 낭비를 줄이고, 가장 효과적인 곳에 예산을 집중 투자하여 국방비의 투명성과 효율성을 높이는 데 기여한다. 이는 곧 국민의 세금을 소중히 여기는 책임 있는 자세이기도 하다.

　　무기체계 원가관리는 최적의 무기체계 획득을 가능하게 한다. 단순히 값싼 무기체계를 선택하는 것이 아니라, 성능, 신뢰성, 유지보수 용이성 등을 종합적으로 고려하여 장기적으로 가장 경제적이고 효율적인 무기체계를 선정하는 데 원가 정보가 중요한 판단 근거가 된다. 예를 들어, 초기 도입 비용은 저렴하지만 운용 유지비가 막대하게 소요되는 무기체계는 장기적인 관점에서 비효율적일 수 있다. 원가관리는 이러한 숨겨진 비용까지 예측하고 관리하여, 합리적인 의사 결정을 돕는 기술이다.

　　더불어 국방 과학기술 발전 및 방위산업 육성에 기여한다. 원가 분석을 통해 특정 기술 분야의 비용 효율성을 파악하고, 이를 통해 연구 개발 방향을 설정하거나, 국내 방위산업체의 경쟁력을 강화하기 위한 지원 방안을 모색할 수 있다. 투명하고 예측 가능한 원가 정보는 방위산업체들이 기술개발에 투자하고 생산 효율성을 높이는 동기가 된다.

　　무기체계 원가관리는 국방 투명성 및 책임성 제고에 필수적이다. 무기체계 획득 과정은 막대한 예산이 투입되고 국가안보와 직결되는 만큼, 대국민 신뢰 확보가 중요하다. 철저한 원가관리는 비리 발생 가능성을 줄이고, 예산 집행의 투명성을 높여 국민적 공감대를 형성하는 데 기여한다.

③ 민간 원가관리와의 차이점

무기체계 원가관리는 일반 기업의 원가관리와 유사한 점도 많지만, 국방 분야의 특수성으로 인해 몇 가지 중요한 차이점을 갖는다.

첫째, 국가안보라는 궁극적인 목표가 다르다. 민간 기업은 이윤 극대화를 최우선 목표로 원가관리를 수행하는 반면, 무기체계 원가관리는 국가안보라는 궁극적인 목표 아래에서 이루어진다. 따라서, 비용 절감만을 추구하기보다 최소 비용으로 최대의 국방력을 확보하는 균형적인 관점이 중요하다. 첨단 기술이 적용된 고가의 무기체계라도 국가안보에 필수적이라면 그 가치는 충분히 인정된다.

둘째, 시장의 독점성 및 폐쇄성이다. 대부분의 무기체계는 소수의 국내외 방위산업체에 의해 개발·생산되며, 일반적인 시장경제 원리가 적용되기 어려운 독점적 시장 구조를 갖는다. 이는 가격 경쟁을 통한 원가 절감보다는, 협상력 강화, 기술 제휴, 국산화 노력 등을 통한 원가관리가 더욱 중요함을 의미한다. 또한, 민감한 기술 정보 및 군사 기밀로 인해 원가 정보가 일반에 공개되기 어렵다는 점도 민간과는 큰 차이점이다.

셋째, 긴 생애 주기 및 높은 불확실성이다. 무기체계는 개발부터 폐기까지 수십 년에 이르는 긴 생애 주기를 갖는다. 이 과정에서 기술 발전, 국제 정세 변화, 위협 요인의 변화 등 다양한 불확실성이 존재하며, 이는 원가 예측 및 통제를 더욱 어렵게 만든다. 민간 제품은 상대적으로 짧은 생애 주기를 가지며 시장 변화에 유연하게 대응할 수 있는 반면, 무기체계는 한 번 도입되면 변경이 어렵기 때문에 초기 단계에서의 정확한 원가 예측이 더욱 중요하다.

넷째, 정부 주도의 획득 과정이다. 민간 기업은 시장의 수요와 공급 원리에 따라 제품을 개발하고 생산하지만, 무기체계는 정부가 주도하여 소요를 제기하고 예산을 편성하며, 획득 및 운용 전 과정을 통제한다. 이는 원가관리의 주체가 정부 기관이며, 관련 법규 및 제도의 영향이 크다는 것을 의미한다.

🛡️4 주요 사례

실제 무기체계 원가관리의 중요성은 다양한 사례를 통해 확인할 수 있다. 과거 국내에서 진행되었던 특정 전투기 도입 사업의 경우, 초기에 제시된 가격이 과도하게 높다는 지적이 있었다. 이에 정부는 철저한 원가 분석과 업체와의 지속적인 협상을 통해 도입 가격을 상당 부분 낮출 수 있었고, 이는 예산 절감뿐만 아니라 투명한 국방 사업 추진의 모범 사례로 평가받았다.

또한 자주포나 잠수함과 같은 주요 무기체계를 개발할 때도 원가관리는 핵심적인 역할을 한다. 단순히 개발 비용만을 보는 것이 아니라, 양산 단계에서의 효율적인 생산 방식, 부품 국산화를 통한 유지보수 비용 절감, 그리고 미래 성능 개량 가능성까지 종합적으로 고려하여 원가 효율성을 극대화한다. 한때는 해외 도입에 의존했던 특정 무기체계를 국산화하면서, 초기 개발 비용은 발생했지만 장기적으로는 해외 도입 대비 훨씬 저렴한 운용 유지비를 확보하고, 국내 방위산업 기술 발전에도 크게 기여한 사례도 좋은 사례이다.

더 나아가, 최근에는 인공지능, 빅데이터 등 4차 산업혁명 기술을 활용하여 무기체계의 생애 주기 전반에 걸친 원가 정보를 실시간으로 수집·분석하고 예측하는 시스템을 구축하려는 노력도 활발히 이루어지고 있다. 이는 보다 정교하고 과학적인 원가관리를 가능하게 하여, 미래 국방력 건설에 더욱 효율적으로 기여할 것이다.

방위산업 원가관리는 국방력의 숨겨진 주춧돌로서, 단순히 숫자를 다루는 행위를 넘어 국가안보와 직결되는 매우 중요한 전략적 활동이다. 제한된 자원으로 최대의 국방력을 구축하고, 국민의 신뢰를 얻으며, 지속 가능한 국방 발전을 이루기 위해서는 앞으로도 무기체계 원가관리에 대한 심도 깊은 이해와 끊임없는 노력이 필요할 것이다. 이는 곧 대한민국이라는 거대한 배가 험난한 파고 속에서도 안정적으로 항해할 수 있도록 돕는 나침반과 같은 역할을 할 것이다.

12장
협상전략

협상은 어떤 목적에 부합되는 결정을 위해 다수의 사람이 모여서 서로 의논하는 행위이다. 협상의 가장 큰 묘미는 다수의 이해 관계자를 어떻게 이해시켜 하나의 목표로 나아가기 위해 조정하는 과정을 이해하는 것이다. 획득도 기본적으로 각자의 목적에 부합하기 위해 구매자와 판매자로 구분하여 서로 의논하는 과정을 거친다.

통합사업관리팀은 방위사업청 관련 부서뿐만 아니라 군, 국과연, 기품원 및 민간 전문가 등을 포함한 협상팀을 구성하여 협상한다. 무기체계 획득의 협상은 소요군의 요구사항이 담긴 제안요청서 RFP, Request For Proposal 를 공고하면 업체에서는 제안요청서에서 요구하는 자료인 제안서를 제출한다. 제안서 평가 후 대상 장비 계약업체 후보군를 선정하면, 다음 단계인 시험평가와 협상으로 넘어간다. 협상은 기술 협상, 계약조건 협상, 절충교역 협상, 가격 협상으로 구분한다. 효율적인 협상을 위해 국방부, 합동참모본부, 군, 방위사업청, 국과연 등의 전문가로부터 의견을 받아 협상 목록을 작성한다. 협상의 기본 목록은 사업추진 기본전략, 구매계획, 연구개발 기본계획, 제안요청서 등을 토대로 수립한다. 기술 및 계약 특수조건은 사업부서에서, 계약 일반조건은 계약 부서에서, 절충 교역은 방위산업진흥국에서 주관하며, 후속 군수지원 및 계약 특수조건 협상팀에는 무기체계의 소요를 제출한 군을 반드시 포함해야 한다. 세 가지 협상 결과 및 후속 조치는 통합사업관리팀에서 전체적으로 관리한다. 협상의 순서는 기술 협상, 계약조건 협상과 절충교역 협상을 병행하고, 이들 협상 및 시험평가가 모두 종료된 이후에 가격을 협상한다. 이것은 모든 조건이 가격과 매우 밀접한 관계가 있기 때문이다.

❶ 기본원칙

협상은 수학이나 과학처럼 1+1=2가 아니라 3이 될수도 있고, 1이 될 수도 있다. 따라서 협상의 역량을 높이고, 상호 이익 증진을 위해 어떤 것을 양보하고 어떤 것을 얻을 수 있는지를 명확히 할 필요가 있다. 그리고 같은 내용이라도 협상의 상황 및 조건에 따라 결과는 매우 다르다. 협상은 공식적인 국가 대 국가일 경우도 있지만 가정에서나 직정에서 수시로 발생하고 있기 때문에, 기본원칙을 준수한다면 상황과 조건이 바뀌더라도 승패가 아니라 모두가 원하는 바를 일정 수준 이룰 수 있다.

협상은 상대방과의 원하는 목표를 조정하는 일련의 과정이기 때문에, 가장 중요한 것은 철저한 협상 준비이다. 협상을 시작하기 전에 상대방의 성향과 에티켓, 필요할 경우 해당 국가의 국경일 등을 인지하는 것은 기본사항이다. 무기체계 협상에서는 무기체계의 특성과 운영 현황, 장점과 단점을 잘 알아야 협상에서 유리한 고지를 차지할 수 있다.

다음은 명확한 근거이다. 협상에 임하는 상대에게 법률이나 규정 등을 구체적으로 제시하면 누구도 거부하기 힘든 경우가 많다.

협상은 실행보다 이를 위한 사전 준비에 시간을 많이 투자해야 한다. 준비 부족으로 성급하거나 감정적인 모습으로 협상에 임할 경우 불리한 입장이 될 수 있다. "Yes", "No"를 최대한 신중하게 하면서 때로는 기다리는 것이 굿딜good deal이 되기도 한다. 협상 대안에서 상대방이 수용하지 못하는 것이 있다면 설명을 들어보고 반복적인 말로 내가 이해한 사항을 다시 설명하거나 또는 모르는 부분을 질문해서 시간을 지연하는 전략도 있다. 어떤 경우에는 Yes라고 답하고, 전제 조건을 이전과 다르게 하는 경우도 있다. 따라서 전제 조건과 최종 대안 그리고 각자의 책임 사항을 면밀하게 확인해야 한다. 무기체계 협상에서는 한국의 회계연도가 12월 31일에 종료되는 것을 이용하여 예산이 이월되거나 불용되는 것을 최소화하기 위해 성급하게 협상을 종료하는 경우가 있다.

협상을 유리하게 이끌기 위해서는 예산이 이월되거나 불용될 경우 상대방이 얻게 될 사업 취소, 전력화 시기 지연 등과 같은 불이익을 충분히 설명할 필요가 있다.

어느 상황이나 마찬가지이지만, 특히 협상에서는 충분히 감정적으로나 이성적으로 이해하는 상호관계인 라포rapport 형성이 매우 중요하다. 내가 이렇게 할 수 밖에 없는 이유를 이해시킨다면 나의 대안이 채택될 수 있거나 보다 유리한 조건으로 상대방에게 동의를 유도할 수 있다.

마지막으로 BATNA Best Alternative to a Negotiated Agreement를 준비하고, ZOPA Zone Of Possible Agreement를 확인하는 것이다. 협상은 내가 의도한 대로 되지 않을 것이라는 생각으로 준비해야 한다. 이렇게 협상이 격렬하거나 결렬되었을 때 선택할 수 있는 대안의 범위와 최선의 대안을 준비해야 한다. [그림 1-16]에서 볼 수 있듯이 BATNA와 ZOPA를 효과적으로 활용하기 위해서는 대안의 실현 가능성을 검토하고, 예상되는 결과와 비용, 위험 평가를 통해 최선의 대안을 선택해야 한다. 더 나아가 상대방의 BATNA를 파악하고, 이것을 활용한 심리적 우위 확보가 된다면 협상을 매우 유리하게 이끌 수 있다.

판매자와 구매자가 있다고 가정하자. 판매자는 최소 4만 원에 판매해야 하고, 구매자는 최대 7만 원까지 구매할 의사가 있다고 한다면, ZOPA는 4만원에서 7만원이다. 가장 일반적인 경우라면 5만 5천원이 협상가격이 될 것이다. 보다 나은 협상이라면 창의적인 대안creative alternatives을 개발하여 추가적으로 교환이 가능한 포인트 적립, 사은품 제공, 대량 구매, 추가 구매, 새로운 구매자 소개 등을 제안할 수 있다.

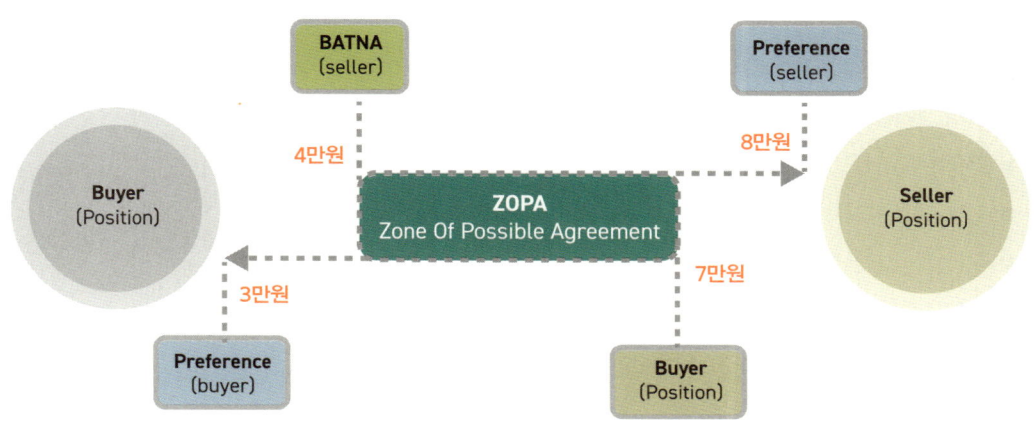

[그림 1-16] ZOPA와 BATNA

② 협상의 종류

무기체계 획득 과정에서의 기술협상technical negotiation, 계약조건협상terms and conditions negotiation, 절충교역협상offset negotiation, 가격협상price negotiation은 매우 중요한 단계이며, 각각의 협상은 서로 긴밀히 연결되어 있어 성공적인 방위사업 수행에 결정적인 영향을 미친다.

기술협상은 무기체계의 성능 확보와 운용 신뢰성 보장의 핵심 협상으로, 기술 미흡 시 사업 리스크지연, 성능 미달 등가 발생할 수 있다. 기술협상을 위해서는 우선 우리의 성능, 규격, 시험평가 기준 등을 명확히 제시하여 협상 대상 업체의 기술 제안이 요구조건에 부합하는지 확인해야 한다. 업체 제안서, 설계 자료, 시험 성적서 등 기술 데이터를 충분히 검토해 기술성·현실성을 분석하고, 기술성능 보증performance guarantee, MTBFMean Time Between Failure 등 신뢰성 지표를 명확히 합의한다. 또한, 기술 이전ToT, Transfer of Technology의 범위, 수준, 조건 등을 세부적으로 조율한다.

〈기술협상 체크리스트〉
- 군에서 요구하는 주장비 성능 만족도
- 전력화 지원 요소 범위 및 소요량 적정성
- 무기체계 핵심 기술 목록 정리 및 등급 분류핵심 부품, 운용 기술 등
- 기술 이전 가능성 사전 분석ITAR, MTCR 등 국제 규제 고려
- 업체의 기술 역량 및 자산 보유 여부 확인
- 기술 문서 제공 범위 명확화 소스코드, S/W 알고리즘 포함 여부
- 성능 보증 지표 설정MTBF, 명중률 등
- 현지 생산 가능성 및 기술 지원 조건 명시
- 부품 고장 자료 등 가용도에 영향을 미치는 요소들의 데이터

계약조건협상은 분쟁 발생 시 법적 대응 기반이 되며, 방위사업의 투명성·책임성을 확보하는

행위이다. 잘못된 계약 조건은 국가적 손실로 이어질 수 있기 때문에 법률적 자문이 포함된 협상이 되어야 한다. 우선 고정가형 Fixed Price, 원가보상형 Cost Reimbursement 등 사업의 특성에 맞는 계약 형태를 설정하고, 지연 시 벌금, 품질 미달 시 보증 조치 등 리스크 대응을 계약에 명시해야 한다.

선급금, 중도금, 잔금 등의 지급 시점과 조건 그리고 국제 중재기관 활용 여부, 관할 법원, 준거법 등 분쟁해결 조항을 합의한다. 이를 위해 방위사업청에서는 사전에 계약 조건을 마련하여 중요한 계약 조항의 누락을 방지하고, 협상의 시간을 단축하기도 한다.

〈계약 조건 협상 체크리스트〉
● 계약 형태 Fixed/Cost Plus/Hybrid 적정성 검토
● 성능 미달 시 보증 방식 명시 재개발, 페널티 등
● 사업 일정표 포함 및 지체상금 조항 명문화
● 하자 보수 기간 및 보증 조건 설정
● 분쟁 해결 조항 국제중재 포함 포함 여부 확인
● 지불 조건 및 환율 변동 대책 포함 여부

절충교역협상은 해외 무기 도입 시 국내 산업의 이익 확보를 위한 핵심 수단이다. 절충교역은 기술 자립, 일자리 창출, 수출 증진 등의 산업 부가가치 창출 효과가 있다. 따라서, 절충교역 실패 시, 단순 수입 형태로 끝나 국내 산업의 성장 기회를 놓칠 수도 있다. 절충교역협상에서는 국내 생산, 기술 이전, 부품 수출, 공동 개발 등 다양한 형태를 제시하고, 국내 산업에 미치는 영향, 파급 효과 분석 등 산업적 이익 극대화 분석을 통한 협상 전략을 수립한다. 더불어 이행 보증, 제재 조치 등 의무 이행 메커니즘을 도입하여 실효성 있는 관리 체계를 협상에 반영한다.

<절충교역협상 체크리스트>

● 절충 형태 구분직접, 간접, 하이브리드
● 국내 기업 참여 가능성 및 수용 역량 분석
● 기술 이전, 생산 참여, 유지보수 이양 등 실현 가능한 절충 목표 설정
● 이행 보증Performance Bond 설정 여부
● 평가 기준 및 모니터링 체계 포함
● 미이행 시 제재 조항금전 보상, 사업 제한 등 포함 여부

방위사업은 단가가 높고 예산이 크기 때문에 적정가격 확보는 세금 낭비 방지의 핵심이다. 과다 지급은 예산 낭비, 과도한 절감은 품질 저하나 계약 불이행으로 이어질 수 있기 때문에, 가격 협상이 매우 중요하다. 그리고 가격협상은 기술, 계약 조건, 절충교역협상이 모두 종결된 이후에 하는 것이 일반적이다. 가격협상은 세부 항목별 원가 분석재료비, 인건비, 일반관리비 등 등 원가 분석을 통해 적정가격을 도출하고, 유사 사업 사례나 국제시장가격 등과 비교하여 협상 자료로 활용한다. 목표 가격 설정, 협상 여유 범위, BATNA최선의 대안 등을 정립하고, 단가 외에도 운용, 정비, 교육 등 후속 비용을 포함하여 종합적으로 고려해야 한다.

<가격협상 체크리스트>

● 제안 가격 분석 : 부품비, 인건비, 개발비, 일반관리비, 이윤 등 세분화
● 유사 사업 가격 비교국내외 참고 사업 활용
● 환율, 인플레이션 등 장기 비용 요인 고려
● 후속 군수지원 비용 포함 및 불필요·중복 요소 포함 여부 검토
● 총수명 주기 비용 관점에서 감가 요소 검토
● 연도별 적정 비용 배분, 선금 지급 여부 검토
● 가격 인하 조건규모의 경제, 장기 계약 등 협상 전략 포함

무기체계 구매 및 연구개발 계약조건

　방위사업청에서 관리하는 계약 조건에는 크게 국외조달계약 일반조건 7가지무기체계, 기술 용역, 성과 기반 군수지원, 수리부속, 일반 장비, 한도액 부품, 한도액 해외정비와 국내조달계약 특수조건 6가지함정 건조, 용역, 외주 정비, 일반 무기체계 연구개발, 물품 제조 구매, 특정/일반 및 방산가 있다. 방위사업을 추진하면서 발생할 수 있는 기본적인 위험 부담을 경감시키기 위한 계약 조건을 협상 이전부터 공유함으로써 방위사업청의 무기체계 획득 정책과 사업에 대한 의지를 표면적으로 드러내고 있다.

　국외조달 무기체계 계약의 일반조건은 3조계약 금액, 7조대금 결재, 13조검사 및 수락, 16조인도 준비 완료 통지, 제17조분할 납품, 제18조계약 불이행, 제19조 계약 해제·해지, 제20조지체상금, 제21조불가항력, 제22조품질 보증 및 담보 책임, 제23조보안 유지, 제25조지식재산권, 제28조준거법, 제29조 분쟁의 해결, 제36조후속 군수지원 보장 및 목록화, 제37조 재판매로 구성된다.

　일반 무기체계 연구개발 표준계약의 특수조건은 제4조계약 방법 및 원가 정산, 제7조청렴 계약 이행, 제10조지식재산권, 제12조국산화율 향상, 제13조 하도급, 제14조 비용 및 일정 관리, 제15조 부품 단종 관리, 제17조보안 및 기술 보호, 제21조 기술 자료 제출, 제24조 통합체계 지원 요소 개발, 제25조방사선 관련 물품의 안전 확보, 제29조시험평가 및 지원, 제32조분할 납품 및 조기 납품 등, 제35조대가의 지급 및 지급 지연에 대한 이자, 제40조보증, 제44조계약의 변경, 제47조납품 지체 통지 등, 제51조계약의 해제·해지, 제56조분쟁의 해결 등으로 구성된다. 계약 조건에 관한 세부내용은 방위사업청 예규에서 확인할 수 있다.

13장
방위산업 육성과 기술보호

 1 방위산업 육성

"우리가 쓰는 무기를 우리가 만들 수 있어야 하지 않을까?" 한 번쯤 들어봤을 이 말은 단순한 군사 자립의 이상을 넘어, 오늘날 한국 방위산업 정책의 핵심 철학을 반영하는 질문이다. 방위산업은 단지 전쟁의 도구를 만드는 산업이 아니다. 기술력, 산업 기반, 외교력, 나아가 국가 경제의 미래까지 담보하는 전략적 분야이다. 이런 면에서 방위산업 육성이 갖는 의미는 우리가 생각하는 의미 그 이상이다.

1970년대 초, 당시 우리는 총 한 자루조차 제대로 생산하지 못하던 나라였다. 하지만 1973년 박정희 정부는 '자주국방'을 명분으로 율곡사업을 시작했고, 동시에 국방과학연구소를 설립하여 정부 주도의 중화학공업 육성 정책과 결합되며 방산의 뿌리를 내리기 시작했다.

한국의 무기체계 추격전략catch-up strategy은 외국 기술을 빌리는 것부터 시작했다. 미국, 독일, 이스라엘의 도움을 받아 전차, 헬기, 자주포를 면허 생산했다. 물론 다른 나라들이 기술을 100% 전수해주지는 않았다. 우리 기술자들이 무료로 제공받은 또는 국민의 세금으로 구매한 무기체계를 해체하고, 분석하고, 다시 조립하며 배우는 '역공학'이 방위산업의 뼈대를 만들었다.

그러다 2006년 육·해·공군, 해병대의 획득 기관들을 한곳으로 중점 관리하기 위한 방위사업청이 개청되면서 방위산업의 정책이 달라지기 시작했다. 단순 조립이 아닌 '우리 손으로 설계하고 시험하고 완성하는' 무기 개발이 본격화했다. K9 자주포, 천무 MLRS, 잠수함 '장보고' 등이 대표적인 무기체계이다.

방위산업은 민간 기업 혼자서는 절대 해낼 수 없는 영역이다. 그래서 우리나라는 독특한 체계를 갖추었다. 국방과학연구소는 정부가 개발을 주도하고, 기업은 생산과 확장을 맡는 '분업형 R&D 체계'를 구성했다. 이와 함께 최근에는 창원, 대전 등지에 '방산 클러스터'를 설립해 중소기업과의 기술 협업을 장려하고 있다. 미사일 부품, 전자광학 센서, 항공기 부품 등 전략 기술을 특정 대기업에 의존하지 않고, 지역 기반 기술 생태계로 확장하고 있다. 게다가 최근 몇 년간은 수출 전략도 대단히 공격적이었다.

폴란드와 체결한 K2 전차, K9 자주포, 천무 다연장 로켓 수출은 단일 국가에 대한 최대 규모 무기 수출로 기록됐고, UAE, 사우디, 인도네시아와도 다양한 형태의 기술협력 및 공동 개발 계약을 추진 중이다. 현재 한국의 방위산업은 세계 9위 수출 규모를 자랑하며, 2027년까지 4위 진입을 목표로 하고 있다. 과거에는 미국·러시아·프랑스·독일이 독점하던 시장에 이제 한국이 당당히 이름을 올리고 있는 것이다.

물론, 여전히 가야 할 길은 멀다. 고성능 엔진, 첨단 레이더, 항공기 AI 탑재 기술 등 일부는 아직도 해외 의존도가 높다. 하지만 국내 기술력도 빠르게 따라잡고 있고, '자립'을 넘은 '수출 경쟁력'으로 전환 중이다.

"방산은 총과 탱크를 만드는 산업이 아니라, 국가의 기술을 증명하고, 외교를 실현하며, 경제를 견인하는 산업이다." 그리고 그 핵심에는 정책의 설계, 기업의 도전, 과학자의 땀, 그리고 국민의 신뢰가 함께 놓여 있다. 우리는 지금, 무기를 사던 나라에서 무기를 만드는 나라를 넘어, 무기를 파는 나라가 되어가고 있다. 그리고 그 여정은 이제부터가 시작이다.

방위산업은 국가발전의 기반인 안보와 경제를 동시에 견인하는 역할을 한다. 이처럼 방위산업은 국가 경영의 근간을 담당하고 있기 때문에 국가의 안보와 경제를 위해서는 방위산업의 경쟁력 확보가 무엇보다 중요하다. 그러나 방위산업은 기본적으로 국가가 유일한 수요자이며, 방산업체가 유일한 공급자인 수요와 공급이 독점인 경우가 많다. 따라서, 방위산업이 내수에만 의존한다면 안보와 경제 두 마리 토끼를 잡기가 매우 제한적이다.

최근, 한국의 방위산업은 해외 수출과 함께 글로벌 위상이 점차 높아지고 있다. 방위사업청이 출범한 2006년에는 50여개국에 수출액이 30억 불이 채 되지 않았고, 품목도 총포나 탄약류 등 비교적 간단한 품목이었지만, 2025년 현재는 90여개국 150억 불 가량으로 항공기, 잠수함 등 복합 무기체계로 수출 품목도 다양화 되는 추세이다.

무기체계의 수출은 단순히 플랫폼만의 판매에 국한하지 않고, 이를 운영하기 위한 전력화 지원 요소가 주장비와 동시에 그리고 후속 군수지원 요소도 추가로 수출되어야 한다. 따라서 단순한 방위산업을 넘어 국가 간 협력 차원에서 방위산업 수출은 추진되어야 하며, 이를 통해 외교, 안보 그리고 산업 분야로까지 협력을 확대해 갈 수 있다.

한국의 방위산업이 지속 가능한 성장을 위해서는 전력 운용 방식과 같은 수입국의 복합적인 요구사항을 면밀히 분석하고, 동시에 각국의 국방예산과 재정적 제약을 현실적으로 고려해야 한다. 이러한 전략은 무기체계의 본질적 성능과 기술적 우수성만을 일괄적으로 제시하는 방식에서 벗어나, 고객군의 특수한 작전 목적과 지불 능력 수준에 따라 차별화된 무기 구성과 패키지를 설계하는 방식으로 제한할 수 있다.

예컨대, 첨단 전투기, 자주포, 방공체계 등 핵심 무기 플랫폼의 경우, 고성능 통합형 사양을 원하는 고객에게는 최신 센서, 네트워크 중심전NCW 기능, 첨단 전자전EW 모듈을 포함한 프리미엄 패키지premium package를 제공하는 반면, 예산 제약이 크거나 특정 임무 중심의 기능만 필요로 하는 고객에게는 핵심 성능을 유지하면서 불필요한 옵션을 제외한 합리적 가격대의 표준형 모델을 제안한다.

이러한 가격-니즈 전략pricing-needs strategy은 무기체계의 총수명 주기 전반에도 적용된다. 초기 획득 단계에서는 장비 단가와 옵션 구성을 고객 맞춤으로 제시하고, 중장기 운용 단계에서는 유지보수MRO, 성능 개량upgrade, 탄약 및 소모품 공급 체계를 모듈화하여 고객의 예산 상황과 운용 패턴에 맞춰 계약 구조를 유연하게 설계한다.

더 나아가 현지 생산local production, 기술 이전technology transfer, 산업 협력industry cooperation 범위 역시 구매국의 방위산업 육성 목표와 재정적 여건에 따라 다층적으로 제시함으로써 단

한국을 포함해 세계 11번째 'K-9 유저 클럽' 국가가 되었다. 공산권 국가에 K-9이 처음 판매되면서 기술의 유출을 우려하는 목소리도 있는게 사실이지만 경로 의존성 이론이나 면도기와 날 이론으로 볼 때 K-방산의 해외 진출뿐만 아니라 원전, 고속철도, 신도시 개발 등 대규모 인프라 개발 분야에서 공조를 확대함으로써 향후 베트남과의 장기적인 협력과 교류가 더욱 확대될 것이라는 전망이 나온다. 이번 계약은 무기체계 수출이 국가간 장기적인 협력과 군건한 교류를 이끌어 낸 좋은 사례로 앞으로 K-방산의 교류 협력 모델이 되기를 바란다. 이처

[그림 1-17] K-9 자주포

럼 방산 수출은 단순히 무기를 '파는 것'이 아니라, 생태계를 선점하고 장기적인 의존 구조를
만들어내는 사업이라는 것을 명심해야 한다.

● **경로 의존성 이론**Path Dependency Theory: 한 번 선택된 기술·산업·시장 진입 전략이 후속 선택을
제약하면서 특정 궤도로 고착되는 현상으로, 초기 우연적 요인이나 선점 효과가 고객 확보(Lock-in)
등 장기적 경쟁우위를 만든다는 이론
● **면도기와 날 이론**Razor and Blade Theory: 본체는 저가 혹은 손익분기 수준으로 보급하고, 이후 소모
품·서비스에서 수익 창출한다는 개념으로 질레트의 면도기본체와 면도날소모품 구조에서 비롯된 이론

 **방위산업 기술보호**

최근 KF-21 개발 과정에서 인도네시아 기술자들이 USB를 통해 도면 등 중요 자료를 반출한
사건이 발생하면서 기술 보호의 중요성이 다시 한 번 도마 위에 올랐다. 왜 USB가 반입됐으며, 어
떻게 기술자가 내부 기밀 자료에 접근했는가. 방산기업이라면 기본적으로 USB 반입 자체가 통제
되며, 사용 시 로그가 남고 보안 승인 절차가 따르기 마련이기 때문이다.

기술 보호란 기업이나 국가가 보유한 핵심 기술이나 기밀 정보가 외부로 유출되거나 도용되는
것을 방지하고, 이를 안전하게 관리·통제하는 일련의 보안 활동과 제도적 노력을 말한다. 특히,
무기체계 개발 분야에서는 기술 보호가 단순한 영업 비밀 수준을 넘어서 국가안보와 직결되는 핵
심 전략 기술을 지키기 위한 필수 활동이다. 이러한 활동은고유의 기술력을 유지하여 타국 또는
경쟁 기업 대비 우위를 확보하기 위한 경쟁력 유지, 무기체계 기술 유출 시 군사력 약화나 전력 노
출 등 심각한 안보 위협 방지를 통한 국가안보 보장, 수십 억에서 수조 원이 투입된 개발비의 무단
도용으로 인한 금전적 피해 방지를 통한 경제적 손실 예방을 기대할 수 있다.

우리는 기술 유출이나 보호 관련 사례들에서 기술 보호의 중요성을 생각해 볼 수 있다. 미국

F-35 전투기 기술 유출로 타국에서 F-35와 유사한 형상이 개발되어 기술 유출 의혹이 제기되었다. 미국은 막대한 개발비를 투입했지만 기술 유출로 빠르게 기술을 따라잡힐 수 있는 빌미를 제공했고, 군사적 격차를 좁혀 억제력을 약화시키는 계기가 되기도 했다.

다음은 대한민국 천궁M-SAM의 개발 기술이 해외 방산업체로 유출되어 국내에서 수십 년 간 투자해 개발한 기술이 경쟁국 또는 기업이 유사 기술을 저렴하게 확보할 기회를 제공하고, 수출 경쟁에서 가격이나 기술적 차별성이 사라지는 위험을 초래했다.

마지막으로 이스라엘의 아이언돔은 자국의 철저한 기술 보안 및 제한적 기술 공유를 고수함으로써 기술 보호를 통해 자국만의 독점적 군사 우위를 유지하고, 수출 시에도 협상력을 확보할 수 있었다.

무기체계 개발에서 기술 보호는 매우 민감하고 복합적인 작업이다. 단순한 보안 차원을 넘어, 사이버, 물리, 제도, 인적 요소까지 포괄한 다층적 방어가 필요하다.

기술 보호는 다음의 세 가지 요소로 구성된다. 사람인적 보안은 내부자, 협력사 직원, 연구진 등의 보안 의식과 행위를 통제해야 하고, 제도법·정책는 기술 유출 방지 법령, 보안규정, 비밀 유지 계약 등을 통제해야 하며, 그리고 시스템기술·물리·정보 보안은 암호화, 출입 통제, 접근 권한 관리, 침해 탐지 시스템 등을 통제해야 한다. 결국 기술 보호란, 핵심 기술이 외부로 유출되지 않도록 제도적·기술적·물리적 수단을 통해 철저히 관리하는 활동이며, 국가의 안보와 산업 경쟁력을 지키기 위한 필수 전략이다.

방위산업 기술 보호의 정보 보호 체계인 RMFRisk Management Framework와 무기체계 자체 보호 기술인 Anti-TamperingAT 기술은 서로 밀접하게 연계된다. RMF는 미국 국방부와 우리나라 국방 분야에서 채택된 보안 인증 절차로, 정보 시스템의 보안 위험을 체계적으로 식별하고 관리하는 6단계 절차범위 정의, 보안 통제 선정, 구현, 평가, 승인, 지속적 모니터링를 통해 시스템 수명 주기 전반에 걸쳐 지속적인 위험 관리를 수행한다. RMF의 핵심 개념은 단순한 일회성 보안 평가가 아니라 위험 기반의 접근으로, 방산 기술을 처리하는 시스템이 운영 환경의 변화나 새로운 위협에 대해 지속적으로 대응할 수 있도록 설계되며, 보안 통제security control는 시스템 설계 시점부터 통합되어야 한다. Anti-Tampering은 무기체계 내에 내장된 소프트웨어, 펌웨어, 하드웨어 등의 핵심 기술을 적대 세력이나 비인가자가 분석, 복제, 변조 또는 역설계하지 못하도록 하는 기술로서, 물리적 접근뿐만 아니라 전자적·논리적 공격을 모두 방지하기 위해 다양한 보호기술_{암호화, 오버레이, 탐지 및 자가 파괴, 클럭 무작위화, 메모리 난독화 등}을 적용한다. 특히, 무기체계 수출 시 핵심 기술이 해외로 유출되지 않도록 하는 데 중요한 역할을 하며, 미국은 ITAR_{International Traffic in Arms Regulations}에 따라 무기체계에 반드시 AT 기능을 포함하도록 요구한다. 실제 적용 사례로는 첨단 유도무기나 항공기용 임베디드 컴퓨터에 탑재된 알고리즘 보호를 위해 비인가 접근을 탐지하는 트리거 회로와 자가 삭제 기능이 적용되고 있다.

RMF와 AT는 기술적으로는 서로 다른 영역에 속하지만, 방위산업 기술 보호라는 공통된 목표를 위해 상호 보완적으로 작용하며, RMF의 보안 통제 항목 중 시스템 무결성이나 사용자 인증, 접근 통제 등의 항목은 AT 구현을 위한 기반으로 활용되고, 반대로 AT 기술이 무기체계의 보안요구 사항을 충족하는 수단으로써 RMF 인증을 지원하는 역할을 한다. 이러한 연계는 단순히 기술 수준의 통합이 아니라 정책, 절차, 운영 관점까지 포함하는 통합 보안 체계를 구성하게 되며, 궁극적으로는 방산기술의 유출 방지뿐만 아니라 전투 효율성과 신뢰성을 동시에 확보하는 데 기여하게 된다.

14장
표준화 관리

표준화란 군수품의 조달, 관리 및 유지를 경제적이고 효율적으로 수행하기 위해 표준을 설정하여, 이를 활용하는 조직적 행위와 기술적 요구사항을 결정하는 품목 지정, 형상 관리, 규격화를 위한 제반 활동이다.

일상생활에서 흔히 접할 수 있는 표준화에 대한 사례로는 [그림 1-18]과 같은 A4 용지와 AA 건전지가 있다. 한국에서는 지역에 관계없이 어디를 가든 A4 용지가 표준으로 사용되고, 서울 본사에서 보고서를 부산의 지사로 보내면 A4 용지로 출력이 가능하다. AA 건전지는 시계나 장난감 그리고 아파트 현관문에 사용된다. 지역마다 다른 용지가 사용되거나 제품마다 다른 건전지를 사용해야 한다면 판매자나 구매자 모두 관리의 어려움은 물론 운영 비용이 많이 들 것이다. 결국, 표준화standardization는 다양성을 줄이고, 관리의 효율성을 도모하는 활동activities 이다.

품목 지정은 군수품 모델의 다양화 방지, 경제적인 구매 유도, 원활한 군수 지원 등을 위해 표준품목, 제한 표준 품목, 시험용 품목, 교육 훈련 품목, 상용 품목으로 지정하는 활동이다.

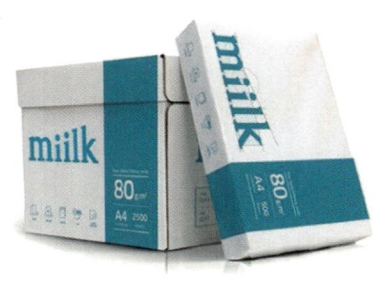

[그림 1-18] 표준화 사례 (A4 용지, AA 건전지)

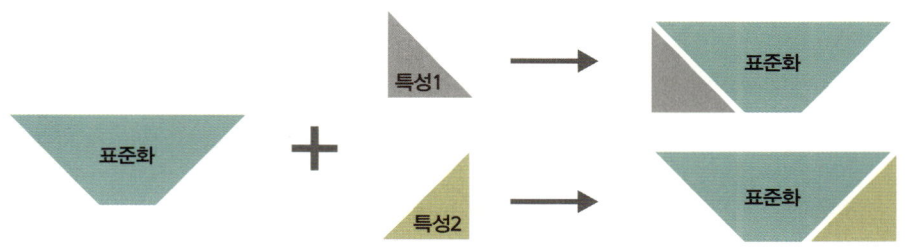

[그림 1-19] 표준화와 고유 특성의 결합

형상 관리는 품목의 기능적·물리적 특성인 형상의 식별과 문서화, 그 특성에 대한 변경을 통제하는 형상 통제, 도면·규격서 등 형상을 식별할 수 있는 문서와 그 제품의 일치 여부를 점검하는 형상 확인 및 형상 통제, 형상 확인 등을 통해 최종 승인된 내용을 기술 자료로 최신화하는 활동이다.

규격화는 군수품의 조달을 위하여 필요한 제품 및 용역에 대한 기술적인 요구사항과 필요조건의 일치 여부를 판단하기 위한 절차와 방법을 서술하는 국방 규격서, 도면, 품질보증 요구서Quality Assurance Request, 소프트웨어 기술자료, 특수 기술자료 및 부품BOM, Bill Of Material 목록 등으로 구성하는 국방 규격을 제정·개정하고 관련 정보 등을 관리하는 일련의 과정이다.

표준화에 고유한 특성을 결합하면 [그림 1-19]과 같이 다양성을 추구할 수 있다. 예를 들어, 플랫폼은 표준화를 하지만 그것을 구성하는 고유한 모듈module을 결합하면 새롭고 다양한 선택options을 구현할 수 있다.

① 지연 차별화delayed differentiation

고객customer의 다양한 요구사항needs을 충족하기 위해서는 제품products이나 서비스service가 다양하게 제공되어야 한다. 그러나 제품이나 서비스가 다양해질수록 개발 제품의 수요 예측Demand Forecast은 매우 어려워지고, 편차로 인한 안전 재고 과다와 관리에 애로가 발생한다.

지연 차별화는 공통 부품이나 일반적인 표준 부품을 먼저 생산하고, 제품의 특성을 결정하는 부품은 공정 후반부에 생산하여 조립하는 공급사슬 전략이다. 공통 및 표준 부품은 수요 통합이 가능하게 되기 때문에 리스크 풀링risk pooling이 가능하고, 동시에 공정의 후반부에 제품의 차별에 의한 고객의 만족도를 높일 수 있게 한다. 지연 차별화 방법에는 순서 바꾸기resequencing, 공통화commonality, 모듈화modularization, 표준화standardization 가 있다.

순서 바꾸기는 제품의 생산 단계의 순서를 바꿔서 특정 아이템이나 제품의 차별화 시점을 가능한 뒤로 미루는 전략이다. 대표적인 사례로는 [그림 1-20]와 같은 베네통 스웨터가 있다. 베네통은 선호도가 높은 스웨터의 색깔 정보를 확인할 때까지 염색 공정을 최대한 지연시켜 염색되지 않은 하얀색 스웨터를 많이 만들어 리스크 풀링 효과가 나타나도록 대처하여, 수요 예측의 향상은 물론 재고 감소와 판매 증가를 통한 이익을 실현할 수 있었다.

[그림 1-20] 베네통 스웨터(베네통)

이는 피자 도우pizza dough를 재고로 준비하고, 다양한 토핑topping을 고객customer의 주문order이 접수될 때까지 기다리다가 고객이 원하는 피자를 판매하는 것 역시 순서 바꾸기 전략의 사례이며, 햄버거도 이와 같은 맥락으로 이해할 수 있다. 기아의 EV6와 현대의 아이오닉 5 자동차가 E-GMP 라는 전기차 전용 플랫폼을 활용하는 것도 동일한 사례이다.

공통화는 서로 다른 제품의 생산공정을 최대한 공통 상태로 유지하여 공정의 오랜 시간을 공통 부품 상태로 유지하고, 제품이 차별화되는 시점을 최대한 지연함으로써 리스크 풀링 효과가 나타나도록 한다. 컴퓨터의 하드디스크 생산의 상당 부분이 테스트에 소요되는데, PC용과 Mac용 하드디스크의 테스트 장비를 공통화하여 공통 테스트 부분을 먼저 수행 후 나중에 기종별로 차별화된 테스트를 수행함으로써 비용과 시간을 절감할 수 있었던 사례가 있다.

모듈화는 세부 품목이 존재하는 제품을 공통 모듈과 세부 모듈로 분리할 수 있도록 설계함으로써 공통 모듈에 대한 리스크 풀링 효과를 발휘하도록 한다. 프린터를 운영체계operating system와 상관없이 공통으로 사용할 수 있는 부분을 설계하고, 운영체계에 따라 차이 나는 부분은 별도의 추가 모듈로 분리함으로써 더욱 다양한 서비스 제공이 가능하다.

 ② 공통 플랫폼 기반 제품개발product line engineering/product family engineering

특성 및 기능에서 유사한 여러 가지 제품을 하나의 제품군으로 개발, 관리, 판매함으로써 공통 부분을 제품 개발에 재사용하고, 불필요한 중복을 제거함으로써 생산성 향상이 가능하다.

F−35 전투기는 미국 공군, 해군, 해병대의 서로 다른 요구를 충족시키고, 여러 형태의 작전 상

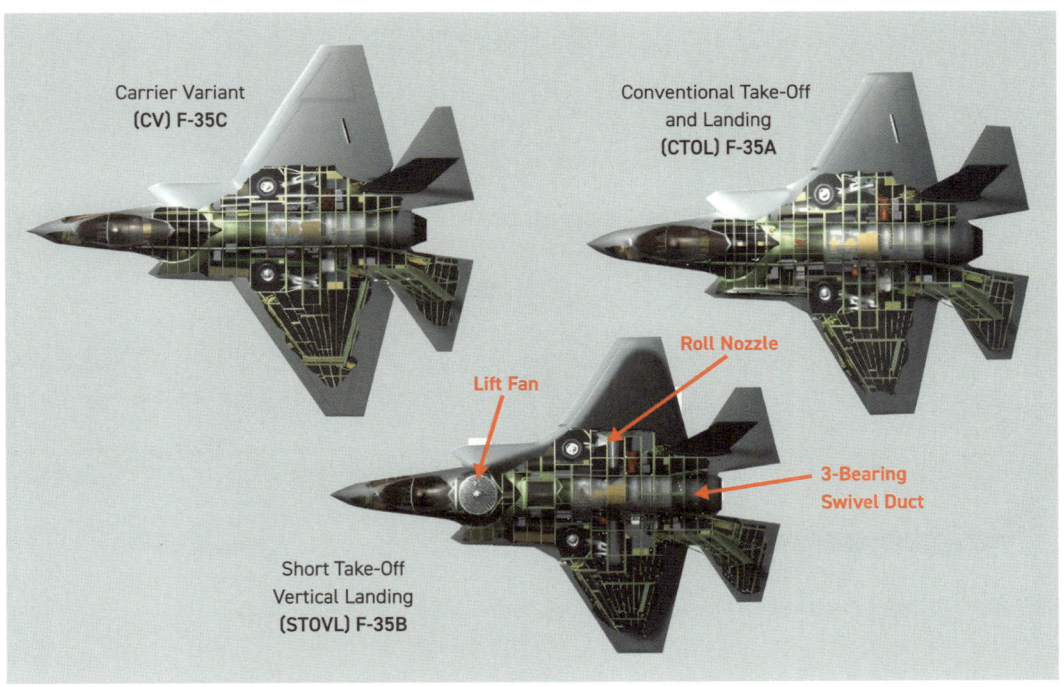

[그림 1−21] F-35 기종별 형상(네이버)

황에서 다양하게 운용할 수 있도록 뛰어난 무장 능력과 높은 스텔스 성능을 요구하는 무기체계다. F-35 기종별 형상은 [그림 1-21]과 같다. 록히드마틴은 F-35를 개발할 때 이와 가장 공통점이 많은 F-117, F-22 전투기의 형상과 스텔스 기술을 활용했다. F-35를 설계할 때 가장 중요한 착안 사항은 3군의 서로 다른 요구에 따라 전투기를 3가지 형태로 제작하도록 해야 하는 것이었다. 록히드마틴은 3가지 형태에서 가능한 한 공통성을 높여 요구 시기를 맞추고 비용을 최소로 낮추는 방안을 채택했다. 그 결과 F-35A는 약 80%, F-35B는 68%, F-35C는 55%를 공통 또는 유사하게 설계하고 독자 설계를 최소화했다.

최근에는 제너럴아토믹스General Atomics사에서는 협업 전투기Collaborative Combat Aircraft 프로그램에서 공통 플랫폼을 활용한 전투, 전자전, 감시, 훈련용 등 목적에 맞도록 다양하게 변형이 가능한 형태로 공통 플랫폼 기반 제품 개발을 적용한 사례를 [그림 1-22]와 같이 확인할 수 있다.

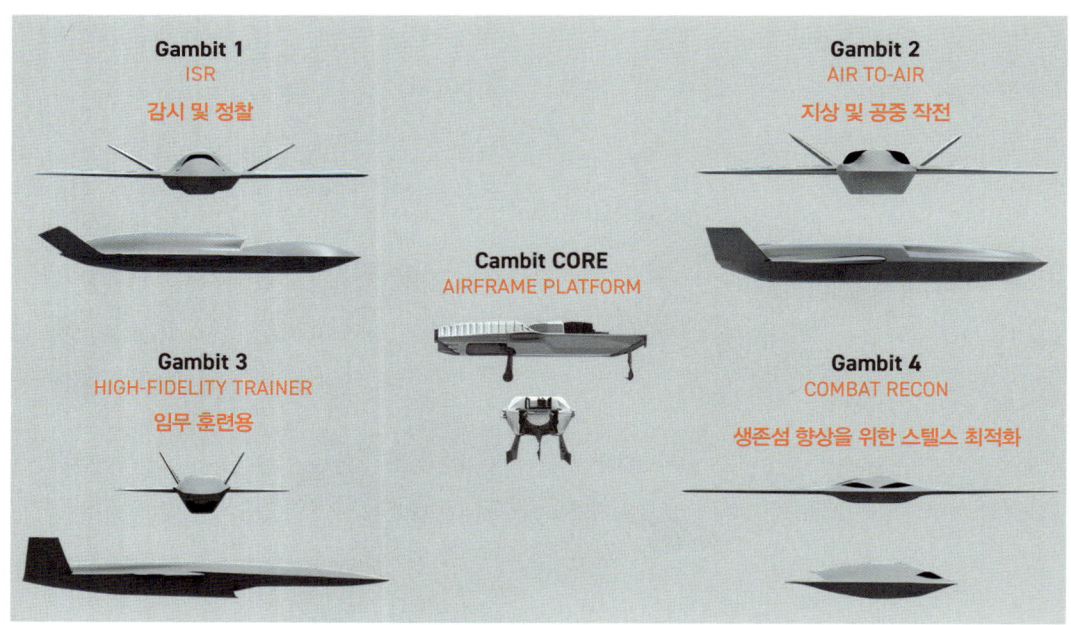

[그림 1-22] 제너럴아토믹스(General Atomics)사의 Gambit Series

2부

Repair & Maintenance

수리와 정비

1장

현대 수리의 방법과 능력

 **현대의 수리**

과거에는 장비의 구조가 복잡하지 않았다. 먼 과거, 산업의 급속한 발전을 이루도록 했던 엔진의 작동 원리는 [그림 2-1]과 같다. 공기와 연료가 흡입되는 힘과 원심력에 의해 피스톤이 하강한다. 원심력에 의해 다시 피스톤이 상승하면서 연료와 공기가 압축되고, 불꽃을 점화시키면 그 힘으로 피스톤이 빠르게 하강하고 회전력이 더욱 강해진다. 연소되어 생성된 배기가스는 밖으로 배출된다.

이와 같은 간단한 원리가 현재 우리가 사는 세상을 만드는 주 동력 중 하나가 되었다. 구조가 복잡하지 않고 부품이 단순하여 쉽게 정비할 수 있고, 주로 고장 나는 부분이 어디인지도 쉽게 찾을

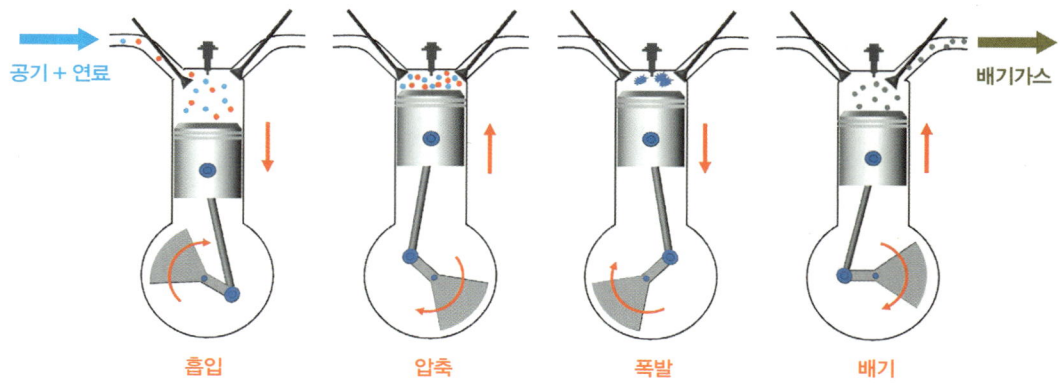

[그림 2-1] **내연기관의 구동원리**(2021학년도 연세대 모의 논술시험)

수 있었다. 자동차 엔진뿐만 아니라 선박용 엔진과 수많은 산업장비들이 이러한 원리에 의해 힘을 얻는다. 큰 힘이 필요한 장비에는 [그림 2-1]과 같은 기통 여러 개가 동시에 작동할 뿐 근본적인 힘의 생성원리는 동일하다. 비행기에서 사용되고 있는 가스터빈도 수많은 날개가 달린 선풍기 2대를 연달아 설치한 형태일 뿐, 작동 원리 자체가 그렇게 복잡하지는 않다.

과거의 이러한 장비들은 구조가 유사하여 사용되는 부품도 유사한 데 반해 사용처는 굉장히 다양하다. 몇 가지의 부품을 가지고 있으면 어떤 장비가 고장 나도 대응이 가능했다. 구조 자체가 복잡하지 않으므로 분해하여 고장 난 부분을 수리하거나 교체하는 것도 쉬웠다.

현대에 개발되고 있는 장비는 어떨까? [그림 2-2]는 지금도 여전히 개발 중인 양자컴퓨터다. 세계적인 기술력을 가진 여러 기업에서 양자컴퓨터 개발에 수많은 예산을 쏟고 있지만, 여전히 상용화가 가능한 수준까지는 도달하지 못하고 있다. 상용화가 되더라도 이러한 장비를 사용자가 직접 또는 간단한 수리업체에서 고장 문제를 처리한다는 것은 상상하기 힘들다.

[그림 2-2] IBM사의 양자컴퓨터

이런 복잡도의 문제 말고도 수리가 어려워지는 이유가 또 있다. 요즘은 많은 장비가 모듈화되어 생산된다. 모듈화되면 여러 가지 장점이 있다. 모듈을 조립하는 형태로 장비를 운용하면 장비의 복잡도가 훨씬 줄어든다. 이전에 언급한 가스터빈의 경우 최근에는 모듈 4개로 생산된다. 4개의 모듈을 직렬로 연결하면 가스터빈이 완성된다. 고장이 발생하면 모듈 단위로 교체하기 때문에 빠르게 조립할 수 있다. 비모듈화 장비처럼 분해하여 부품을 찾고, 다시 조립하는 복잡한 절차를 거치지 않아도 된다. 모듈화 장비의 가장 흔한 예시로는 휴대폰을 들 수 있다. 최근 저자가 파손된 휴대폰 액정 교체를 위해 수리업체에 방문했을 때 액정뿐만 아니라 배터리도 동시에 교체받은 일이 있었다. 배터리는 서비스로 제공되는 것인지에 대한 저자의 물음에 직원은 요즘은 액정과 배터리가 붙어 있어서 한 번에 교체된다고 답하였다.

모듈화는 기술 유출 방지의 목적으로도 활용된다. 모듈 생산업체는 모듈을 분해하지 않는다는 조건 아래 계약하는 경우가 많다. 모듈 구매자는 작은 고장이 발생해도 생산업체에 수리를 의뢰해야 하고, 작은 부품의 결함이 발생해도 모듈을 통째로 교체해야 하므로 엄청난 비용이 든다. 사실, 모듈을 열어볼 수 없으니 정확히 어디서 고장이 발생했는지 알 수도 없다.

그렇다면 기술력을 확보하면 이러한 문제들이 해결될까? 물론 해결될 수는 있겠지만 효율적인가에 대해서는 의문이 든다. 산업계에는 수많은 종류의 장비들이 각자의 역할을 수행한다. 모든 업무를 수행하는 장비는 없다. 기술력을 확보할 대상이 너무 많은 것이다. 모든 장비들의 기술력을 확보하려면 천문학적인 금액이 투자되어야 할 뿐만 아니라 수많은 전문가가 상주해야 한다.

② 수리능력의 확보

언제 고장 날지 몰라 수많은 전문가를 고용하는 것, 새로운 기술력을 확보하기 위해 예산을 투자하는 것은 문득 생각하기에도 비효율적이다. 이러한 문제의 해결책으로 최근 산업계와 군에서

What is MRO?

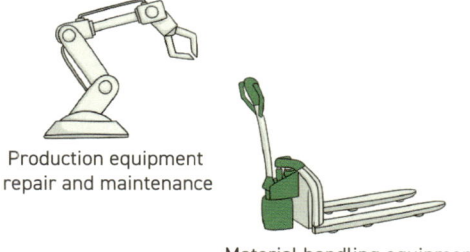

Production equipment
repair and maintenance

Material handling equipment
repair and maintenance

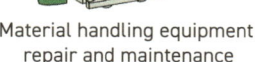

Managing tools
and consumables

Infrastructure
maintenance

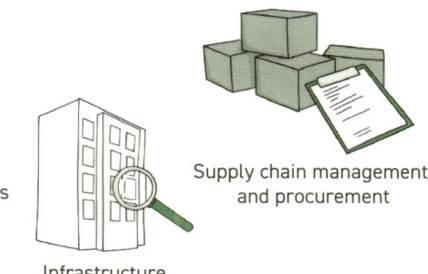

Supply chain management
and procurement

[그림 2-3] MRO 적용범위(ToolSense)

는 MRO Maintenance, Repair, Overhaul 도입을 적극 검토하고 있다. 군과 산업에서는 MRO 도입을 통해 확보하기 어려운 기술들을 전문업체에게 위탁함으로써 정확한 진단과 신속한 수리가 가능해질 것으로 기대하고 있다.

그런데 군의 MRO 목표는 산업에서 추진하는 방향과 약간의 차이가 있다. 군이 직접 정비하기 위한 최소한의 수리능력을 유지함과 동시에 MRO를 추진하겠다는 것이다. 최소한의 수리능력이 어떤 것인지에 대해서는 논란이 많다. 아직도 정확히 정의되지 않았는데, 한편으로는 이것이 정의가 가능한 것인지 의문이 든다.

저자는 이를 긴급한 상황에 장비의 성능을 복구할 수 있는 수준의 정비 정도로 생각하고 있으나, 지속적인 연구가 이루어져야 할 것이다. 어찌 되든 저자의 생각을 가정해보자. 장비의 성능을 복구할 수 있는 수준 정도는 되어야 작전 중 발생하는 고장에 빠르게 대처할 수 있을 것이다. 산업이나 군에서 할 수 있는 수리의 수준은 이제 모듈의 교체뿐이다. 여기서 산업이나 군 대신 사용자라는 단어를 넣어도 무리가 없어 보인다.

전자장비의 성능을 복구하는 것이라면, 에러코드에 해당하는 카드를 매뉴얼에서 확인하여 교체하는 것이다. 모듈을 고장 현장에 빠르게 가져오는 것이 빠른 수리의 관건이 된다. 즉, 조달의 문제를 해결하는 것이 긴급한 수리에 가장 빠르게 대처하는 방법이 될 것이다.

2장
시스템적 관점에서의 수리

　현대의 장비들이 구조적인 문제로 인해 직접적인 수리가 불가능하고, 모듈의 교체를 중심으로 이루어진다고 하였다. 이러한 특성으로 인해 현대의 수리는 결국 조달의 문제를 해결하는 것이 핵심이 된다.

　조달의 문제를 해결하는 것이 복잡해진 장비의 고장에 신속하게 대응할 수 있는 최선의 방법이라면, 크게 2가지를 고려해볼 수 있다. 하나는 필요한 모듈이나 부품을 미리 예측하여 저장하는 것이고, 다른 한 가지는 구매한 물품을 빠르게 현장으로 수송하거나 없는 품목을 신속하게 구매하는 것이다. 궁극적으로 이 2가지는 모두 수요예측으로 귀결된다. 필요한 수량을 정확히 예측한다면 필요할 곳으로 생각되는 장소에 필요한 수량을 준비할 수 있다. 이 경우 신속한 수송에 대한 부담이 줄어들 것이다.

　어떤 장비의 부품이 몇개나 필요한지 예측하는 것은 고장을 예측하는 것과 같다. 고장이 발생해야 부품이나 모듈이 필요해지기 때문이다. 일반적으로 이는 신뢰도 공학에서 다루는 문제이다. 신뢰도 공학에서는 이러한 고장을 예측하기 위해서는 장비의 구조를 정확히 알아야 한다고 한다.

❶ 장비의 구조와 고장의 가능성

　군함함정이라는 장비의 구조를 먼저 생각해보자. 함정은 함포, 엔진, 레이더 등 수많은 장비로 이루어진다. 장비는 다시 많은 부속장비로 구성된다. 엔진은 공기를 흡입하기 위한 흡기계통, 연료와 공기를 태우는 장소인 실린더계통, 배기가스를 배출하기 위한 배기계통 등으로 구성되어 있다. 흡기계통에는 공기를 최대한 많이 공급하기 위한 압축장비인 터보차저turbo-charger, 기압계, 기온계 등의 장비로 구성된다. 터보차저는 선풍기와 유사한 구조이다. 빠르게 공기를 회전시켜 공기 압력을 상승시켜 압축된 많은 공기가 실린더로 들어가도록 한다.

이와 같이 함정이라는 장비는 수많은 계층적 구조를 거쳐 모든 부품들이 정상적으로 작동할 때 정격 성능을 발휘한다. 모듈식으로 구성된 장비도 마찬가지이다. 모듈식으로 구성된 장비는 구조가 훨씬 간단하다. 그러나 어차피 모듈 내부에 있는 많은 부품이 계층적으로 구성되어 있다. 오히려 모듈로 묶기 위해 부가적으로 들어간 장치들로 인해 더 복잡할 수 있다.

터보차저 팬 날개 하나가 고장났다고 가정해보자. 팬 날개 하나가 없어도 터보차저는 작동한다. 물론 날개 회전 시 균형이 깨질 것이므로 금방 고장 날 것이다. 고장이 나지 않더라도 공기 압축력은 감소할 것이다. 엔진이 고출력을 내기 위해 충분한 양의 공기가 필요한 데, 충분한 양이 공급되지 못하는 것이다.

원하는 출력이 나오지 않으니 더 많은 연료를 공급하게 될 것이다. 연료압력에 비해 공기압력

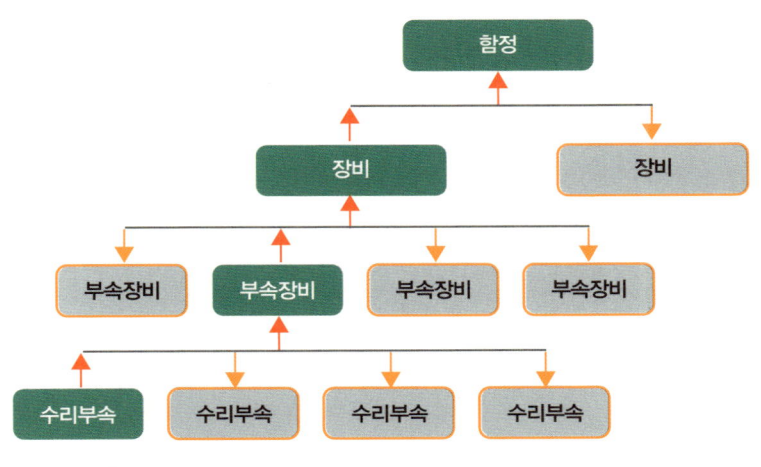

[그림 2-4] 장비의 구조

이 충분치 못하여 점화 불꽃이 튀어도 연료에 불이 붙지 않고, 엔진 구동축은 더이상 회전하지 않는다. 즉, 엔진이 멈추게 된다. 이 엔진이 전기 생산을 위한 엔진이라면, 엔진 정지로 인해 함정 전반에 전기가 끊긴다. 최하위 단계에 있는 터보차저 날개 하나로 인해 함정이라는 최상위 단위 장비의 전기가 끊긴다.

갑작스러운 정전으로 인해 전자장비에는 감압쇼크가 발생한다. 감압쇼크로 인해 민감성이 큰 카드가 손상된다. 전자장비의 손상으로 함정은 작전을 중단하고 모항으로 입항한다. 엔진 내부 부품 하나가 함정을 구성하는 전체적인 장비에 영향을 미치게 된 것이다. 감압쇼크로 고장 난 카드의 입장에서 이는 재앙이다. 노후된 것도 아니고 갑작스런 외부 영향에 의해 발생한 고장이다.

계층적 구조에서 오는 고장의 영향은 같은 장비에 포함된 부품 간에서만 발생하는 현상이 아니다. 엔진의 고장으로 작전을 수행할 수 없는 함정을 대신하여 다른 함정이 부가 임무를 수행한다. 또는, 공급사슬에 있는 예비장비를 사용하게 된다. 임무를 대신 수행하는 함정이나, 예비 장비는 계획에 없던 불필요했던 업무가 부여된 것이다. 미세하게 장비의 수명이 감소하거나 카본carbon이 더 쌓이거나, 정말 운이 없다면 대리 업무를 수행하다가 다시 고장이 발생할 수 있다.

결국, 터보차저 팬의 고장은 함정 전체에, 공급사슬 전체에 영향을 미친다. 고장의 영향은 터보차저와 거리가 멀 수록 약할 것이다. 바로 상위 단위인 엔진이 받는 영향은 클 수 있으나, 함정 자체가 받는 영향은 작을 것이다.

흔히, 데이터가 충분하면 예측이 가능하다고들 한다. 전자장비 카드의 고장 데이터가 충분히 축적된다면 이러한 상황도 예측 가능할까? 고장의 원인이 내부에서 온 경우가 아니기 때문에 전자장비 카드만의 고장 데이터는 아무리 충분해도 부족할 것이다.

예측을 위한 충분한 데이터란, 장비 전체를 넘어 장비가 포함된 시스템 전체에 대한 충분한 데이터이다. 이 충분성에 대한 논의는 3장에서 한다. 여기서는 예측을 위해서는 시스템적 접근이 필요하다는 데 집중한다.

장비구조 정보를 활용한 부품모듈 수량 예측

어떤 장비가 고장인가 아닌가는 이진분류로 구분된다. 고장이 1이라면, 정상은 0이다. 고장을 시스템적 관점에서 접근한다는 것은 어떤 것일까? 저자는 이를 고장이 발생한 세계보다 상위 단계에서 고장을 바라보는 것이라 말하고 싶다.

터보차저 팬 날개가 고장이라면 이 부품이 아니라, 터보차저보다 상위 단계인 엔진의 입장에서 바라보자는 것이다. 더 높은 단계에서 바라보아도 좋다. 엔진이 아니라 함정에서 바라보아도 좋다. 전체 함정을 관장하는 해군의 입장에서 바라보아도 좋고, 합동참모본부 입장에서 바라보아도 좋다. 적어도 고장 난 세계보다는 상위 단계의 세계에서 고장을 바라보자.

[그림 2-5]는 이러한 관점의 예시를 보여준다. 터보차저의 팬 날개가 Layer 5일 때, 엔진은 Layer 4, 함정은 Layer 3이 된다.

함정에도 여러 가지 종류가 있다. 근해에서 경비를 주로 수행하는 초계함, 해상에서 기름과 보급품을 전달하기 위한 유류지원함, 광범위한 해역을 방어하고 원거리에서 강력한 전투력으로 공

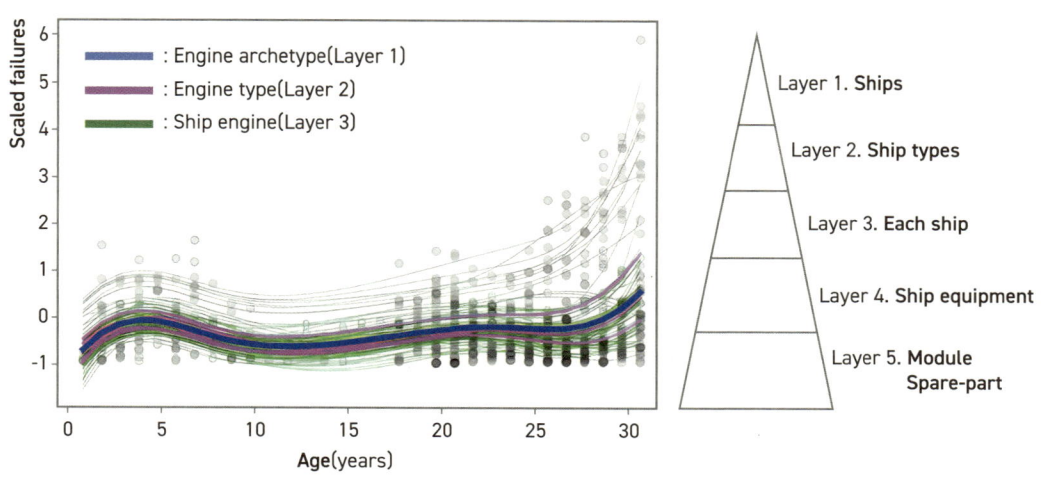

[그림 2-5] 계층적 구조에 따른 시스템적 관점

격하는 구축함 등이 있다. 여러 함정 타입들이 존재하는 층을 Layer 2라고 할 때, Layer 1은 함정 타입을 고려하지 않은 해군 함정 전체가 된다.

일반적으로 상위 단계로 갈수록 데이터는 많아진다. 여러 종류의 함정들이 가진 개별적 데이터들을 모두 통합하기 때문이다. 데이터가 한 종류가 되기 때문에 어떤 분석을 수행했을 때 나오는 답도 한 가지이다. 반대로 하위 단계로 갈수록 데이터는 적어지고 답도 여러 가지가 된다.

[그림 2-5]의 왼쪽 그림은 Layer 1~3의 수명1~31년차에 따라 고장failure이 얼마나 발생하는지 추정한 것이다. 이를 고장함수Failure Function이라고 한다. Layer 1은 전체 통합된 데이터에서 추정된 것이므로 고장함수도 한 가지이다. [그림 2-5]에서 가장 굵은 파란색 곡선이 이에 해당한다.

데이터에는 5가지 함정의 종류가 포함되어 있다. 그래서 Layer 2에 대한 고장함수는 5가지 종류이다. Layer 3는 99가지로 더 다양하다. 단계가 낮아질수록 편차가 크다. Layer 4, 5로 내려간다면 고장함수는 훨씬 다양하고 편차도 클 것이다. 시스템적 관점에서 고장을 바라봐야 하는 이유는 상위 Layer로 갈수록 추정된 고장함수의 종류가 적어지고, 부족한 데이터를 보완할 수 있기 때문이다.

[그림 2-6]은 [그림 2-5]의 고장함수를 추정하는 데 활용한 데이터이다. 세로줄 한 줄, 한 줄이 함정 한 척에 대한 수명별 데이터이다. 아래쪽으로 갈수록 높은 선령에서 고장 난 데이터임을 의미한다. 칠해진 부분은 데이터가 존재하는 구역을 나타낸다.

함정 한 척, 한 척의 고장함수를 독립적으로, 또 개별적으로 추정하기 위해서는 [그림 2-6]에 빈칸이 없어야 한다. 이런 점에서 [그림 2-6]은 결코 많은 양의 데이터라고 할 수 없다. 함정의 전체 수명이 31년이라면 최대 10년 치 수준의 데이터만이 있다.

또한, 빈칸은 그 칸에 해당하는 함정이 그 선령을 초과해야만 채울 수 있으므로, 이 칸이 모두 채워진다는 것은 이미 모두 도태한 함정이라는 의미가 된다. 이미 도태해서 없어진 함정의 고장함수를 추정하는 것이 어떤 의미가 있을지는 생각해보아야 한다.

데이터 통합에 대한 이야기를 계속 해보자. 함정 한 척의 데이터를 활용한다면 길어봐야 10년의 고장에 대한 분석만 가능할 것이다. 함정보다 두 단계 높은Layer 1 시스템에서 바라보면 모든

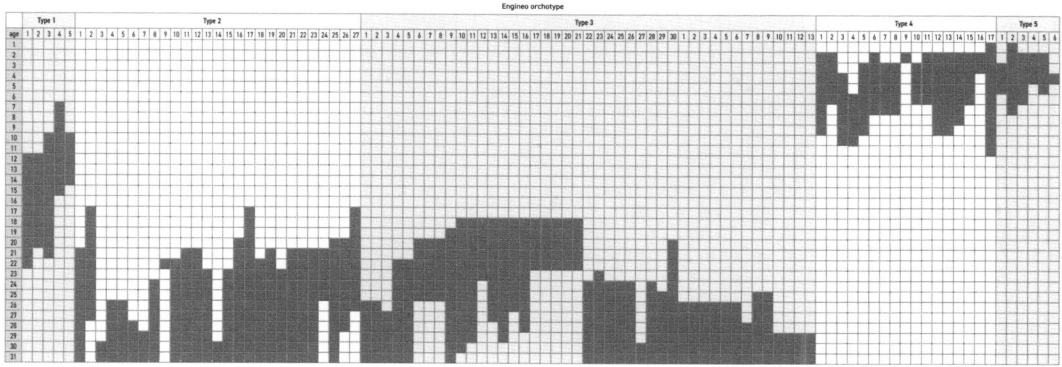
[그림 2-6] 부족한 데이터

수명에서의 고장을 바라볼 수 있다. 어떤 함정에는 없는 선령에서의 데이터를 다른 함정이 보완하기 때문이다.

하위 Layer의 정보들을 모아서 상위 단계에 전달하고, 이 상위 단계의 정보가 다시 하위에 전달된다. 이를 풀링 Pooling이라고 한다. [그림 2-5]와 [그림 2-6]을 동시에 고려해보자. Layer 1에서 본다면 전체 수명의 데이터가 모두 존재한다. Layer 2에서 본다면 일부 구간이 존재한다. Layer 3 입장에서 본다면 더 적은 구간이 확인된다. Layer가 깊어질수록 데이터는 더 적어진다. 모듈 단위까지 내려간다면 데이터가 전혀 없는 경우도 많다.

어떤 장비가 납품될 때 일반적으로 제공되는 장비 매뉴얼에는 고장 간 평균시간MTBF: Mean Time Between Failure라는 제원을 동시에 제공한다. 이는 고장과 고장 사이에 평균적으로 몇 시간 정도를 고장 없이 운전할 수 있다는 의미이다. MTBF가 100이라면 이 장비는 평균적으로 100시간 운전하고, 고장 한 번 발생한다는 뜻이다.

MTBF는 모든 부품에 대해 제공된다. 계층구조에서 MTBF는 상위로 갈수록 작고, 하위로 갈수록 크다. Layer 5에 MTBF가 1,000시간인 부품이 5개 있고, 이 중 하나만 고장 나도 Layer 3가 고장난다면, Layer 3의 MTBF는 200시간 1,000/5이다. 이는 아래와 같은 공식으로 계산된다.

$$MTBF_{ship} = \cfrac{1}{\cfrac{1}{MTBF_{spare-part_1}} + \cfrac{1}{MTBF_{spare-part_1}} + \cfrac{1}{MTBF_{spare-part_1}} + \cdots}$$

$$= \cfrac{1}{\cfrac{1}{1000} + \cfrac{1}{1000} + \cfrac{1}{1000} + \cfrac{1}{1000} + \cfrac{1}{1000}} = \cfrac{1}{\cfrac{5}{1000}}$$

$$= 200$$

[그림 2-4]와 [그림 2-5]를 다시 보자. 계층적 구조에서 하위의 고장은 상위에 영향을 미치고 상위에서 다시 하위로 영향 방향을 바꾼다. 다음의 경우를 생각해보자. Layer 5에 있는 A라는 부품은 고장이 잦다. A 부품 자체가 신뢰도가 그리 높지 않기 때문이다. 즉, 선천적으로 고장이 많은 부품이다. 한편 B라는 부품은 A가 고장 날 때 간혹 고장 난다. 반드시 1:1의 관계는 아니다.

위에서 설명한 것처럼 부품 단위까지 Layer가 깊어진다면 데이터는 충분하기 어렵다. A, B의 고장함수를 별도로 추정할 만큼 데이터가 충분하지 않다. 시스템적 관점에서 접근하기 위해 A, B 데이터를 합쳐서 추정했더니 전체 장비의 MTBF가 추정되었다. 전체 장비의 MTBF는 있기 때문에 A, B 고장 데이터 발생 비율을 적당히 적용하면 세부 장비인 A, B의 MTBF를 구할 수 있을 것이다.

[그림 2-7]은 전체 MTBF는 동일한 상태에서 A, B의 비율에 따라 MTBF가 어떻게 변하는지를 수식에 따라 계산한 결과이다. 비선형적 형태의 관계가 나타난다. MTBF를 활용하는 방법은 시스템적 관점이 주는 통합에 의한 단순화라는 이점을 상실시킨다. 계층적 구조의 각 부품 간의 관계가 비선형적이고, 부품과 장비 간의 관계도 비선형적이라면 장비 전체의 MTBF 간의 구조는 매우 복잡해진다. 전체 데이터를 통합하여 전체 장비의 고장함수를 추정하여도, 부품 간 MTBF 비율을 활용하여 각 부품의 고장함수를 추정하는 것은 매우 어렵다.

시스템적 관점으로 통합 데이터를 활용한 고장함수를 추정하였고, 장비의 구조가 어떻게 되어 있는지 알더라도 장비에 포함된 모든 요소들이 비선형적 관계라면 계산 자체가 매우 까다로워진다. 즉, MTBF를 활용한 접근은 계층적 구조를 활용하여 부품들의 고장 간 영향력을 계산하는 방법에는 적절하지 않다.

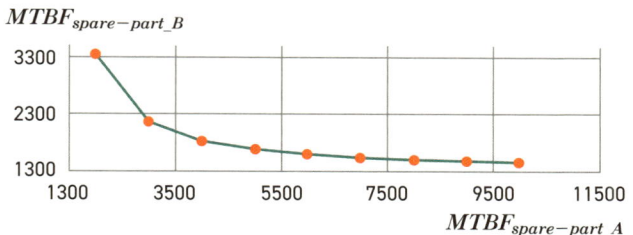

[그림 2-7] 부품 간 MTBF의 관계

한편 신뢰도 공학에서는 MTBF의 역수를 고장률로 정의한다.

$$MTBF = \frac{1}{\lambda}$$

A, B 부품으로 구성된 장비를 고장율로 표현해보면 다음과 같다.

$$MTBF_{ship} = \frac{1}{\dfrac{1}{MTBF_{spare-part_A}} + \dfrac{1}{MTBF_{spare-part_B}}}$$

$$MTBF_{ship} = \frac{1}{\lambda_{spare-part_A} + \lambda_{spare-part_B}}$$

$$\lambda_{ship} = \lambda_{spare-part_A} + \lambda_{spare-part_B}$$

[그림 2-8]은 [그림 2-7]과 동일한 장비, 동일한 부품이다. MTBF를 기준으로 장비의 구조를 파악하면 비선형에 의한 복잡한 수식을 다루어야 한다. 반면, 고장률을 기준으로 장비의 구조를 파악한다면 선형적 관계에 따라 단순한 수식으로도 충분하다. 계층적 구조에 따라 모든 부품들과 계층들이 선형적 관계를 가지기 때문에 장비의 고장 간 상관관계를 파악하는 것도 수월하다.

통합된 데이터를 활용하여 전체 장비에 대한 고장함수를 추정한다면, 데이터에서 분석되는 고장 데이터의 비율에 따라 모든 부품의 고장함수를 구할 수 있다. 다른 방법으로는 장비 제작사에서 납품하는 매뉴얼에 기재된 모든 부품의 MTBF를 고장률로 변화시켜 고장률을 기준으로 장비

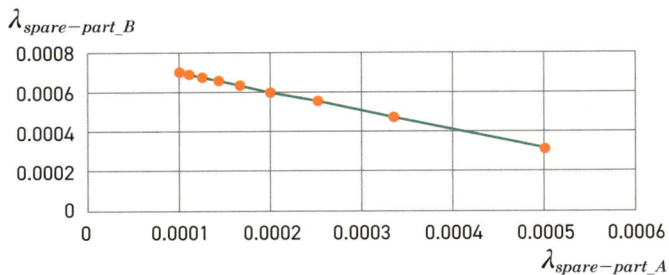

[그림 2-8] 부품 간 고장율(λ)의 관계

구조를 다시 정의하고, 고장함수를 고장률에 따라 분배시키는 것이다. 장비 제작사 매뉴얼에 나오는 MTBF는 사실 상수가 아니다. 사용하면서 계속 변하는 값이다. MTBF의 역수가 고장률이라는 점을 다시 생각해보자. [그림 2-5]의 고장함수를 보면 수명에 따라 고장률이 변하는 것을 확인할 수 있다.

고장률은 장비의 수명기간 동안 계속 변한다. 즉, MTBF도 계속 변한다. 다만, 매뉴얼의 MTBF는 장비의 설계를 바탕으로 어느 정도의 고장 비율이 적용된 것인지에 대한 힌트를 제공한다. 예를 들어, 매뉴얼에서 A, B의 MTBF가 100시간, 200시간이라고 되어 있다면, 100과 200이라는 숫자는 수명에 따라 변하겠으나, 대략적으로 1: 2라는 비율은 유지될 것이라고 가정하는 것이다. 이때 A의 고장률은 0.01, B의 고장률은 0.005가 된다. 이는 A가 두 번 고장 날 때 B는 한 번 고장난다는 의미로 볼 수 있다.

고장률을 활용하여 부품 간 고장률의 관계를 그리면 [그림 2-8]과 같이 선형관계가 된다. MTBF를 기준으로 한 부품 간의 관계는 비선형이다. 이들의 관계를 수학적으로 정의하기 위해서는 최소 2차 다항식 이상의 차원에서 관계가 논의되어야 한다. 고장률을 기준으로 관계를 바라본다면 1차원으로도 충분하다. 부품과 부품, 부품과 상위단의 장비까지 1차원적인 관계를 가진다면 연산이 빠르고 명확해진다.

[그림 2-5]의 고장함수를 보면 총수명 주기 동안 장비의 고장률이 계속 변한다는 것을 알 수 있다. 통합한 데이터를 기준으로 추정한 것이기 때문에 부품 단위의 고장함수를 정확히 알 수는 없

다. 다만, 설계도의 MTBF를 고장률로 변환한다면 이들 간의 관계가 명확해진다.

부품 간의 비율에 따라 고장함수의 높낮이 확률가 달라질 뿐, 형태는 동일하게 된다. 데이터를 통합하여 풀링의 효과를 얻은 뒤 다시 분할함으로써 하위 부품 전체의 고장률을 구할 수 있게 되는 것이다.

산업계나 군에서는 총수명 간 변하는 장비와 부품들의 고장함수를 구하기 위해 [그림 2-9]와 같은 분할구조도 WBS: Work Breakdown Structure가 필요하다고 주장한다. 구조도가 없다는 이유로 모델 고장확률 추정 모델 구축이 어렵다고들 한다. 그러나 설계정보만 있어도 그렇게 많지 않은 데이터만으로 전체 부품의 고장함수를 구할 수 있다.

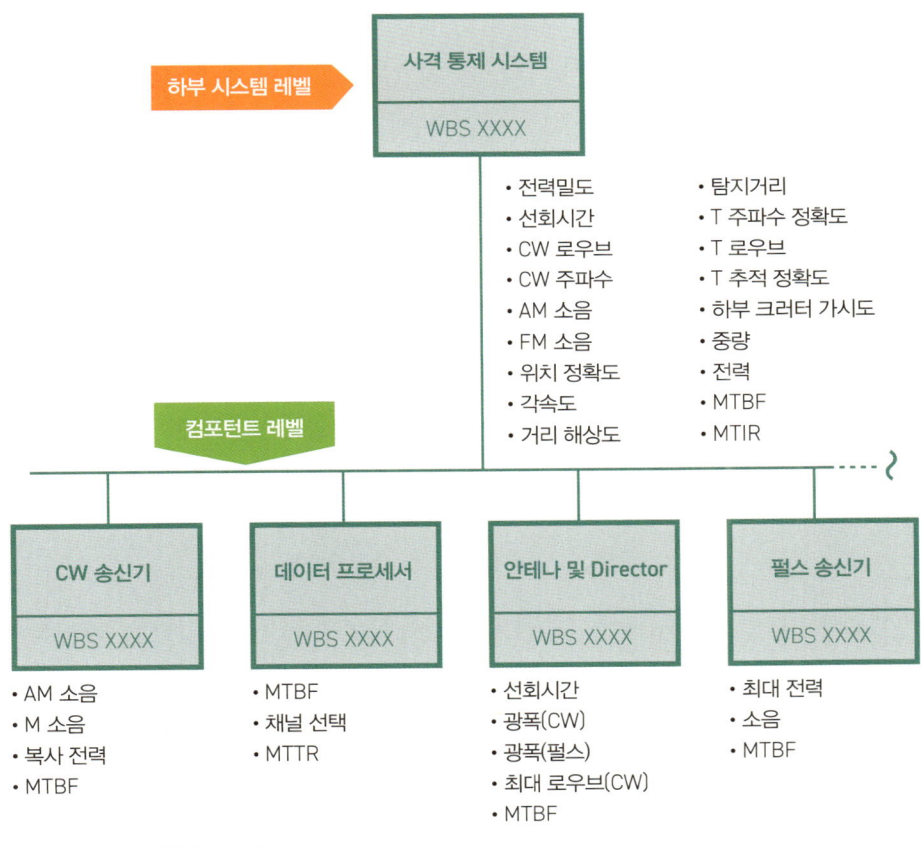

[그림 2-9] 장비 분할구조도 예시

장비구조 정보가 없을 때 부품모듈 **수량 예측**

반면에 안타깝게도 설계정보도가 없는 경우가 있다. 장비의 구조에 대해 친절하게 작성되지 못한 경우도 있고, 또는 바로 하위의 구성품까지만 설명되는 경우도 있다. 전체 장비에 대한 구조도를 그리지 않으면 고장률의 선형적 특성을 적용하는 것도 제한된다. 그래서 장비구조 정보에 대한 설명은 중요하다. 이러한 부분은 반드시 장비 계약 시 제작사에 요청해야 한다.

장비구조가 없어도 선형적 관계를 어느 정도 반영할 수 있다. 전체 구조와 설계 정보를 모두 아는 경우와는 정확도 측면에서 차이가 날 수밖에 없으나, 부품 하나하나에 대한 수요를 예측하는 것보다는 훨씬 정확할 것이다.

장비를 구성하는 부품들이 모두 MTBF가 높다면 좋겠으나 현실에서는 그렇지 않다. 어떤 부품은 신뢰도를 한 단계 상승시키는 데 엄청난 예산이 필요한 경우도 있다. 이런 경우 부품의 신뢰도를 높이는 것보다 예비 부품을 가지고 있는 게 오히려 도움이 될 수 있다. 이런 장비들은 사용하면서 고장이 상대적으로 많이 발생한다. 즉, 고장 데이터가 많다.

이와는 반대로 큰 예산 투자 없이 높은 신뢰도를 유지할 수 있는 부품도 있다. 이러한 부품은 신뢰도를 높여 부품 교체주기를 줄이는 것이 도움될 수 있다. 그리고 이러한 부품들은 고장이 상대적으로 적게 발생한다. 즉, 고장 데이터가 적다.

2가지 경우는 장비 내부에서 공존한다. 장비가 움직이는 동안 2가지 부품은 모두 사용된다. 전자의 부품은 후자의 부품에 비해 고장이 자주 발생한다. 즉, 같은 시간에 고장 데이터가 많이 쌓인다. [그림 2-4]에 대해 다시 생각해보아야 한다. 신뢰도 낮은 부품의 고장으로 인한 장비의 크거나 작은 충격은 신뢰도 높은 부품의 피로도를 상승시킨다. 그리고 이들의 고장률은 선형적 관계에 있다. 신뢰도 낮은 부품은 고장 데이터가 상대적으로 많다.

선형관계를 활용하여 고장 기록이 많은 부품의 정보를 활용하여 고장이 적은 부품의 고장확률을 추정할 수 있게 된다. 만약, 모든 부품의 신뢰도가 높기만 하다면 장비를 관리하는 것은 더욱 어려워질지도 모른다.

$$f(x) = \alpha g(x) + \beta h(x) + \gamma j(x) + \cdots$$

이 식에서 $g(x)$, $h(x)$, $j(x)$, $\cdots$ 를 데이터가 많은, 즉 신뢰도가 낮은 부품들의 고장함수라고 생각해보자. $\cdots$ 는 신뢰도가 높은 부품의 고장함수이다. 데이터가 많은 부품의 정보들을 비율적으로 반영하여 데이터가 적은 부품의 정보를 추정하는 식이다. 부품 간 고장률은 선형적 관계로 구성되어 있다. 이와 같이 많은 정보들의 합의 형태로 구성하는 기법을 일반화 가법모형 GAM Generalized Additive Model 이라고 한다. 많은 부품들의 고장정보를 합의 형태로 결합하여 다른 부품의 고장확률을 추정하는 것이다.

흥미로운 점은 $g(x)$, $h(x)$, $j(x)$, $\cdots$ 가 반드시 고장함수일 필요는 없다는 것이다. 신뢰도 높은 $f(x)$의 고장률에 영향을 미치는 어떠한 요소도 포함될 수 있다. 예를 들면, 시계열 기법에서 많이 사용되는 푸리에 분할 Furieri decomposition 요소들도 포함할 수 있다.

[그림 2-10]은 푸리에 분할의 원리이다. 어떤 장비나 부품의 고장 데이터를 관측한다면 우리는 '시간에 따른 수요발생 패턴'이나 '파형의 간섭', 2개의 그래프 중 하나를 관측하게 된다. 그래프를 시간에 따라 그렸다면 '시간에 따른 수요발생 패턴'을, 시간을 고려하지 않고 히스토그램으로 그렸다면 '파형의 간섭' 그래프를 얻게 된다.

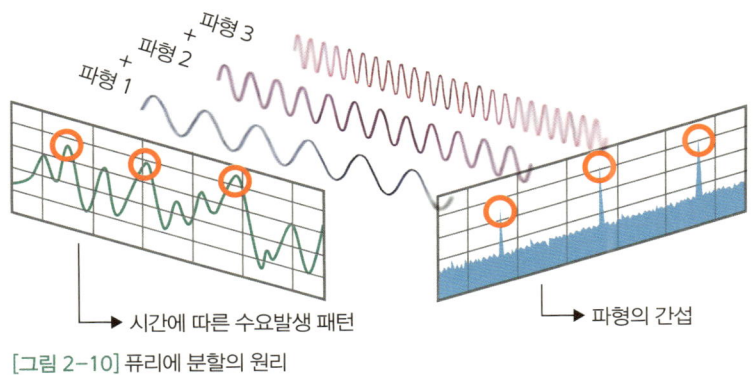

[그림 2-10] 퓨리에 분할의 원리

푸리에 분할은 우리가 관측하는 신호들이 사실 여러 가지 파형의 혼합된 형태이고, 관측된 신호를 세부 파형으로 분리함으로써 신호의 특징을 자세히 이해할 수 있게 해준다. [그림 2-11]은 어떠한 실제 장비의 수요를 푸리에 분할한 것이다. 불규칙적으로 증가하는 수요를 분할한 결과, 추세와 파형 주기성이 도출되었다. 관측된 데이터는 불규칙적인 것처럼 보이지만, 속에는 규칙성이 녹아 있는 것이다.

GAM에는 다른 부품의 고장함수뿐만 아니라 이러한 푸리에 분할 특성도 반영할 수 있다. [그림 2-10]에서 분할한 추세나 주기성이 하나의 함수가 되어 $f(x)$ 도출에 도움을 주게 된다. $g(x)$나 $h(x)$를 별도로 추정한 고장함수가 아니라 푸리에 분할한 특성 요소들로 반영할 수도 있다. 이 경우 $f(x)$의 수요에 보다 직결된 특성 요소들을 선별할 수 있는 경우도 있다.

푸리에 분할 외에도 부품 간의 상관관계를 특성으로 반영하는 방법도 있다. 래깅 Lagging은 일정한 길이만큼 시계열 데이터를 지연시키면서 관계를 계산하는 방법이다. [그림 2-12]는 래깅의

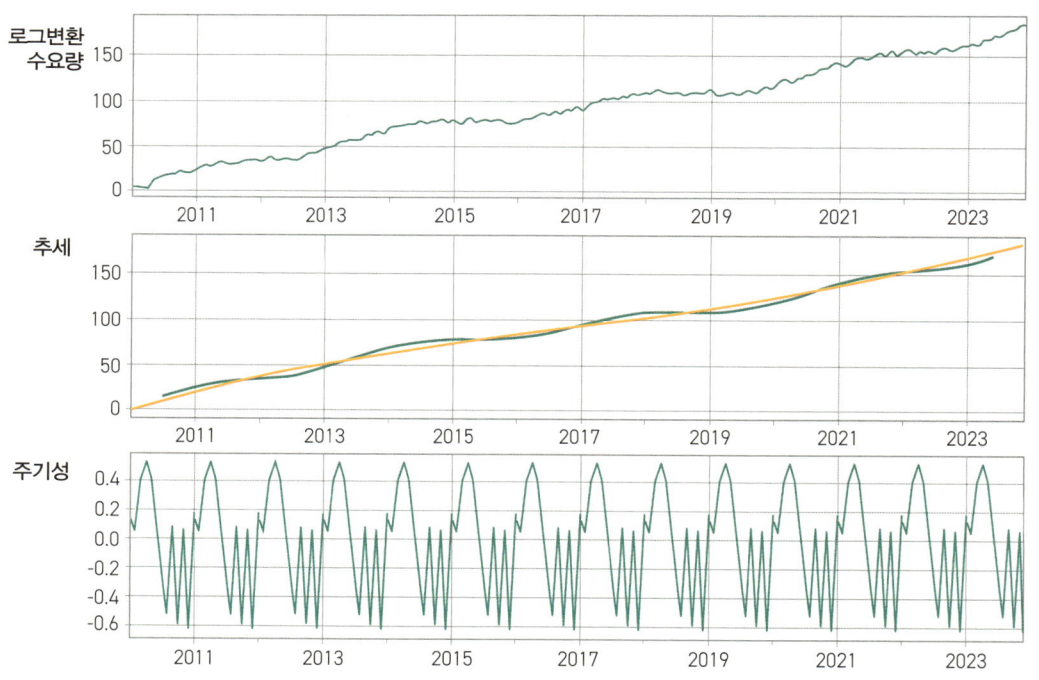

[그림 2-11] 푸리에 분할 적용 예시

원리를 잘 설명한다.

관측된 A~F의 데이터가 있을 때, A와 다른 데이터가 어떤 상관관계가 있는지 확인하기 위해 B~F를 하루씩 지연시킨 데이터를 생성하는 방법이다. B_lag1은 B의 데이터가 하루씩 지연되었고, B_lag2는 또 하루가 지연된 형태이다.

1월 3일의 A 데이터는 B의 1월 3일 데이터, B의 1월 2일 데이터, B의 1월 1일 데이터 등과의 상관관계에 의해 발생한 데이터라고 가정하는 것이다. 래깅의 크기window에 따라 최대 며칠의 과거 데이터까지 참고할 것인지를 정할 수 있다.

래깅은 예측에 필요한 데이터가 부족할 때 효과적으로 고려할 만한 특성요소를 늘릴 수 있는 좋은 방법이다. 하지만 학습할 수 있는 시간적 길이가 줄어든다는 단점이 있다. [그림 2-12]에서 B_lag2는 1월 3일부터 데이터가 존재한다. 즉, A의 예측에는 1월 3일 이후의 데이터부터 학습이 가능하다. Window의 크기만큼 고려할 수 있는 특성요소들이 증가하는 반면, 학습할 수 있는 데이터의 기간이 줄어든다.

이러한 장단점을 고려하기 위해 데이터에 대한 도메인 지식domain knowledge이 필수적이다. 예를 들면 대략적으로 시스템이 30일 주기로 작동한다는 사전 정보가 있다면 래깅 window를 30

Date	A	B	C	D	E	F
01-01	2	6	5	8	7	4
01-02	5	5	47	1	9	4
01-03	4	62	4	0	8	5
01-04	1	1	7	5	4	63
01-05	6	3	6	41	56	3
01-06	7	2	9	4	32	1
01-07	9	5	0	6	2	5
01-08	8	41	1	8	2	8
01-09	3	63	2	4	1	9
01-10	2	3	4	6	0	4
01-11	2	87	56	3	4	2

Date	A	B	B_lag1	B_lag2	C	C_lag1
01-01	2	6	–	–	5	–
01-02	5	5	6	–	47	5
01-03	4	62	5	6	4	47
01-04	1	1	62	5	7	4
01-05	6	3	1	62	6	7
01-06	7	2	3	1	9	6
01-07	9	5	2	3	0	9
01-08	8	41	5	2	1	0
01-09	3	63	41	5	2	1
01-10	2	3	63	41	4	2
01-11	2	87	3	63	56	4

[그림 2-12] 래깅의 원리

일로 맞추는 게 합당할 것이다. 또는, 데이터를 1주 단위로 변환하여 4~5의 window 크기를 정하는 것도 좋다. 도메인 지식을 활용하여 데이터를 최대한 활용하는 것이다.

푸리에 분할이나 래깅은 효과적으로 예측 대상의 특성이 될 수 있는 후보들을 늘려준다. 그렇다고 이 모든 특성들을 모두 예측에 사용할 수는 없다. 너무 많은 특성으로 인해 오히려 과적합overfit 될 수 있기 때문이다.

이러한 위험을 방지하는 방법은 특성 요소들을 하나씩 추가하면서, 또는 모두 반영한 후 하나씩 제거하면서 적절한 정확도가 나오는 지점을 찾는 것이다. 이를 전진 선택법Forward Stepwise Selection, 후진 선택법Backward Stepwise Selection이라고 한다.

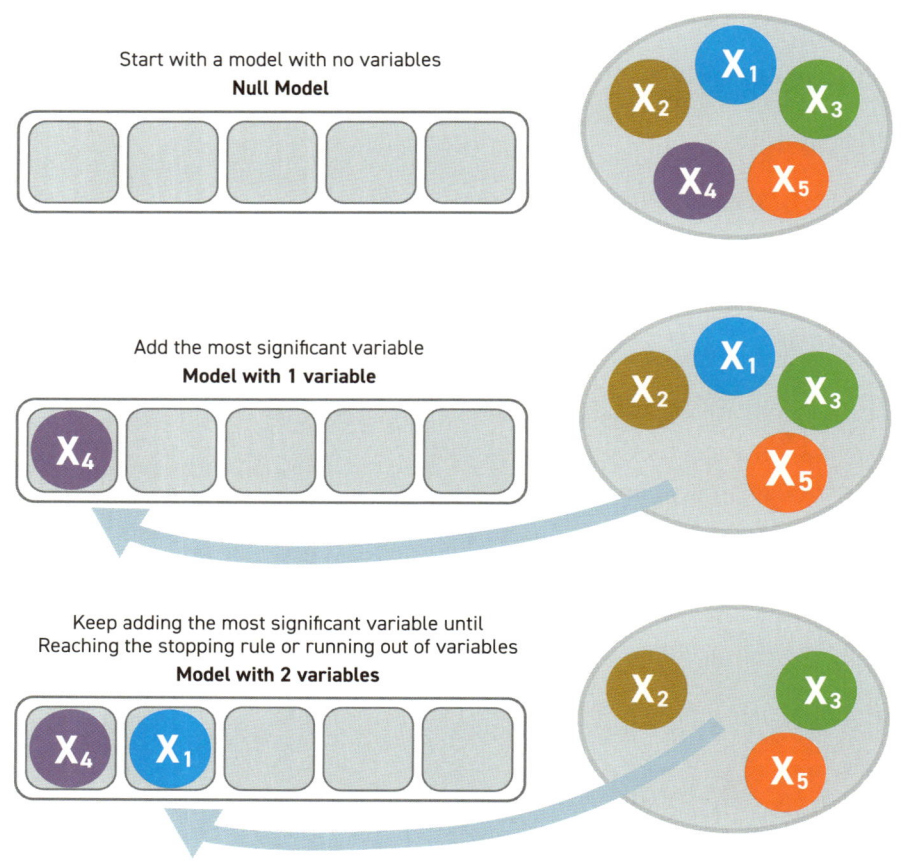

[그림 2-13] 전진 선택법의 개념

학습방향으로 전진을 택하든 후진을 택하든 결과가 크게 달라지지는 않는다. 어차피 모든 특성 요소들을 학습에 활용할 것이기 때문이다. 무작정 많은 특성요소를 넣는 것이 예측 정확도를 높이는 데 유리하지는 않다.

예를 들어, 100,000개의 특성 요소가 있을 때 이 중에는 예측에 도움이 되는 요소도 있고 아닌 요소도 있을 것이다. 특성 요소 학습법의 방향을 선택하는 것은 특성요소가 얼마나 신뢰성 있는지에 따라 결정하면 된다. 100,000개의 특성요소가 모두 신뢰도 높은 특성요소_{예측에 도움이 될만한}라면 후진 선택법을 선택하는 것이 좋다. 반대로 신뢰도 높은 특성요소를 찾기 어려워서 생성할 수 있는 최대한의 특성요소를 만든 경우라면 전진 선택법을 택하는 것이 낫다.

[그림 2-14]는 전진 선택법을 적용한 경우의 GAM 모델의 학습과정을 보여준다. 특성요소가 많이 추가될 수록 오차_{error}가 낮아진다. 이 경우 특성요소를 하나씩 추가하면서 오차를 낮추는 특성 요소만을 선택하도록 설계되어 있다.

중간에 예측에 방해되는 특성요소가 들어오면 일시적으로 error가 높아지는 것처럼 보이지만, 모델은 이 특성요소를 학습하지 않는다. 이전 오차보다 커지게 만드는 특성은 학습하지 않기 때문이다. 결국, 학습이 종료되면 오차를 최소화하는, 최소한의 특성요소만이 선택된다.

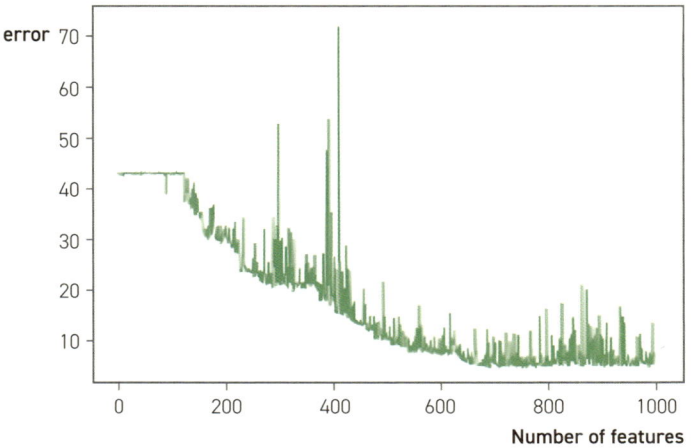

[그림 2-14] 전진 선택법의 과정 예시

본 절에서 설명한 것처럼 장비의 구조적인 정보가 없다면 데이터가 가질 수 있는 특성요소의 후보들을 생성하고, 이 중 예측 정확도 향상에 도움이 되는 요소만을 선택하는 방법을 적용할 수 있다. 이 방법에는 분석가의 설정에 따라 굉장히 많은 수의 특성요소를 학습하는 과정을 거칠 수 있다. 다만, 이 경우 매우 속도가 느려진다. 또, 준비한 특성요소 셋에 데이터를 설명할 수 있는 요소가 없는 경우 정확도가 그리 높지 않을 수 있다.

GAM 모델에 베이지안 파라미터를 활용하면 각 특성요소가 모델에 미치는 영향 정도를 좀 더 세부적으로, 변칙적으로 적용할 수 있다. 그러나 이 방법은 일반적인 GAM을 활용하는 경우보다 훨씬 느리다. 분석하고자 하는 대상의 데이터가 얼마나 많고, 가용한 컴퓨터 자원이 어느 정도인지에 따라 분석방법도 결정되어야 한다.

이외에도 데이터를 일일 단위로 나열할 것인지, 월 단위나 연 단위로 묶을 것인지, 학습 데이터와 검증 데이터의 양은 어떤 비율로 나눌 것인지 등 고려해야 할 요소는 굉장히 많다. 구조 정보가 없다면 이 모든 것들을 고려하여 모델을 생성하고 학습을 진행해야 한다. 구조 정보의 값어치는 그만큼 크다.

3장
예측에 필요한 데이터의 양

2장에서는 장비의 구조적 정보 유무에 따른 예측 방법의 차이를 확인했다. 구조적 정보는 전체 장비 내부에 수리 부속들이 어떻게 배치되어 있고, 설계상의 고장률이 어느 정도인지를 제공함으로서 비교적 적은 데이터로 빠르게 신뢰도 높은 고장률을 추정할 수 있었다. 반면, 구조적 정보가 없는 경우 장비를 설명하기 위한 특성요소들이 무엇인지 찾는 작업부터 시작하여 모델을 구축하고, 적당한 학습을 위해 여러 과정을 거치는 등 복잡한 절차가 필요했다.

최신의 장비들은 설계 정보가 장비 내부 컴퓨터에 내장되어 있을 뿐만 아니라 2장에서 설명한 것과 같은 고장률 예측을 위한 별도의 분석이 불필요하다.

장비를 제작할 때 이미 장비를 구성하는 모든 부품들의 상태를 진단하기 위한 센서들이 부착되어 있고, 운용자들은 이를 실시간으로 모니터링을 할 수 있는 편의가 제공된다. 이러한 편의가 제공되지 않더라도 최소한 정비용 컴퓨터를 연결하면 각 부품단의 상태가 어떤지 확인할 수 있다.

그러나 안타깝게도 이는 정말 최신예 장비의 경우에만 해당된다. 또, 이러한 고급 기능을 넣을 수 있는 업체들의 수가 그렇게 많지 않으며, 데이터를 분석할 수 있도록 접근하는 것조차 불가능하도록 제한하는 경우가 많다. 장비를 판매하여 사용할 수 있도록 제공하지만, 사용하면서 생성되는 운용 데이터는 판매하지 않은 것이다. 이는 계약 방법의 개선을 통해 해결되어야 할 것이다.

구조적 정보가 없으면 2장의 설명처럼 GAM을 활용하여 분석하면 되는 것인가에 대해서는 상황에 따라 다르겠지만, 분석하면 된다, 안 된다가 아니라, 가능한가 불가능한가를 논해야 할 것이다. 흔히 얘기하는 빅데이터가 과연 존재할 수 있는지부터 다시 논해야 할지도 모르겠다.

통계학에서 말하는 30개 이상의 데이터란?

통계학에서는 흔히 30개 이상의 데이터가 있어야 분석을 할 수 있다는 말들을 한다. 그만큼의 데이터가 없다면 최소한 7개 이상의 데이터는 있어야 분석 가능할지 검토라도 해보겠다는 말들을 한다. 7개밖에 없는 데이터가 과연 얼마나 많은 정보를 전달할 수 있겠는가, 라고 생각할 수 있다.

[그림 2-15]는 표준 정규분포에서 샘플을 30개, 7개 추출하였을 때의 적합 결과이다. 정규분포에 맞춰 적합한 것은 아니라 데이터의 형태에 따라 주변확률Marginal Probability이 분포되도록 그린 것이다. 이 정도면 데이터에 대한 정보가 없어도 정규분포라고 가정해볼 만하다라는 생각을 하게 될지도 모른다. 이러한 결과를 염두하며 다음의 상황을 가정해보자.

[그림 2-16]은 가상의 긴급고장 데이터를 생성한 것이다. 어떤 장비의 데이터를 확인했더니 10년간 총 100건의 긴급고장이 발생했다. 평균적으로 1년에 10건 정도의 긴급고장이 발생한 것인데, 세부적으로 확인해보니 편차가 컸다.

3~7년차는 7개 이하의 데이터이다. 하지만 고장은 욕조Bathtub 형태이므로, 매우 그럴듯하게

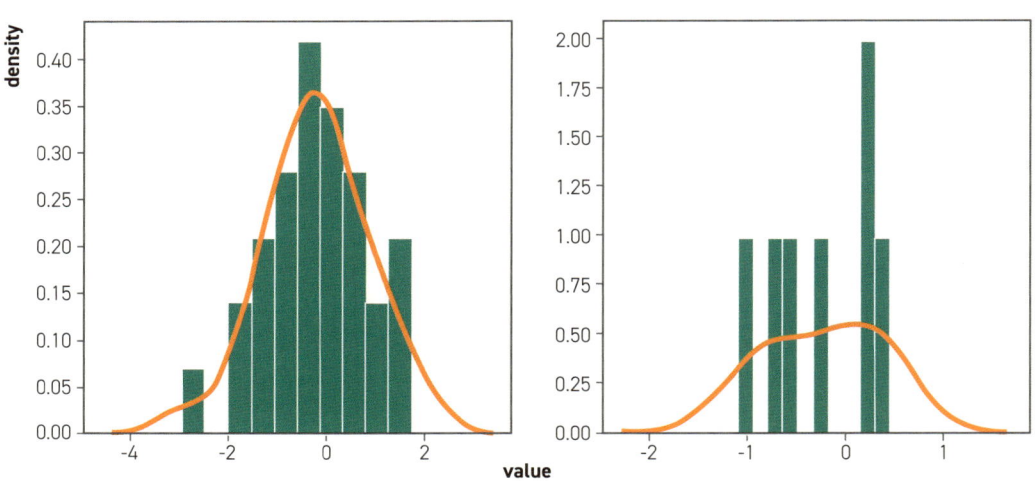

[그림 2-15] 표준 정규분포 샘플 수에 따른 적합 결과

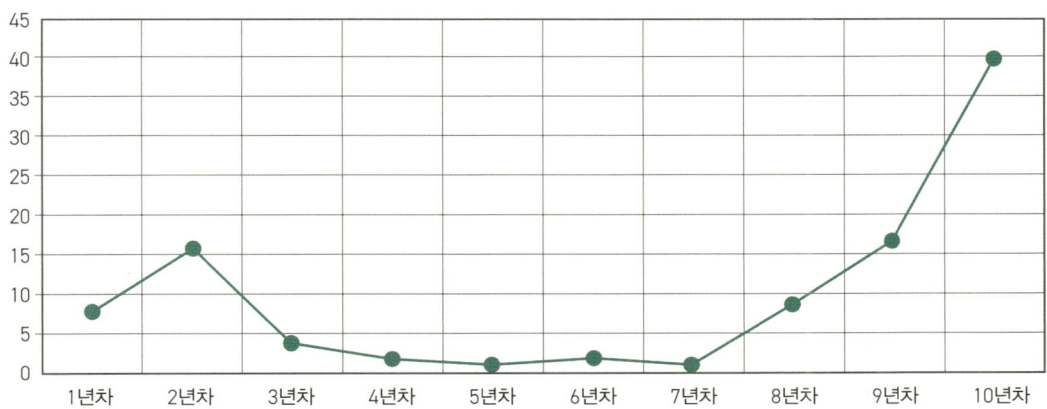

1년차	2년차	3년차	4년차	5년차	6년차	7년차	8년차	9년차	10년차
8	16	4	2	1	2	1	9	17	40

[그림 2-16] 가상의 긴급고장 데이터 예시

관측된 데이터라고 할 수 있다. 이와 동일한 장비들이 10대가 있는데, 10대 모두 정확한 수치는 다르지만 유사한 형태가 확인되었다고 해보자.

2장에서 했던 것처럼 10대의 데이터를 합쳐서 대표 긴급 고장함수를 추정할 수 있게 되었다. 같은 방법으로 전체 긴급 고장함수를 장비별로 분할하면 된다고 생각할 수 있다. 그런데 모두 같은 장비이고, 설계상의 조건도 모두 같다. 장비 전체 수준의 고장함수를 추정했는데 장비 1대 단위이하로 내려갈 수가 없다. 부품 단위의 고장률로 내려갈 수가 없다는 의미이다.

긴급고장은 발생 즉시 장비를 셧다운Shut-down 시키는 고장이라고 해보자. 장비 운용에 치명적인 영향을 주는 고장이다. 긴급고장 고장함수이하 긴급 고장함수는 부품의 수요를 예측하는 데 큰 역할을 할 수 있다. 부품 단위의 고장이 발생할 것인지 파악해야 수리할 계획도 수립하고, 부품을 조달할 계획도 세울 수 있다.

어떤 현자가 나타나 11년차에 긴급고장이 몇 건이 발생한다고 알려줬다고 해보자. 11년차에 어떤 부품을 미리 준비할 것인가는 몇 건이 발생하는가와는 다른 문제이다. 내년에 몇 건의 긴급고장이 발생할 것인지 미리 알아봐야 어디서 발생할 것인지 알 수 없다는 것이다.

반대로 어디서 고장이 발생하는지 알아봐야 몇 개나 부품을 구입해야 하는지 모르면 효과가 적다. 이런 이유로 위에서 언급한 최신 장비들이 알려주는 경보 시스템이 인기를 끌게 되었다. 장비와 부품의 신뢰도가 자꾸 올라가고, 장비의 복잡도도 상승한다. 장비를 운용할 때 중요한 것은 정격성능을 유지하는 것도 중요하지만, 갑작스러운 셧다운 없이 지속적으로 사용할 수 있는 것이 더 중요하다.

긴급고장 데이터를 분석해서 어떤 부품이 미리 필요할 것인지 예측하고자 하는데, 긴급고장이라는 현상 자체가 워낙 드물다보니 차라리 부품 하나하나의 상태를 센서로 관측하다가 위험한 수준에 이르면 경보를 주는 것이 더 낫겠다는 판단으로 이어지는 것이다.

2장에서 언급한 것처럼 앞으로의 장비와 부품들은 모두 신뢰도가 높은 것들로 구성될지도 모른다. 그러면 고장확률을 데이터에서 추정하는 것은 매우 어렵다. 전체 확률과 부품 간의 구조를 통해 고장확률을 구해야 하는데, 전체 확률 자체가 추정 불가한 상황이 되는 것이다. 그래서 최근에는 실시간으로 모니터링 하다가 위급한 상황에 경보를 주고 빠르게 조치하는 것이다.

경보는 언제 울리는 것일까? 장비 제작사에 이런 문의를 하면 모든 대답이 비슷하다. 설계할 때 나온 정보를 활용한다 또는 수많은 시험 데이터를 인공지능이 학습하여 적절한 경보시점을 알려준다는 대답을 한다.

전자와 같이 대답하는 경우는 상대적으로 매우 적다. 장비를 만들고 시험하면서 어떤 부분에서 불량이 자주 발생하는지 측정하는 것은 일반적으로 현대까지 기술이 발전해오면서 행해졌던 장비 출시 전 시험운용 공정이기 때문이다. 전자의 경우라면, 장비에 포함되는 부품과 부품의 연동으로 인한 고장은 측정하지 않는다는 말 같기도 하다. 신뢰도 공학에서는 총수명 간 발생하는 전체 고장에서 수명 초반에 발생하는 대부분의 고장이 장비를 구성하는 부품 간의 연동 문제가 적지 않은 비중을 차지한다고 한다. 설계할 때는 연동했을 때 발생하는 고장까지 고려되기 어렵다.

후자의 경우는 오히려 사람들의 신뢰를 받는 경우가 많다. 실제로 많은 기업에서 센서들이 수집한 데이터를 실시간으로 모니터링시켜주면서 데이터를 학습하는 과정을 보여준다. 경보가 울리는 시점이 이렇게 결정된다는 것을 직접 보여준다.

여기서 관심을 가져야 하는 부분은 그래서 얼마만큼의 데이터가 있어야 이 시점이 결정되는가이다. 10년차에 장비 단위에서 40건의 고장이 발생했는데 구조상 장비 전체와 A 부품의 고장률 비율은 1:10이라고 해보자. 굉장히 신뢰도 낮은 부품을 가정했다. 한 대의 장비에서 고장 나는 모든 현상의 10%가 A 부품에서 발생한다는 의미이다. 이러한 부품이 실제로 있다면 출시 자체가 안 되었을 것이다. 그럼에도 불구하고 10%라는 정보가 있다면 40건 중 4건이 A 부품에서 발생한 고장이다. A 부품의 고장 데이터는 [그림 2-17]과 유사할 것이다.

A 부품에 대한 센서 수치가 0.3 이상에서 고장이 많이 발생하는 것처럼 보이는 데 한편으로는 -0.2보다 작은 곳에서도 고장이 발생하였다. 어디를 고장 발생 시점으로 보아야 하는지 불분명하다. 동일한 장비가 10대이고 대부분의 A 부품이 이 정도의 신뢰도를 보인다면 A 부품의 고장 데이터는 모두 40개가 될 것이다. 그리고 이들은 [그림 2-15]와 같이 분석하기 편한 형태가 되어 있을 것이다.

이제 실제 우리가 사용하고 있는 장비들의 신뢰도를 고려하여 이 방법이 적용 가능한지 생각해 보자. 군용 디젤엔진은 MTBF가 8,000시간이 넘는다. 24시간 작동한다고 가정하자. 대략 333.3일약 1년에 한 번 긴급고장이 발생한다. 내연기관의 부품은 대략 5,000개이다. 1년에 한 번 5,000개 중 1개의 부품에서 고장이 발생하여 장비가 셧다운 된다. 1년에 한 번 디젤엔진으로 인한 긴급고장이 발생한다고 가정하면 실제보다는 조금 더 많은 수치이다.

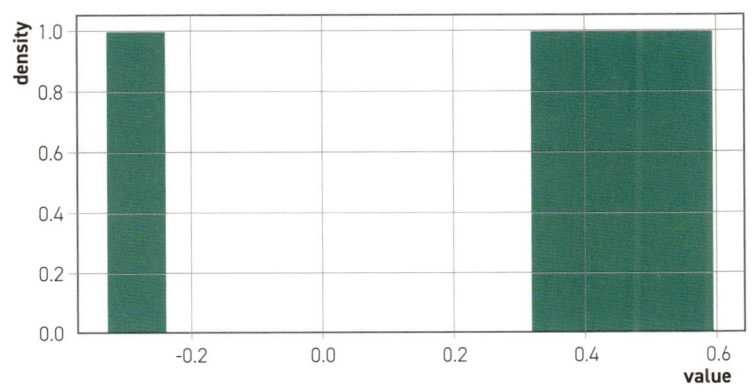

[그림 2-17] 데이터 샘플이 4개인 경우

엔진을 한번 구입하면 50년을 쓴다고 가정해보자. 1년에 한 번씩 고장이 발생하여 50년간 50가지 부품의 고장이 관측되었다. 50가지 부품 중 같은 부품에서 고장이 발생했을 가능성은 매우 낮을 것이다. 다행히 이 디젤엔진을 1,000대나 운용하고 있다고 가정해보자. 50년간 1,000대에서 발생한 전체 고장의 수는 50,000회이다. 50년간 5,000개 모든 부품에 대해 10회씩의 고장 데이터를 확보했다.

그래도 통계학적으로 허용되는 범위인 7개 이상의 데이터를 확보했다. 이제 이 데이터를 활용하여 함정의 고장을 추정하면 된다. 그런데 함정은 이미 도태되고 없다. 이 데이터를 활용하여 분석하기에는 이미 너무 늦어버린 것 같다. 실제 장비의 MTBF는 예시보다 크다. 장비 작동시간도 매일 매시간 돌리지 않는다. 부품은 5,000개가 넘는다. 장비는 50년이나 사용하는 경우가 드물다. 같은 장비를 1,000대나 보유하는 경우도 드물다. 실제는 위 예시보다 데이터 수집이 훨씬 힘들다는 것이다.

이런 논리에 따라 장비 제작사에서 설명하는, 머신러닝을 통해 적절한 경보시기를 준다는 것도 이해하기 어려워진다. [그림 2-17]과 같은 데이터가 있다면 그냥 −0.04에서 경보를 주고, −0.03에서는 부품을 당장 교환하도록 경보를 발생시킬 것이다. 어찌되었던, 데이터에 기반하였고, 인공지능이 판단한 결과이다. 그 속을 모르는 구매자는 인공지능이 어련히 잘 판단하겠지 할 것이다. 장비 제작사는 부품을 많이 팔 수 있을 것이다. 실제로 −0.02의 고장은 부품 불량에 의한 것이고 실제 고장은 0.03에서 발생할지도 모른다. 업체는 0.03−(−0.02) = 0.05만큼 부품 판매량을 증가시킬 수 있다.

이번 절에서 설명한 것처럼 통계분석이 가능한 만큼의 데이터를 수집하는 것도 불가능하고, 구조적 정보가 도움되지도 않는다면 흔히 하는 말처럼 고장을 예측하는 것은 정말 신의 영역인가?

② 고장 발생 시점 탐색방법

일반적으로 이처럼 매우 낮은 확률로 발생하는 고장을 희귀사건rare event 또는 극단사건extreme event 라고 부른다. 흔히 1/1000 이하의 확률로 발생하는 사건들을 말하지만, 절대적인 기준이 있는 것은 아니며 도메인의 특성과 사건의 치명성을 고려하여 결정해야 한다고 알려져 있다. 사건의 치명성은 파급력으로도 이해할 수 있다. 어떤 사건이 있는데 발생할 확률은 매우 희박하지만, 그로 인한 피해가 엄청난 경우가 있다. 예를 들어 허리케인, 해일과 같은 자연재해가 여기에 해당하고, 신뢰도 높은 장비의 고장도 여기에 속한다.

군용 장비에 탑재된 부품이 고장 나서 장비가 멈추면 작전이 중단되는 위험한 상황에 놓이게 될지도 모른다. 영향력을 정량적으로 수치화하거나 금액으로 환산할 수 있으면 이러한 사건에 대비하기 위해 투자해야 할 적정한 수준의 노력이나 재화의 정도가 결정될 수 있겠으나, 일반적으로 너무 거대한 피해로 인해 산출이 어려운 경우가 많다.

부품의 고장은 이전 장에서 본 것처럼 플랫폼 전체를 넘어 시스템 전체에 영향을 미친다. 즉, 피해를 금액으로 산출하는 것은 어렵다. 신뢰도 공학에서 말하는 30개나 7개 이상의 데이터를 수집하는 것은 현실적으로 쉽지 않음을 이전 절에서 확인하였다. 이번 절에서는 적은 데이터를 활용하여 어떻게 현실적인 고장 발생 지점을 찾을 것인가에 대한 문제를 다룬다.

[그림 2-18]은 극단값이 관측되는 예시 데이터를 생성한 것이다. 굉장히 많은 정상 데이터와 3개의 극단값 데이터가 있다. 장비에 대한 데이터라면 극단값은 고장이 발생한 시점일 수도 있고, 자연현상 중 재해로 이어진 상태일수도 있다.

1,000개의 관측된 데이터 중 오직 극단값이 3개만 존재한다면 극단값이 발생하는 지점은 어디일까? 다행히 데이터가 많은 덕에 시각적으로 기본적인 판단이 가능하다. 2.72보다 크고, 2.8보다 작은 어느 지점에 극단현상이 발생하는 지점이 있다고 추측할 수 있다. 이를 임계점threshold 이라고 한다.

EVT Extreme Value Theory 분야에서는 전통적으로 이러한 지점을 찾기 위한 노력들이 있었다. 베이지안 추정 Bayesian inference, MLE Maximum Likelihood Estimation 등 많은 방법들이 있지만, 힐플랏 Hill plot 이 대표적이다.

그런데 실무에서 EVT를 활용해야 하는 상황이 생겼을 때는 신중함이 필요하다. 2.72와 2.8 사이의 어떤 값을 찾아내야 할 만큼 민감한 분야이지만, 힐플랏은 다소 정성적이다. 최종적으로 시각적인 판단이 적용되기 때문이다.

힐플랏은 기본적으로 Pickands–Balkema–de Haan의 이론을 기반으로 한다. 이 이론은 어떤 분포의 극단 부분이 가지는 공통적인 특징에 대한 것이다. 이론에 따르면 극단 부분의 분포는 [그림 2-19]와 같이 파레토 분포 Pareto distribution의 특징을 따른다. 중요한 점은 모분포의 형태와는 무관하게 파레토 분포를 따른다는 것이다. 모분포가 정규분포, 지수분포와 같은 지수족인 경우뿐만 아니라 와이블 분포와 같은 비지수족인 경우에도 분포의 극단 부분은 파레토 분포를 따른다는 것이다.

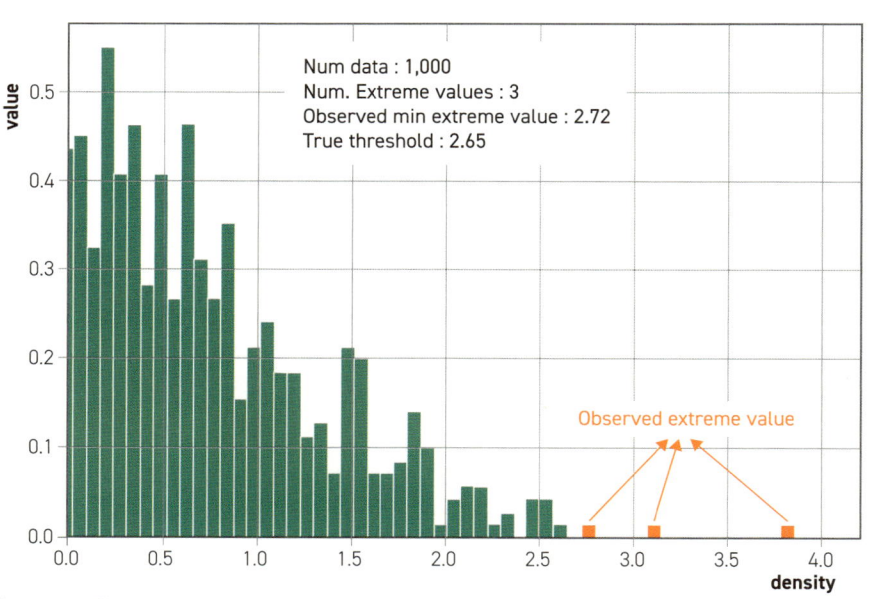

[그림 2-18] 극단값 관측 데이터 예시

극단값으로 관측된 데이터들을 파레토 분포에 적합fitting 시키면 사건의 극단 부분이 가지는 특징을 해석할 수 있다는 것이 힐플랏의 핵심이다.

힐플랏은 이러한 극단값으로 관측된 데이터들을 파레토 분포에 적합시킨 뒤 힐 추정Hill estimation을 적용한다.

$$\hat{\xi}_k = \frac{1}{k} \sum_{i=1}^{k} ln\left(\frac{x_i}{x_{k+1}}\right)$$

$x_1 \geq x_2 \geq \cdots \geq x_k$ *are the top k order statistics from the data.*

위 식에서 x_1, x_2, ⋯, x_k 은 관측된 데이터를 말하며, 이때 k개의 데이터는 큰 값부터 작은 값 순서대로 정렬한 것이다. 크기 순으로 큰 값부터 식에 대입되면 현재 값과 이전 값의 비율과 적용된 값의 개수가 반영된 힐 추정값을 도출하게 된다. 간단히 말하면 힐 추정값은 값들의 거리와 빈도를 동시에 고려한 지표이다. 힐플랏을 활용한 임계점 탐지는 힐 추정값의 안정적인 변화정도를 통하여 추정한다. 때문에 힐플랏을 활용한 임계점은 주로 '힐 추정값의 갑작스런 변화 이후 추세가 안정적으로 변하는 지점'으로 결정된다.

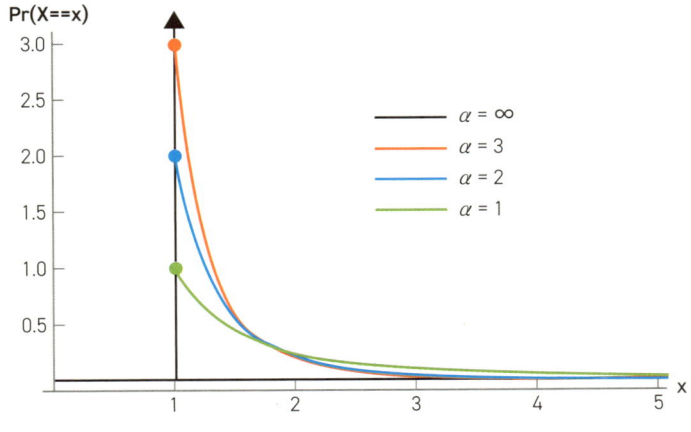

[그림 2-19] 파레토 분포(위키백과)

[그림 2-20]의 경우 상위 극단값 순으로 10개 이후 힐플랏의 추세가 상향으로 변경되기 때문에 상위 10번째 값을 임계값으로 결정할 수 있다.

힐플랏을 활용한 임계값 추정은 위 설명과 같이 매우 정성적이다. 물론 [그림 2-20]에서 가장 큰 힐 추정값의 변화는 10번째 데이터에서 발생한다. 그러나 10번째 값 이후 힐 추정값의 변화가 안정적이라고는 할 수 없다. 따라서 힐플랏을 이용한 방법은 매우 많은 데이터를 기반으로 수행되어야 정확도가 높아진다.

[그림 2-21]은 또다른 힐플랏 예시이다. K는 극단값을 큰 값부터 나열한 순서이다. 이전에 설명한 것과 같이 힐 추정값이 안정적으로 변하는 지점을 찾는다. 그런데 [그림 2-21]은 크게 3가지 추세를 가진다. 1~11번째, 11~32번째, 32번째 이상에서 기울기가 다르다.

[그림 2-20] 예시 데이터의 경우 임계점은 1개이다. 실무 데이터라면 어떤 데이터인가에 따라 다르겠으나, 임계점이 2개 이상인 경우도 있을 것이다. 여기서 중요한 점은 데이터가 충분하지 않은 경우 정성적으로 임계점을 판단하기 어렵다는 것이다.

[그림 2-22]는 [그림 2-18]의 일정 부분을 확대한 것이고, 힐플랏을 활용한 추정 결과가 도식화되어 있다. [그림 2-22]에서 설정한 실제 임계값은 2.65였다. 극단값의 수는 3개였으므로, 힐 플랏이 임계값을 정확히 탐지했다면 힐 추정값의 변화_{안정화} 지점으로 k=3의 위치가 선택되었어야 한다.

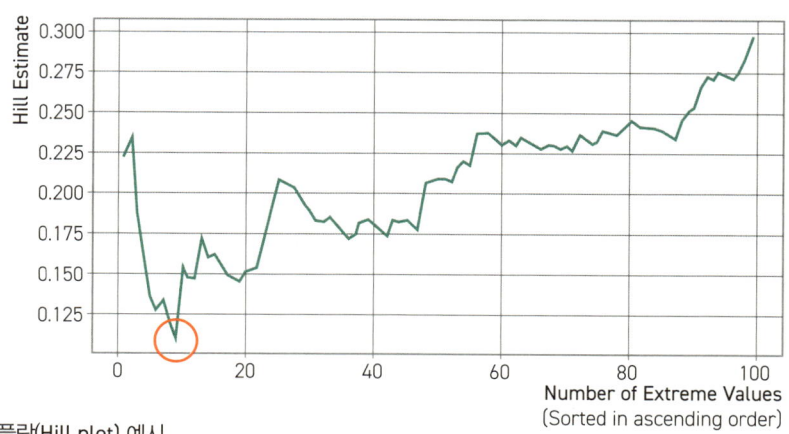

[그림 2-20] 힐플랏(Hill plot) 예시

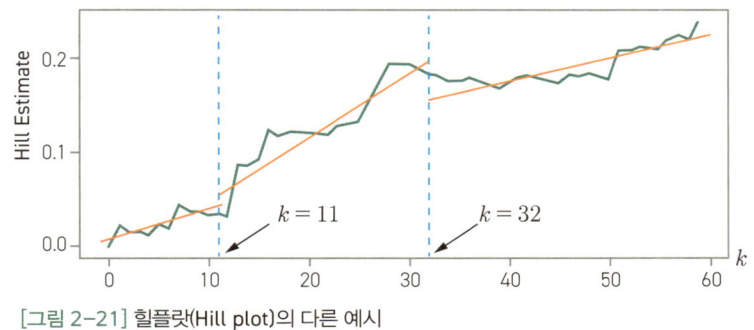

[그림 2-21] 힐플랏(Hill plot)의 다른 예시

[그림 2-22] 힐플랏(Hill plot)의 다른 예시

③ 수리를 잘 하기 위한 노력

이전 장에서 기술한 바와 같이 결국 현대의 수리repair는 교체를 잘하는 것으로 귀결된다. 교체를 잘하기 위해서는 구매를 잘해야 하고, 이를 위해 예측을 잘해야 한다. 예측을 잘하려면 충분한 양의 데이터가 필요한 데, 이 또한 제한된다. 고장의 임계점을 가늠할 수 있다면 모니터링 중인 신호가 임계점 근처에 도달했을 때 경보를 주고 고장이 발생하지 않도록 조치할 수 있을 것이다. 그런데 이 임계점을 구하는 과정에서도 데이터가 많아야 한다는 한계에 다시 봉착하게 된다.

안타깝게도 실무에서 우리가 접하게 되는 상황의 대부분은 이와 같다. 데이터는 늘 충분하지 않다. 때문에 상태 기반정비와 같은 철저한 데이터 기반의 정책을 시행하는 것은 어렵다. 상태 기반정비는 장비의 센서 정보를 실시간 모니터링하고 분석하여 다음 정비시기를 결정하거나, 수리 부속을 조달하는 정비정책을 말한다. 상태 기반정비가 수행되면 고효율의 정비가 가능할 것이라는 점에 대해서는 많은 이들이 공감할 것이다. 다만, 이것이 실현 가능한 것인가에 대해서는 이견이 분분하다.

최신형 방산장비에는 이러한 편의를 제공하기 위해 장비에 설치된 많은 센서 정보들을 지속적으로 수집하고 축적하는 설비가 갖추어져 있다. 전차의 경우, 이동한 지형의 특징, 이동속도나 거리, 운전자가 에어컨을 켰는지, 실내 습도가 어느 정도이고, 장비 절연은 어느 정도인지 등 수많은 정보가 저장되는 것이다. 상태 기반정비의 개념에 따르면 이러한 정보들은 저장될 뿐만 아니라 정비부대로 전송되어야 한다. 시스템에는 정보 전송을 위한 장비도 탑재되어 있다. 사실상 상태 기반정비를 위한 인프라가 어느 정도 갖추어진 셈이다.

하지만 상태 기반정비는 아직 정상적으로 진행되지 않고 있다. 크게 2가지 문제가 있다. 하나는 보안의 문제이고, 다른 하나는 인프라의 문제이다. 군에서 보안의 문제는 늘 이슈가 되어왔다. 네트워크를 활용하여 장비 상태를 실시간 또는 준실시간으로 전송할 때 발생할 수 있는 해킹의 위험에서 자유로운지 충분히 검증되어야 한다.

인프라의 문제는 예산과 관련된다. 실시간으로 장비의 센서정보를 중앙집중화하기 위해서는 통신회선의 용량이 현재보다 훨씬 커져야 한다. 군장비의 특성상 상용 통신이 불가능한 지역에서도 통신이 가능해야 하므로 통신 용량뿐만 아니라 대역폭 등 고려해야 할 요소가 매우 많다.

이런 2가지 문제가 해결되지 않는다면 상태 기반정비가 가능한 장비가 있어도 데이터 모니터링조차 어렵다. 방산 전시회에서 소개되는 수많은 모니터링 장비들은 대부분 네트워크 인프라가 생략되어 있다. 이들은 상용 통신망을 이용하는 경우가 많다. 5G나 LTE와 같은 매우 빠른 통신 회선을 활용한다.

공군은 상대적으로 작전구역이 넓지 않지만 간이 기지국으로 운용 가능하다. 요즘 민간 항공기에서 wifi가 작동된다는 점을 생각해보면 작전 중에도 상용 통신망 활용이 가능할 것으로 추정할 수 있다. 육군도 별도의 기지국을 운용할 수 있다. 통신장비가 가득 실린 전투지원 차량들이 이러한 형태의 일종이다. 해군은 문제가 있다. 통신장비 설치는 해군이 타군보다 유리하다. 그런데 육지로부터 워낙 멀리 떨어진 곳에서 작전을 수행하기 때문에 기지국과 기지국 간의 거리가 너무 멀어진다. 결국, 위성의 도움을 받아야 한다. 위성 용량의 문제로 모니터링 데이터 전송이 까다롭다.

중앙 서버에서 데이터를 충분히 학습시킨 후 각 장비에서는 유의미한 정보만을 선별하여 가공한 결과를 전송할 수도 있다. 그렇게 된다면 전송 용량이 대폭 감소할 것이고, 대규모 통신공사 없이도 상태 기반정비가 가능하게 될 것이다. 일종의 엣지 컴퓨팅edge-computing과 유사한 개념이다. 다만, 어떤 수준을 유의미한 정보라고 할 것인가에 대한 문제를 해결해야 한다. 결국, 임계점의 문제로 다시 회귀한다. 적은 데이터를 활용하여 임계점 추정이 가능하다면, 모든 데이터를 중앙집중화시키지 않고 유의미한 정보만을 전송할 수 있을 것이다. 또, 신뢰도 높은 장비들을 활용하는 많은 산업장비들의 운용에 유용하게 활용될 수 있을 것이다.

본 절에서는 군과 같이 데이터가 적은 환경에서 임계점을 추정하는 방법을 소개한다. 다음 장에서 다른 방법도 설명한다. 이 방법이 절대적으로 맞으므로 널리 활용되어야 한다는 의미는 아니다. 다만, 이러한 노력들이 충분히 계속되면 평생에 걸쳐 데이터를 모아도 불가능한 데이터 기반의 상태 모니터링, 예측 정확도의 비약적인 향상 등이 실현될 것이라는 점을 강조하고 싶다. 임계점 탐지가 필요한 만큼 작은 확률로 발생하는 사건을 예측할 수 있다면 상대적으로 확률이 큰 사건의 예측은 그만큼 쉬워진다.

첫 번째 방법은 데이터를 재샘플링하는 것이다. [그림 2-23]의 위 그래프는 가상의 데이터를 히스토그램으로 그린 것이다. 정상 데이터는 회색 부분점선 좌측, 극단사건은 빨간색 부분점선 우측이다. 극단사건은 점선은 임계점이다. [그림 2-23]의 위 그래프에서는 극단사건 데이터의 수가 적다. 반면, 아래 그래프에는 극단사건의 수가 정상사건보다 훨씬 많은 비중을 차지한다.

[그림 2-23]은 정상 데이터위에서 극단사건이 가진 특성을 고려하여 재샘플링아래한 결과를 비교한 것이다. 이는 단순히 관측된 데이터 내에서 극단사건이 차지하는 비율을 구하는 것이 아니라

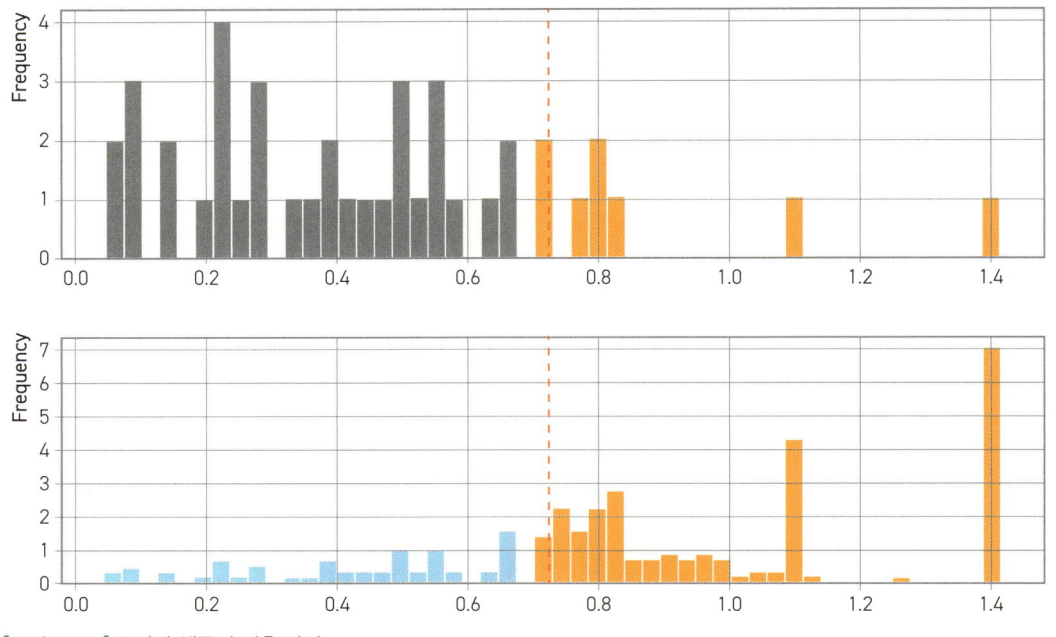

[그림 2-23] 극단값 샘플링 전후 차이

가상의 극단사건을 생성하는 방법이므로, 분포 끝단에서의 행태를 보다 확대해서 관측하는 방법
이다. 시각적으로 보기에도 위 그림보다 훨씬 규칙성 있어 보인다.

[그림 2-24]는 1,000개의 관측된 데이터 중 가장 큰 값 2개가 극단값이었을 때 임계점을 찾은
결과를 비교한 것이다. 전통적 방법인 힐플랏은 빨간색, 소규모 데이터를 활용한 임계점 탐지방법
은 파란색, 가상의 실제 임계값은 연두색이다.

소개한 방법파란색의 경우 실제 임계값과의 차이가 힐플랏에 비해 작은 것을 볼 수 있다. 이 방법
은 소규모 데이터에서 고품질의 임계점을 탐지해야 하는 군 데이터의 경우에도 적용이 가능하고,
많은 산업장비의 모니터링/경보 시스템에도 활용이 가능하다. 이들은 공통적으로 정량적인 기준
으로서의 임계값이 필요하다.

한편, 정부에서 시행하는 많은 정책에도 임계값은 필요하다. 가령, 새로운 의료정책을 몇 세부
터 무상으로 서비스할 것인지, 금리 인상과 인하의 기준을 어떻게 정할 것인지와 같은 기준들도
임계값의 일종이다. 국제보건기구WHO와 같은 국제기구들은 각 국가의 상태나 정황을 관측해야

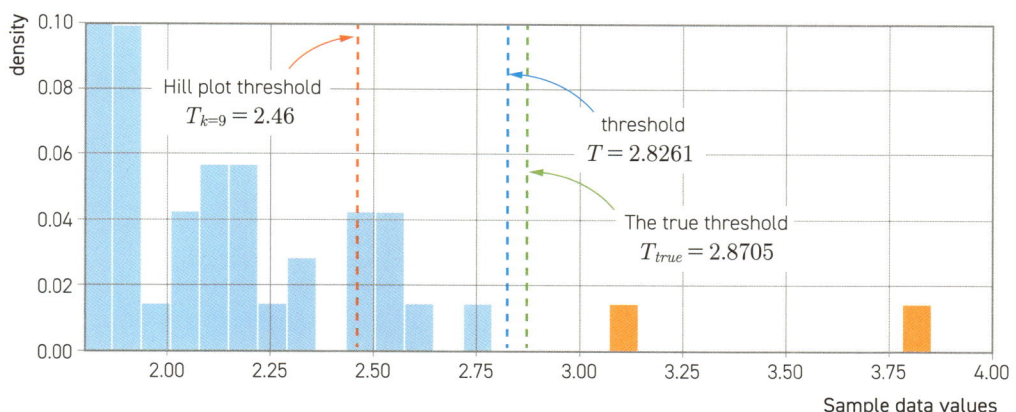

[그림 2-24] 임계점 탐지 결과 예시

하는데 각 국가들의 보고내용을 종합·통제하고, 어느 국가가 위험한 수준인지 판단·지원하기 위해서도 임계값은 필요하다.

[그림 2-25]는 소규모 데이터를 활용한 임계값 탐지 알고리즘을 COVID-19 데이터에 적용한 것이다. COVID-19 확산에 따른 사망자 증감 추이와 국가별 대응 수준stringency index을 비교하여 여러 유럽 국가들 중 위험한 수준으로 노출된 국가를 찾은 것이다. 지도에서 빨간색으로 국가의 테두리가 씌워진 곳은 이전 모니터링에 비해 상황이 악화한 국가이다. 파란색은 호전되고 있는 국가이다. 주황색으로 색칠된 국가는 임계점을 넘은 국가로 위험국가로 분류된 국가이다.

인류가 질병과 오랜 싸움을 지속했음에도 COVID-19라는 새로운 질병에 속수무책으로 당했던 것은 관련 데이터가 매우 적어, 대응 수준을 설정할 수 없었기 때문이다. 소규모 데이터로 임계값을 정확히 탐지했다면 위험한 국가를 조기에 식별하여 지원이나 정부의 정책적 조치가 취해지도록 국제기구들이 움직였을 것이다.

임계값은 어떤 사건이 발생하는 지점으로도, 분류를 위한 기준으로도 활용될 수 있다. 수리를 수행하기 위한 적절한 장비상태는 어느 수준인지, 보다 세부적으로 어느 정도의 수치에서 정비계획을 수립해야 하고, 어느 수준에서 장비의 작동을 멈추고 정비를 수행하도록 권해야 하는지, 군수품 청구를 위한 재고의 마지노선은 어느 정도가 되어야 하는지 등 우리가 흔히 다른 이름으로도 부르는 기준값들도 임계값의 하나이다. 그리고 이들은 데이터로부터 설정되어야 하고, 그 데이터가 소규모일지라도 설정할 수 있어야 한다.

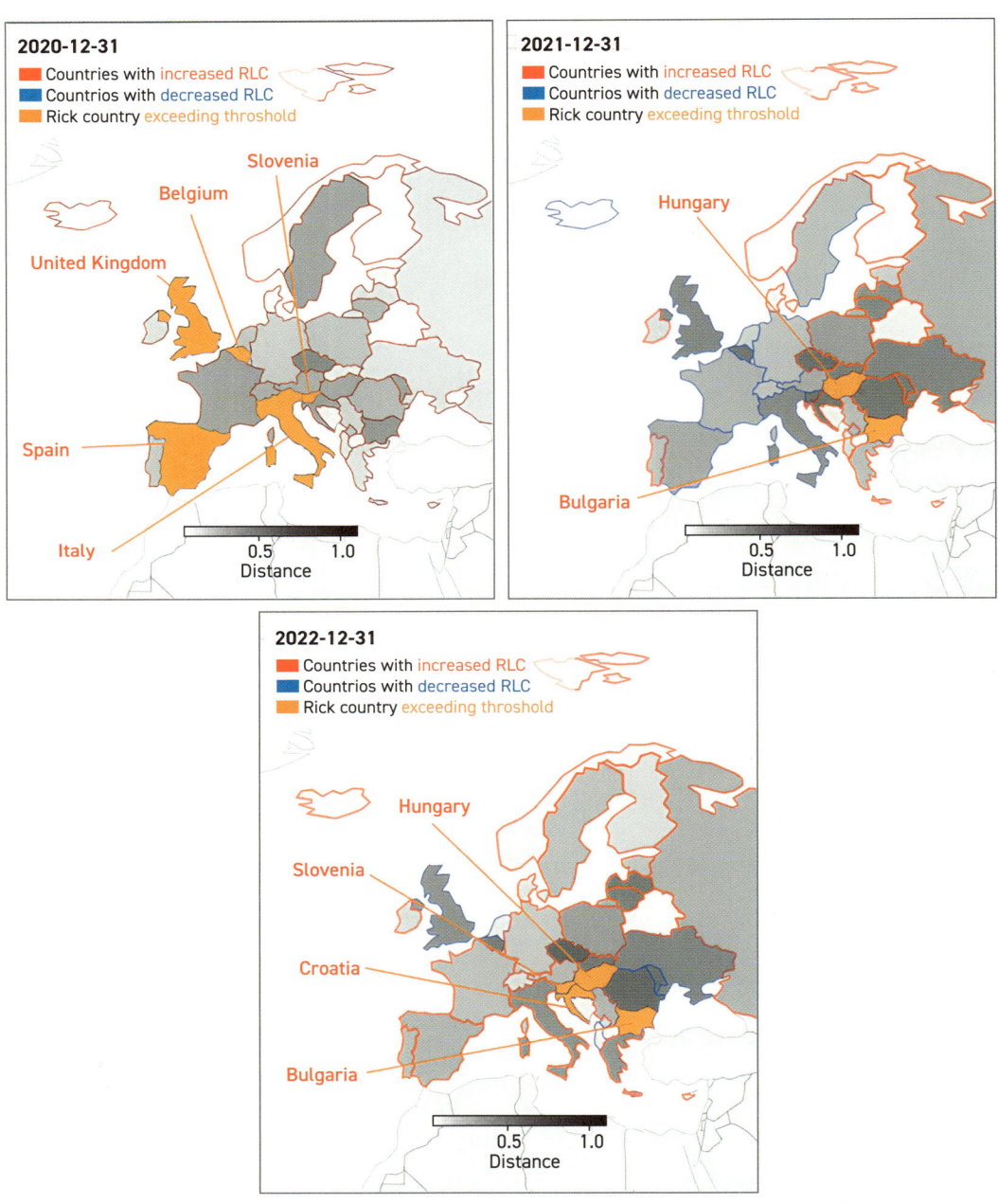

[그림 2-25] COVID-19 확산/대응 임계값 설정에 따른 위험 국가 식별

4장

유지정비가 고장정비보다 어려운 이유

 유지의 실패가 가져오는 손실

고장이 발생하여 장비가 멈추면 갑작스럽게 시스템이 중단된다. 이를 방지하기 위해 유지정비를 한다. 고장이 발생하기 전에 정비 스케줄을 잡고 미연에 발생하는 갑작스러운 중단을 막겠다는 것이다. 정비방법은 여러 단계가 있고, 능력에 따라 단계를 향상시킬 수 있다. 정비정책이 발전하면 장비운용 가용도도 높아진다. 일반 산업용 장비라면 생산성이 향상된다고 생각할 수 있다.

흔히 수천 또는 수만 km 운행 시마다 자동차의 엔진오일을 보충하거나, 타이어를 교환하는 행위들이 유지보수에 해당한다. 엔진오일을 보충하지 않고 자동차를 계속 운행하면 과열로 인해 자동차에 문제가 발생하게 된다. 이를 미연에 방지하기 위한 정비방법인 것이다.

유지정비에 실패한다는 것은 고장을 미연에 방지하는 데 실패한다는 것이다. 이 경우, 돈이 이중으로 투입된다. 고장을 막기 위해 시간과 돈을 들여 유지정비를 수행했는데, 고장수리를 위한 돈과 시간이 다시 필요하게 된 것이다. 즉, 유지정비가 제대로 안 되면 정비비용은 2배가 된다.

[그림 2-26]은 유지정비의 실패에 따른 정비비용 상승의 예시이다. 실제 비용의 상승은 실선과 같은 형태로 나타날 것이다. 유지정비를 열심히 해도 고장은 발생하기 때문이다. 이에 대해서는 다음 절에서 논하기로 한다. 이상적인 경우라면 점선과 같은 형태로 정비비용이 상승해야 한다. 유지정비를 수행하면 고장이 발생하지 않는 경우이다. 고장정비가 발생하기 전에 주기적인 시간마다 유지정비를 수행하고 있다. 유지정비를 한 횟수만큼 정비비용이 상승한다.

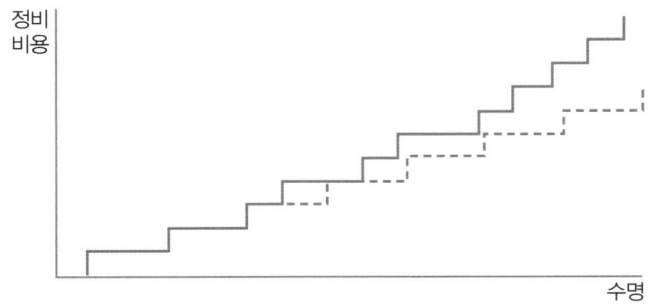

[그림 2-26] 수명과 정비비용의 관계

    이상적인 경우는 실제로 발생할 수 없기 때문에 정비주기를 줄여서 자주 검사하면 고장을 더 많이 방지할 수 있지 않은가, 라고 생각할 수 있다.

    [그림 2-27]의 실선은 정비주기를 줄여서 고장정비가 발생하지 않는 상황이다. 점선은 정비주기가 실선보다 길고 고장정비도 간혹 발생하는 경우이다. 유지정비를 너무 자주하게 되면 오히려 정비비용이 증가한다.

    유지정비 주기가 너무 길어지면 고장이 더 자주 발생하게 된다. 잦은 고장정비로 인해 정비비용은 커지게 된다. 유지정비 주기는 짧아져도, 길어져도 안 되고, 적절한 수준이 있다. 어떤 장비이든 알맞은 유지정비 주기와 정비기간이 있다. 산업계나 군이나 모두 장비를 잘 운용하는 것이 목표가 되는 경우가 많다. 이는 보통 장비의 운용 가용도를 높이거나 생산성을 증가시키는 것과

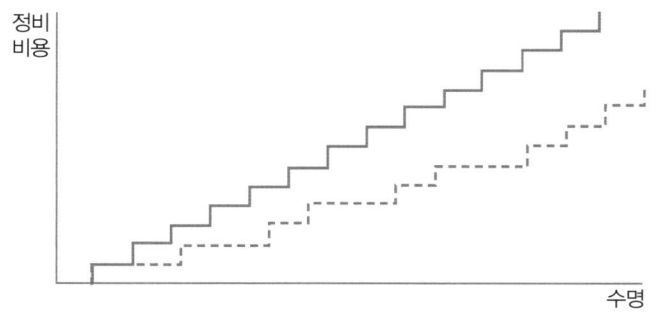

[그림 2-27] 정비 주기가 짧아지는 경우

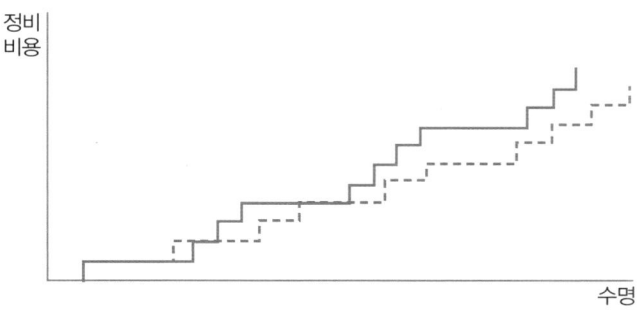

[그림 2-28] 정비 주기가 길어지는 경우

연관된다. 유지정비 주기가 너무 길면 고장이 발생하여 오히려 비용이 증가하고, 유지정비 주기가 너무 짧으면 초과 정비를 하게 되므로 오히려 비용이 증가한다.

반년 단위로 유지정비를 하는 장비가 있다고 가정해보자. 이 장비는 운용 수량이 많음에도 불구하고 동시에 정비할 수 있는 수량은 한정되어 있다. 게다가 이 장비의 정비에 필요한 부품은 구하는 데 많은 시간이 필요하다.

동시에 정비할 수 있는 수량이 정해져 있다 보니 유지정비 주기를 맞추기 어렵다. 이상적인 상황을 고려하여 정비소를 지었기 때문이다. 실제로는 유지정비 후에도 고장이 발생하기 때문에 계산적으로 정비용량은 늘 부족할 수밖에 없다. 유지정비 주기를 맞추기 어려울 뿐만 아니라 부품을 구하는 시간도 많이 걸리다 보니 반년에 한 번 정비한다는 규정이 무의미해 보일 수 있다. 마침 정비가 계속 지연되다 보니 실제로는 반년에 1회가 아니라 연 1회 정도 유지정비를 하고 있었다.

결국, 이 장비의 정비주기는 반년 1회에서 연 1회로 변경되었다. 실제 상황에 맞도록 규정을 수정한 것으로 볼 수도 있다. 한편으로는, 애초에 유지정비 주기가 왜 반년 1회였는지에 대한 의문이 생긴다. 반년 1회에 맞춰 정비소를 증가시켜야 하는지, 현재 정비소의 수를 유지하고 연 1회 정비로 수정할 것인지 고민이 많았을 것으로 생각된다.

② 수리와 정비의 차이

이전에 설명한 것처럼 장비는 계층적으로 구성된다. 수리를 예측하려면 시스템적 관점에서 고장을 예측해야 하고, 고장을 예측하기 위해서는 계층적 구조 아래 부분을 보아야 한다고 기술하였다.

고장에는 수리가 필요하다. 고장은 자주 발생하지 않는다. 따라서 데이터가 적다. 데이터가 적기 때문에 모아서 보려다 보니, 모아진 데이터는 장비 전체 부품을 구분하지 않고 뭉친 하나의 덩어리 데이터가 된다. 전체 부품을 하나의 데이터로 합쳐 놓았기 때문에 부품 단위로 다시 내려가야 한다. 그래서 수리에 대해 고민하기 위해서는, 즉 고장에 대해 고민하기 위해서는 계층의 위에서 아래 방향으로 데이터를 살핀다. 반대로 정비는 아래에서 위로 살핀다. 다만, 고장을 논할 때처럼 부품과 장비의 단위가 아니다. 고장을 논할 때는 장비 단위에서 부품의 설계구조 시스템를 논하였지만, 정비의 경우는 다르다. 정비는 장비보다 상위 계층의 시스템을 다루어야 한다.

[그림 2-29]는 해군 함정의 계층적 구조를 나타낸 것이다. 가운데 3척의 배는 군함의 타입을 의미한다. 군함도 목적에 따라 전투, 지원, 지원보조 등의 용도로 구분할 수 있고, 크기에 따라 대, 중, 소로 구분할 수도 있다. 이들은 모두 다른 생김새와 다른 장비들로 구성된다.

한 척의 함정에는 여러 장비들이 있고, 그 하단에는 더 많은 수의 수리부속이 있다. [그림 2-29]는 정비와 수리가 다루는 시스템의 차이를 알기 위한 그림이다. 중간에 위치한 3가지 함정 타입을 기준으로 하부 계층으로 내려가면 수리, 즉 고장을 다루는 시스템이다. 반대로 함정 타입을 기준으로 상위 계층으로 올라가면 정비를 다루는 시스템으로 이해할 수 있다. [그림 2-29]는 간략화한 그림이고, 실제 군함 시스템의 계층적 구조는 이보다 훨씬 복잡하게 구분할 수 있다.

수리를 잘한다고 생각해보자. 고장 난 부품을 귀신 같이 찾아내서 새 제품으로 고치거나, 완벽히 새것과 같은 수준으로 정비를 했다고 생각해보자. [그림 2-29]의 계층적 구조를 고려한다면, 가장 하위에 위치한 부품의 수리가 잘 된 것이 상위 계층에 얼마나 영향을 미칠까? 수리를 잘한다고 다음 정비내용이 줄어들거나, 한 번 정비를 건너뛰는 등으로 이어지지는 않을 것 같다. 부품 수

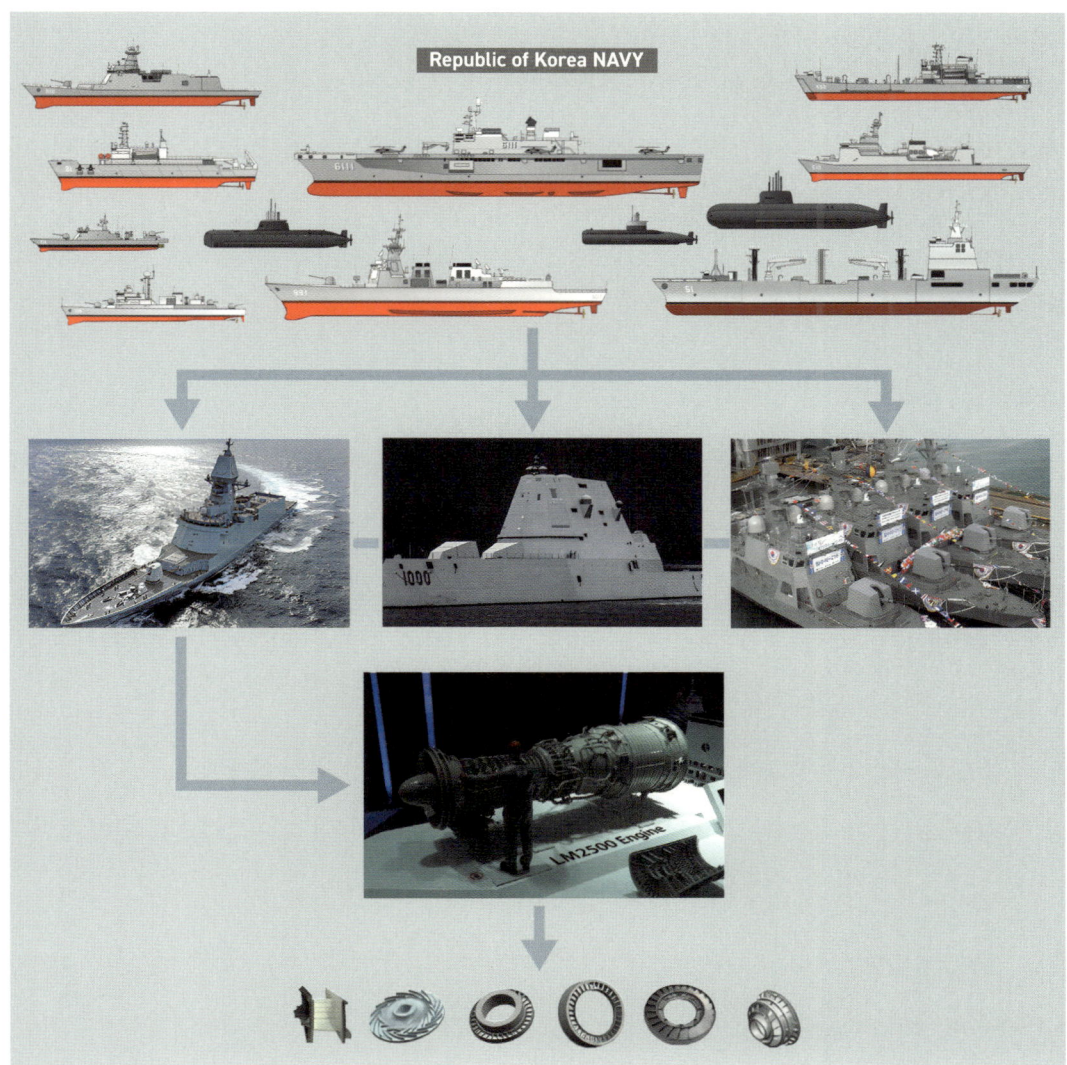

[그림 2-29] 계층적 구조

리 하나를 잘해도 전체 장비에서는 미약한 하나이기 때문이다.

반대로 정비를 잘한다고 생각해보자. 유지정비 때문에 정비소에 들어갔는데 다음에 고장 날 것으로 예상되는 장비의 부품을 찾았고, 이를 새것으로 교체했다. 다음 임무 중 해당 장비의 고장은 없었다. 동일한 부품을 새것 수준으로 만들었지만 타이밍이 다르다. 한 번은 고장 이후 수리였고,

다른 한 번은 고장 이전의 정비였다. 좋은 정비는 고장을 미연에 방지하기 때문에 불필요한 수리 비용의 낭비를 줄인다. 갑작스러운 장비의 셧다운Shut-down으로 인한 손해도 막는다. 장비 셧다운 시 발생할 수 있는 다른 부품들의 피로도의 증가도 막는다. 더 큰 단위에서 본다면 고장 때문에 대신 임무를 수행했어야 할 다른 함정의 피로도도 높이지 않는다.

[그림 2-30]은 해군 함정들의 수명에 따른 고장 발생 추이를 나타낸 것이다. 붉은색 점은 실제 데이터이다. 수명이 증가할수록 대체로 고장이 증가하는 추세를 보인다. 파란색 점선은 개략적인 추세선을 나타낸 것이고, 고장함수Failure function이다.

실제 데이터를 살펴보자. 해군 함정은 대략 8년마다 창정비OVHL를 수행한다. 필요하다면 분해 까지도 해서 함정의 성능을 회복하는 수리이다. 낡은 부품이 있다면 교체하고, 장비의 원천 기술 을 가진 외국 기업의 기술자에게 수리를 받기도 한다. 그런데 창정비가 종료되었을 것이라고 생각 되는 9년 차, 17년 차, 25년 차 즈음의 데이터를 보면 오히려 고장이 증가했다. 이에 대한 사유는 대략 3가지 정도가 있을 수 있다.

첫째는 수리한 장비의 호환성과 초기 고장의 효과이다. 많은 장비가 연결되고 동시에 작동하 면 상호 호환의 문제 등이 발생하여 고장이 많이 발생한다. 예를 들어 [그림 2-30]의 수명 초반부

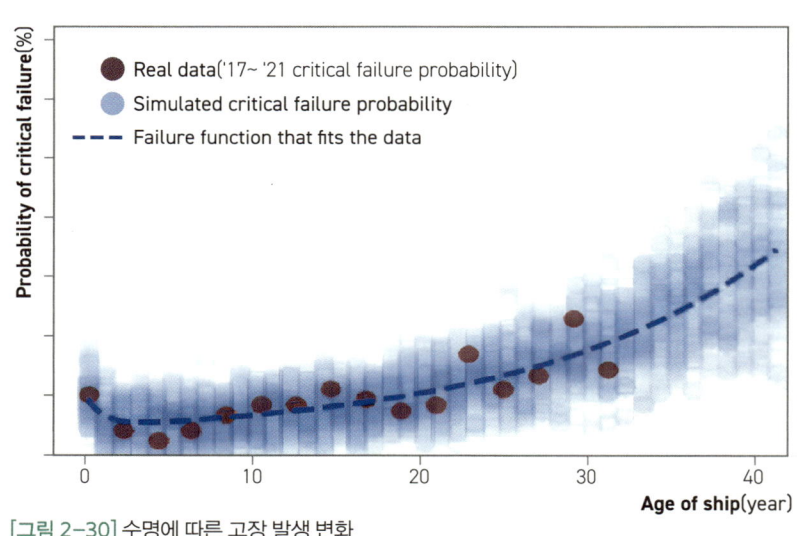

[그림 2-30] 수명에 따른 고장 발생 변화

분에는 새 장비들만 탑재되어 있음에도 불구하고 고장이 상대적으로 많은 편이다. 이를 초기 효과Infant Mortality Failure라고 한다.

둘째는 정비능력의 부족이다. 쉽게 생각하면, 문제가 발생할 만한 소지가 있거나, 정격성능을 발휘하지 못하는 장비를 정비하면 미래에 발생할 만한 고장이 발생하지 않거나, 정격성능 이상의 성능을 발휘하여 수리건이 줄어야 한다. 하지만 정비가 제대로 되지 않아 이러한 현상이 보이지 않게 되는 것이다. [그림 2-31]과 같이 유지정비예방 유지보수는 시스템의 상태를 고장 발생까지 낮아지지 않도록 예방하는 효과가 있다.

셋째는 정비가 불필요했거나 함정 상태를 정확히 진단하지 못했을 가능성이다. 애초에 대규모 정비를 수행하게 한 것은 함정의 상태가 아니라 사람의 판단이었다. 모든 정비는 상태를 진단하고 정비가 필요해 보이는 부분을 정비하는 순서로 이루어진다. 여기서 진단능력이 충분하지 않다면, 정해진 기간마다 정해진 정비를 반복하는 행위를 반복할 뿐 장비의 성능을 유지하기 위한 조치는 어렵게 된다. 일정한 기간마다 수행하는 정비에서 이러한 문제가 자주 발생한다. 정비기간이 되었으니 시작은 했는데 어디를 정비해야 하는지 찾지 못하는 것이다.

[그림 2-30]에서 대규모 유지정비인 창정비의 효과가 보이지 않는 이유는 이외에도 여러 가지가 있을 수 있다. 저자는 세 번째의 경우가 가장 실제에 근접한 이유라고 생각한다. 우리나라는 조선 강국이고 이는 군함에 있어서도 마찬가지이다.

이미 미국과 같은 해군 강대국들도 우리나라의 조선소에 정비를 요청하고 만족하여 복귀하는

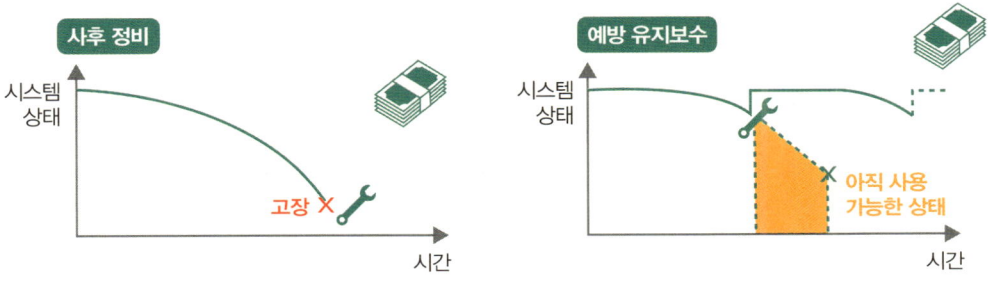

[그림 2-31] 수리와 정비의 차이(mmkorea.net)

사례가 늘어나고 있다. 즉, 우리나라의 정비능력은 낮지 않다. 심지어 함정을 만들어 내는 것도 세계적인 수준인데, 이를 정비하지 못한다는 것은 어불성설일 수 있다.

그러나 진단은 다른 문제이다. 분해된 장비의 부품들을 정비하고 교체하는 것은 쉽다. 부품의 어디가 문제인지 애매한 경우에도 부품 자체를 교체할 수 있다. 그런데 최근의 장비들은 여러 개의 부품으로 구성된 모듈들이 모여서 구성되는 경우가 많다. 어디선가 성능이 떨어지면 어떤 부품이 문제다, 라고 찾던 과거와 다르다. 과거에는 정확히 고장 개소를 찾지 못하면 교체하면 된다. 반면, 최근 장비들은 정확히 진단하지 못하면 모듈을 통째로 교체해야 한다. 정비비용이 이전 대비 크게 상승하게 된다. 장비 제작사는 받은 중고품을 세부 진단하여 신품 수준으로 수리한다.

결국, 정비능력이 충분함에도 불구하고 진단하지 못하도록 제작사에서 조치해 놓았기 때문에 정비를 못한다. 이런 문제는 대규모 방위사업체에서 최근 많이 발생하는 문제이다. 라이센스의 문제로 국내 기술자가 있어도 함부로 장비를 분해할 수 없고, 만약에 분해 후 문제가 생기면 수리비용이 크게 증가하거나 수리를 받지 못하는 경우도 생긴다. 실제로 유지정비는 진단이 중요한 부분

[그림 2-32] 국외 장비를 자체 정비하기 위한 노력은 끊이지 않고 있다.

으로 여겨지고 있다. 정확한 진단을 위해서는 데이터를 확인하는 것이 필수적이다. 그런데 구매자가 이 데이터에 자유롭게 접근하는 것이 제한된다.

공군의 경우 전투기의 작동 데이터를 확인하기 위해서는 전투기 제조사에 문의하여 데이터를 다운받을 수 있다. 우리나라가 해외로부터 구매한 전투기이나 데이터는 아직도 제조사에 귀속되어 있는 것이다. 데이터 분석을 통해 장비 진단능력을 키운다면 국내에서 미연에 정비하여 고장을 줄일 수 있음을 간접적으로 알려주는 사례인지도 모르겠다.

이전 절에서 살펴본 것과 같이 유지의 실패는 비용을 이중으로 청구한다. 그러나 유지의 성공이 비용을 반으로 감소시켜 주지는 않는다. 어느 정도 간격의 유지정비가 적당한지, 어느 부분을 집중적으로 정비해야 하는지, 정비기간은 어느 정도로 하는 것이 적당한지, 몇 명을 투입해야 하는지 등, 유지정비를 잘하기 위해 고려해야 하는 요소는 수도 없이 많다. 그러나 이를 잘하는 것이 비용을 절감시켜 준다는 보장은 없다.

최근에는 장비들이 워낙 신뢰도 높게 제작되기 때문에, 오히려 유지정비를 하지 않는 것이 낫다는 주장도 있다. 장비의 총수명 주기 동안 유지보수 정비를 한다면, 고장이 발생하지 않더라도 막대한 예산이 소모된다. 차라리 유지정비를 할 비용으로 장비를 한두 대 더 구매하고, 장비가 고장 날 때마다 대타 장비를 작동시키고, 고장정비를 잘하는 것이 더 효율적이지 않은가 하는 주장이다. 솔깃한 주장이다. 그러나 이를 실무에 적용시키기 위해서는 어떠한 장비인지, 시스템에서 어떤 역할을 하는지 등에 대해 철저한 분석이 사전에 이루어져야 한다. 병목bottle neck에 해당하는 장비라면 오히려 장비를 한두 대 더 구매하여 버퍼buffer로 활용하고, 고장이 발생하면 병목이 잠시 발생하도록 유지하는 방법도 있다. 병목을 유지하면서 병목에서 사고가 날까 전전긍긍하는 것보다 나은 선택일 수도 있다.

[그림 2-33]과 같이 좁은 도로를 유지하며 도로에 문제가 생기면 교통체증이 더 심화될까 봐 도로를 주기적으로 정비하는 방법도 있지만, 그 돈으로 출구 부분의 도로를 더 확장시켜 평시 교통체증을 더 완화시키고, 도로에 문제가 생기면 빨리 수리하는 게 더 나을수도 있다. 유지보수가 없는 게 나은지, 간헐적으로 하는 것이 나은지 등에 대한 해답을 구하는 것은 쉽지 않다. 유지보수를 하

[그림 2-33] 병목현상(나무위키)

지 않았을 때 발생할 수 있는 고장과 수리에 대해서는 이전 장에서 충분히 다루었다. 상당한 양의 데이터가 필요하고, 경우에 따라 충분한 데이터 축적이 어려워 분석이 불가능할 수도 있다. 여기서는 시스템적 관점에서 유지보수를 어떻게 분석하는지, 어떻게 발전시켜 나갈 수 있는지, 유지보수가 없는게 나은지 하는게 나은지는 어떻게 판단해야 할 것인지, 한다면 최적의 유지보수 주기는 어떻게 구할 것인지 등의 문제를 다룬다.

5장
시스템적 관점에서의 정비

 정비에 영향을 미치는 요소들

　장비의 수리를 분석하기 위한 시스템은 장비가 탑재된 체제의 하위 계층을 분석해야 한다고 하였다. 육군 전차의 포대에 대한 고장을 분석하기 위해서는 육군 전차 이하의 단위를 분석해야 한다. 반대로 장비의 정비를 분석하기 위한 시스템은 장비가 탑재된 체제의 상위 계층을 분석해야 한다고 하였다. 동일하게 육군 전차의 경우일지라도, 정비를 분석하기 위해서는 전차, 기동장비, 육군 장비 등의 순서대로 전차 이상의 계층으로 시스템을 펼쳐 나가야 한다. 시스템을 펼쳐 나간다는 의미는 전차가 포함된 세상에 어떤 요소들이 있는지 생각해보라는 것이다. 저자는 브레인스토밍을 적극 활용할 것을 권한다. 육군 전차와 관련된 키워드들을 작성하고, 그 키워드에서 또다시 생각나는 것들을 작성하면서 범위를 넓혀가는 것이다.

　[그림 2-34]의 브레인스토밍은 휴가에서 시작되는 사고의 확장을 보여주는 좋은 예시이다. 가지가 중앙에서 멀리 뻗어 나갈수록 원래 관심사였던 신나는 휴가와는 거리가 좀 멀어진다. 즉, 육군 전차의 정비를 메인으로 브레인스토밍을 한다고 해도 두세 가지 이상 뻗어나가면 육군 전차와 전혀 무관해 보이는 가지가 생길지도 모른다.

　브레인스토밍을 추천한 이유는 사고의 확장 후 이루어지는 요소들 간의 연관성 탐색 때문이다. [그림 2-34]에서 절약방법에서 캠핑장으로, 교환으로, 개인용 교통편으로 이어진다. 다방면으로 확장된 많은 요소들 중에는 서로 연관성 있는 요소들도 많다.

[그림 2-34] 브레인스토밍 예시 (sun38.tistory.com)

[그림 2-35]는 해군 함정을 주제로 한 브레인스토밍의 예시이다. 해군 함정이라면 이번 장의 주제인 정비Maintenance가 먼저 생각날 수 있고, 정비를 하지 않을 때는 작전을 수행하거나, 훈련을 하는 등의 운용Operation을 할 것이다. 정비는 고장 수리 repair도 있고, 정비maintenance도 있다. 정비를 하면 그 기간만큼 함정을 운용할 수 없기 때문에 함정 운용가용도Operational availability가 변한다. 이와 같은 식으로 계속 사고를 확장시킬 수 있다.

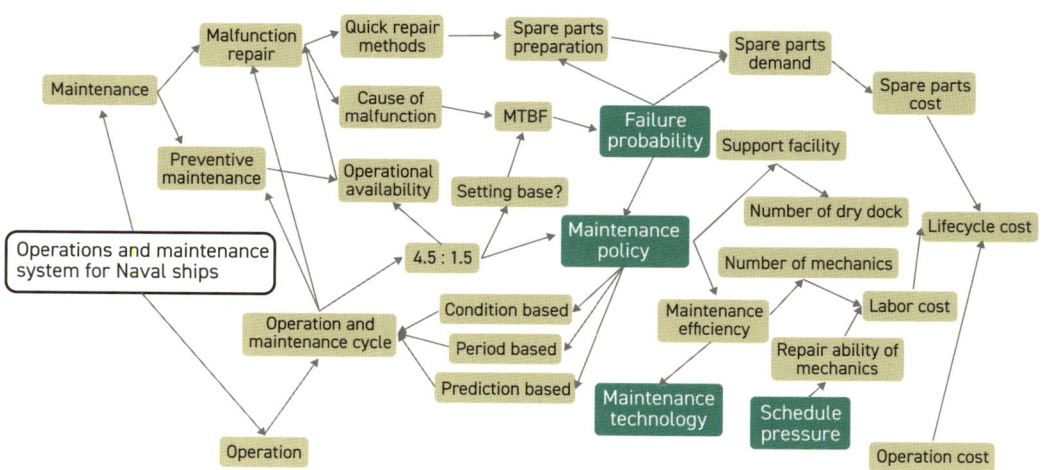

[그림 2-35] 해군 함정을 주제로 한 브레인스토밍 예시

화살표의 방향은 원인 → 결과의 방향으로 연결하는 것이 좋으나, 사고가 확장되는 방향으로 작성해도 무방하다. 결국, 모델링 과정에서 원인과 결과의 관계를 다시 정리하여 모델링에 필요한 요소들만으로 간추려질 것이다.

화살표의 인과적 방향성에 대한 예시로 고장확률failure probability의 경우를 보자. 여기서는 나가는 방향의 화살표만 있다. 수리부속 준비spare parts preparation와 수리부속 수요spare part demand를 발생시키는 요소가 무엇인가에 대한 질문의 답으로 고장확률을 들 수 있다. 이 경우 고장확률이 높으면 수요가 증가하므로 고장확률이 원인인 것으로 화살표를 그을 수 있다.

[그림 2-35]에서 파란색 글씨로 표현된 변수들은 이 브레인스토밍 시스템에서 중요한 역할을 하는 변수라고 생각되는 것들이다. 분석의 목적에 따라 다를 수 있고, 전문적 의견에 따라 다를 수 있다. 다만, 이들은 이 시스템의 가장 원초적인 부분, 즉 이 시스템의 최초의 원인 제공 변수root cause가 선택되는 경우가 많다.

[그림 2-36]은 [그림 2-35]를 더 확장하여 해군 시스템을 표현한 것이다. 시스템을 구성하는

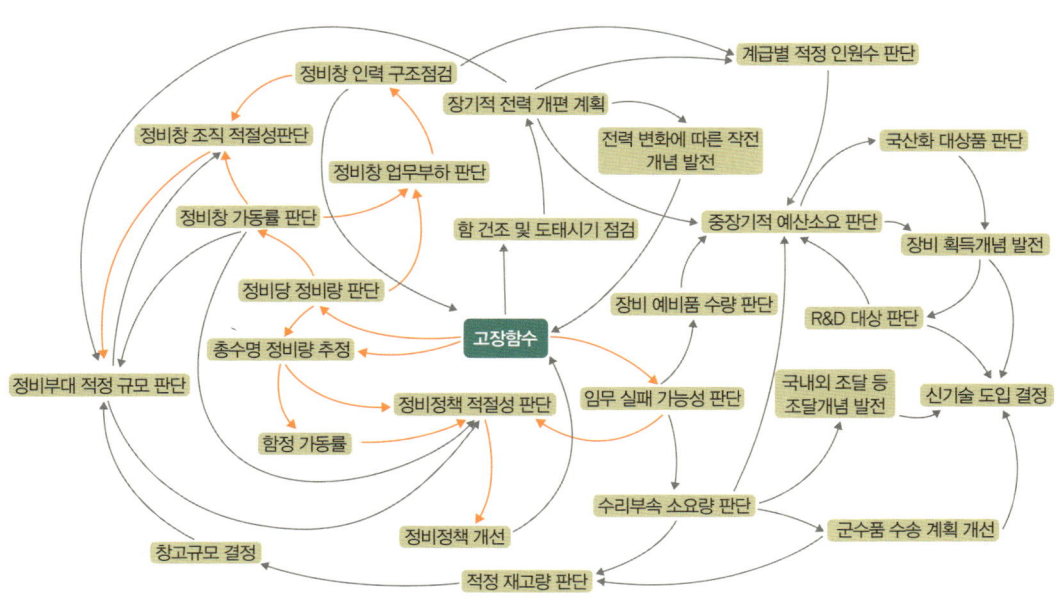

[그림 2-36] 근본원인(root cause) 변수 예시

각 요소들은 원인과 결과의 관계가 있고, 영향을 주는 요소와 받는 요소들이 있다. 이들은 서로 연결되어 커다란 유기체를 이룬다. 이들의 가운데에는 고장함수가 있다. 이전 장에서 간단히 설명했는데, 고장함수란 총수명 주기 동안 고장이 발생할 확률을 나타내는 함수이다. 이에 대한 내용은 다음 절에서 자세히 다룬다.

정비를 분석할 때 이런 거시적 시스템 관점에서 논해야 하는 이유는, 정비는 해당 장비만을 바라보면 명확한 답이 나오지 않기 때문이다. 일반적인 장비를 운용하는 시스템은 여러 대의 동일한 장비가 소수의 정비소를 공유하는 시스템이다. 원활한 정비를 위해서는 내가 아닌 다른 동형의 장비들의 정비도 관심 대상에 들어와야 한다. 이를 배제하고 관심장비 한 대만을 바라보고 분석한 결과를 시스템 전체에 적용하면 생각했던 것과 전혀 다른 결과를 마주하게 될 수 있다.

 **정비 시스템의 구현**

브레인스토밍을 활용하여 시스템의 개략 설계가 완료되고, 분석 목적에 맞는 근본원인 변수도 결정했다면 모델을 구현해야 한다. 정비모델 구현에 대해 저자는 디지털 트윈digital twin 개념의 적용이 필수적이라고 생각한다.

디지털 트윈은 그 개념이 소개된 지 10년이 넘었음에도 불구하고 합의된 정의가 없고, 표준화되어 통용되는 구현 방법론이 없다. 다만, 최근에는 분야, 단위, 물리적 이질성을 구분하지 않고 동시에 시뮬레이션 할 수 있는 통합모델integrated model 정도의 개념 정도로 의견이 모아지고 있다.

이전까지의 디지털 트윈 모델은 단지 현실 세계를 동일하게 디지털에 구현한 모델 정도로 정의된다. 그래서 많은 업체들에서 시각화에만 집중하는 경향이 있었다. 아무래도 소비자에게 쉽게 설명하기 위해서는 현실을 디지털화하고, 실시간 모니터링하고, 빠르게 대처할 수 있다는 3개의 키워드 정도가 직관적이기 때문이다.

[그림 2-37]이 소개된다고 할 때, 디지털 트윈의 개념을 위에서 설명한바와 같이 생각하게 된다. 가상공간에 재현된 세계에 실시간 정보가 전달되면 모델은 교정calibration된다. 현실과 더 가까워지는 것이다. 시뮬레이션을 진행하면 실시간으로 보고 있던 현실 공간에서 발생할 수 있는 문제점들을 알 수 있다. 경보 임계점이 넘으면 확실하게 피드백 준다. 경보가 울리면 즉각적으로 문제점을 대처할 수도 있고, 이 경보가 시뮬레이션을 통해 확인된 경보라면, 미리 위험을 탐지하고 예방할 수 있다.

[그림 2-37]에서 가장 핵심적인 부분은 '시뮬레이션', '확실하게 피드백' 한다는 부분이다. 현실을 디지털에 구현했거나, 현실을 실시간으로 생동감 넘치는 3D로 표현할 수 있다는 등이 아니다. 일반적으로 디지털 트윈을 활용했다는 업체나 기술들은 '실시간 정보수집', '현실과 같은 재현'에 집중한다. 그러나 이 두 가지 요소만을 갖춘 모델은 3D로 재구현된 CCTV일 뿐이다.

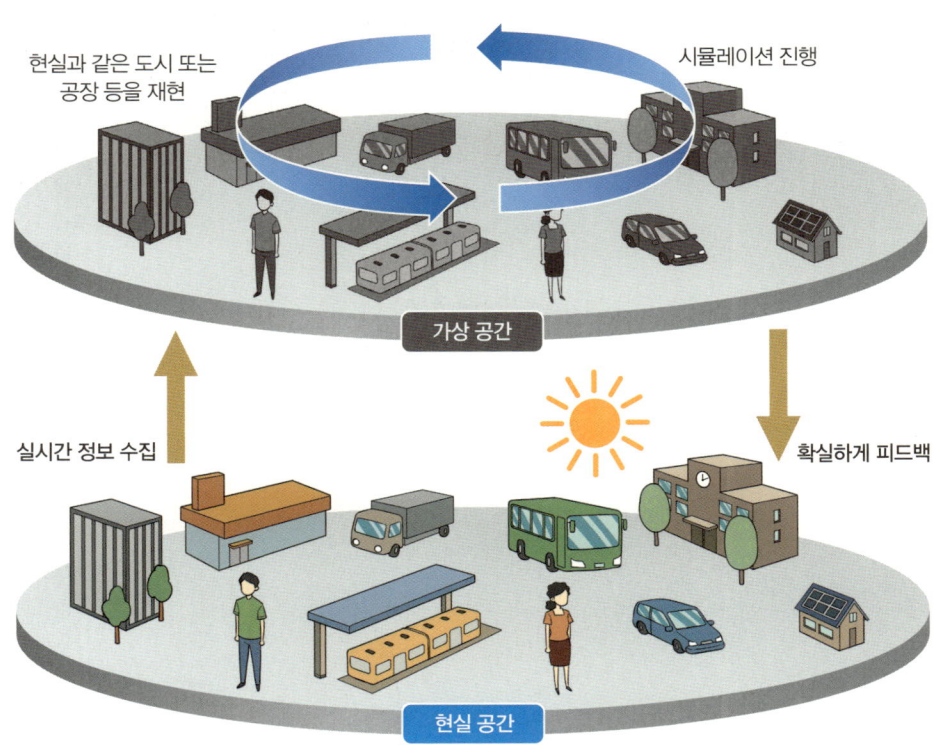

[그림 2-37] 디지털 트윈의 구조(KOTRA)

영화에 보면 어떤 장소에서 작전 상황을 훤히 관찰하고 지휘하는 장면들이 나온다. 실제로도 그와 유사한 시스템이 구축되어 있다. [그림 2-38]은 해군에서 활용하고 있는 시스템의 개념도이다. 실시간으로 우리 전력이 어디에 배치되어 있는지, 어떻게 움직이는지 등 파악이 가능하다. 다시 말하면, 우리가 수많은 전시회나 설명회에서 접할 수 있는 시스템들은 이미 옛날 기술이라는 것이다. 디지털 트윈의 핵심은 현실을 가상공간에 구현하는 것이 아니다. 시뮬레이션과 피드백이 중심이 되어야 한다.

디지털 트윈을 시뮬레이션 한다는 것은 기존의 시뮬레이션과 느낌이 조금 다르다. 과거의 시뮬레이션 모델들은 어떤 주제를 가지고 접근한다. [그림 2-38]을 시뮬레이션으로 발전시켰다고 가

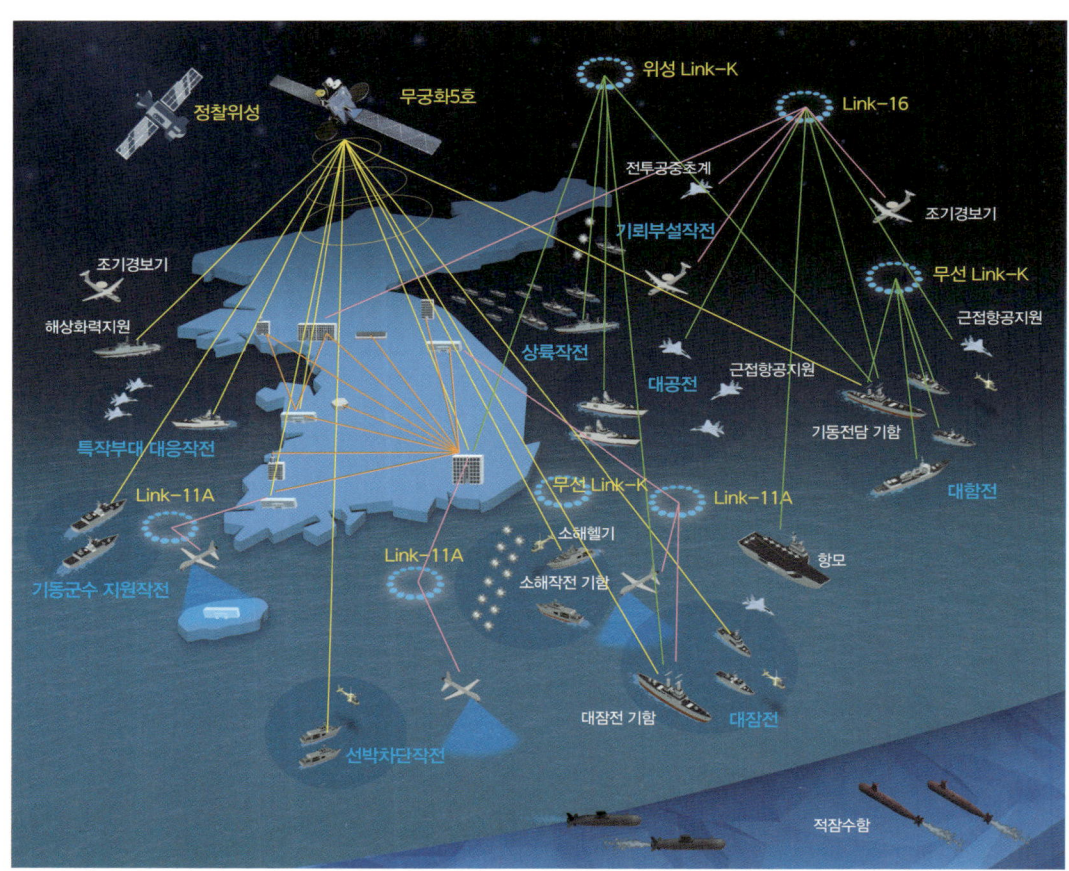

[그림 2-38] 해군전술C4I 개념도(emetro.co.kr)

정한다면, 동해상의 어떤 구역에서 분쟁이 발생했을 때 전투양상이 어떻게 될 것인지 시뮬레이션할 수 있을 것이다. 여기서 주제는 전투양상이다. 함정의 침로 변경이 얼마나 현실감 있게 묘사되는지에 초점을 맞추면 안 된다.

디지털 트윈은 주제가 명확하지 않다. 현실을 해상도fidelity 높게 구현한 것이기 때문에 시뮬레이션 주제는 현실 그 자체가 된다. 과거의 시뮬레이션 모델들이 특정 주제에 집중했다면, 디지털 트윈의 시뮬레이션 주제는 특정 주제가 살아가는 세상 그 자체이다.

[그림 2-39]는 디지털 트윈 모델을 설명하기 위한 예시이다. 왼쪽의 실세계real world는 우측의 가상세계virtual world에서 동일하게 시뮬레이션된다. 위에서 기술한 바와 같이 교정calibration이 반복되기 때문이다. 그런데 우측의 가상공간은 실제보다 복잡해 보인다. 모니터링만 하는 시스템이라면 이처럼 복잡한 가상세계가 불필요하다. 데이터의 입력, 처리단만 있으면 된다. 디지털 트윈의 실세계에서 운용되는 하나의 현상들은 가상세계에서 모두 개별적인 시뮬레이션 모델로 구축되고, 디지털 트윈 모델에서는 이 모든 시뮬레이션 모델들이 하나로 통합된다.

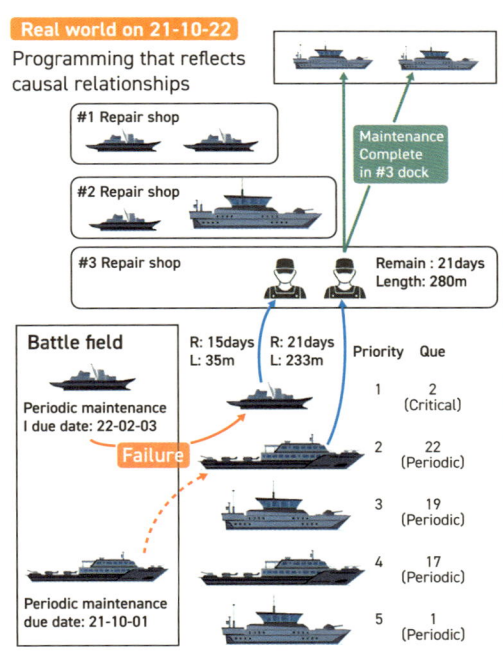
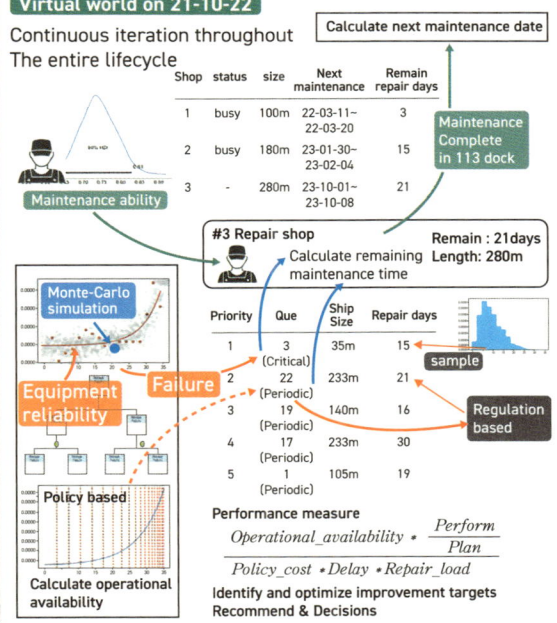

[그림 2-39] 디지털 트윈 모델 예시

예를 들어 가상공간 좌측 상단에는 정비능력maintenance ability이라는 부분이 있다. 정비원들이 함정을 정비할 때 얼마나 완벽하게 고장 이전의 상태로 복구시킬 수 있는지에 대한 통계분석 모델이다. 이 통계분석 모델은 가상공간에서 시뮬레이션된다. 1회 차 시뮬레이션에서 A 함정은 정비 후 90% 상태가 호전될 수 있는데, 2회 차 시뮬레이션에서는 80% 호전될 수도 있다. 이러한 차이는 가상세계 시뮬레이션 전체 결과에 영향을 미친다.

디지털 트윈 모델의 시뮬레이션 범위는 [그림 2-40]을 예로 들 수 있다. [그림 2-39]는 비교적 간단한 모델이다. 함정이 정비시기에 도래하면 정비부대에 입고한다. 입고된 함정은 정비부대에 정비할 자리가 있는지 확인하고 대기하다가 순서에 따라 정비를 받는다. 정비가 완료된 함정은 다시 작전을 수행한다.

과거의 시뮬레이션 개념을 적용한다면 함정의 운용, 정비 시스템을 구현한 것으로 볼 수 있다. 디지털 트윈으로 이를 시뮬레이션 한다면 최소한 [그림 2-40]과 같은 범위의 시뮬레이션이 수행될 것이다.

신규 함정을 설계design하고, 제작manufacturing하는 동안 기존의 함정들은 작전operation을 수행

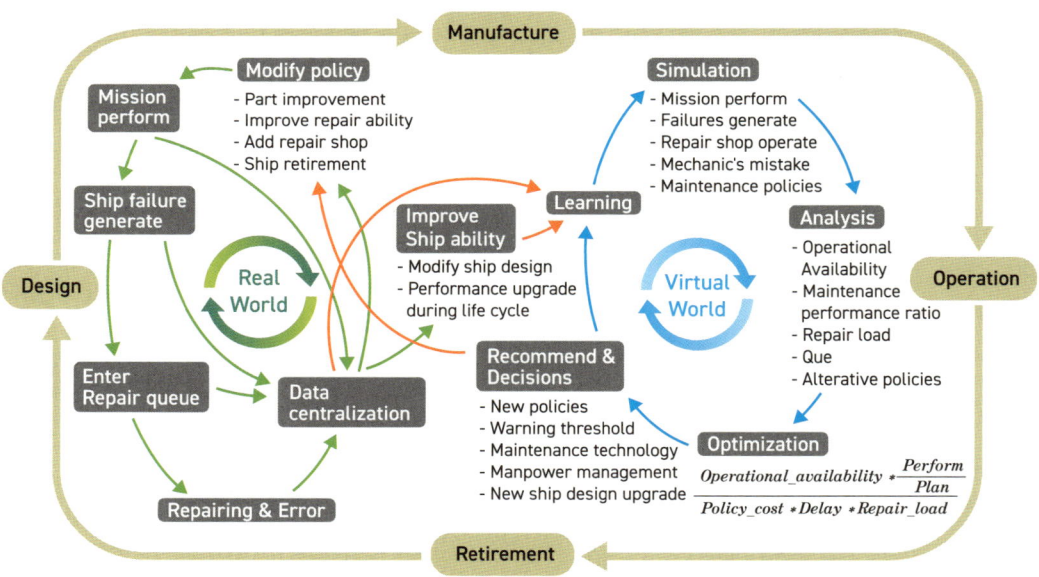

[그림 2-40] 디지털 트윈 시뮬레이션 범위

한다. 일정 기간 작전을 수행한 함정은 정비창에 입고되어 유지보수를 받는다. 함정 수가 많기 때문에 일정이 겹치면 우선순위가 높은 함정부터 정비를 받고, 다른 함정들은 그만큼 대기해야 한다.

작전 중 장비 고장으로 긴급 수리가 필요한 함정들은 우선순위가 더 높을 것이다. 함정의 선령에 따라 고장 확률이 다르기도 하다. 작전을 효율적으로 하기 위해 또는 정비를 효율적으로 하기 위해 정비정책이 변경되기도 한다. 최적의 정비정책을 정량적으로 판단하여 적용할 수도 있다. 함정의 이러한 생활이 반복되다 보면 퇴역하게 된다.

디지털 트윈을 활용한 시뮬레이션은 구현 범위와 시뮬레이션 기간을 특정하기 어렵다. 구현 범위는 관심 대상을 둘러싼 생태계 전체이다. 해군 함정의 생태계는 바다와 같은 해군 함정이고, 정비부대도 포함되고, 정비하는 사람들도 포함된다. 당연히 승조원들도 포함된다.

시뮬레이션 기간은 상황에 따라 다를 것이다. 군에서 미래를 계획할 때 최장기 계획이 50년이라면 50년 미래까지 시뮬레이션해보고 최적 결과를 도출할 수도 있고, 30년이라면 30년 미래까지의 결과를 활용하여 결과를 도출할 수도 있을 것이다. 디지털 트윈을 활용한 시뮬레이션과 그렇지 않은 시뮬레이션의 결과 차이는 생각보다 굉장히 크다.

저자는 과거 해군 정비창 건선거dry dock의 정비 부하율maintenance load를 분석한 경험이 있다. 최초 시도는 과거의 관행에 따라 건선거에 입출고되는 함정의 수를 중심으로 간단한 시뮬레이션을 수행하였다. 두 번째 시도는 함정의 생태계에 영향을 주는 수많은 요소들을 반영하여 거대한 모델을 구축하여 시뮬레이션했다.

첫 번째 시뮬레이션 모델을 활용한 분석결과에서 저자는 미래 건선거 부하율은 감당 불가한 수준으로 상승할 수 있다는 결과를 얻을 수 있었다. 반면, 두 번째 모델에서는 정반대의 결과를 얻었다. 건선거 부하율이 오히려 현재보다 낮아졌다. 물론, 설명 가능한 타당한 이유 또한 동시에 관측되었다. 주변 요소들의 영향으로 시뮬레이션 결과가 정반대로 산출된 좋은 예라고 할 수 있다.

정리해보자면, 정비는 수리와 분명히 다르다. 함정의 정비를 잘하고 싶다면 정비 시스템을 구축해야 하고, 함정 이상의 계층에 존재하는 모든 영역을 동시에 바라보아야 한다. 해상도를 최대한 끌어올린, 최대한 기간의 시뮬레이션을 준비해야만 최적의 결과를 얻을 수 있을 것이다.

③ 정비 시스템의 단계적 발전

가장 일반적인 정비 시스템은 일정한 주기마다 정해진 기간만큼 정비하는 시스템이다. 가령, 100일 동안 장비를 운용하고, 20일은 정비하는 것으로 운용할 수 있다. 이러한 시스템의 최대 장점은 관리가 편리하다는 점이다.

그러나 이전 장에서 설명한 바와 같이 정비주기나 정비기간이 적절하지 않으면 비효율이 반복되고, 정비로 인한 장비의 운용가용도, 비용 낭비가 지속 발생한다. 게다가 장비는 총수명 기간 동안 고장 확률이 계속 변한다. 총수명 주기 동안의 고장 확률을 나타낸 것을 고장함수failure function라고 한다. 일정한 간격으로 고장이 발생한다고 가정해도 최적의 정비주기를 찾는 것은 쉽지 않다. 그런데 [그림 2-41]과 같이 고장확률은 총수명 주기 동안 계속 변한다. 즉, 최적의 정비주기나 정비기간은 상수constant가 될 수 없다는 것이다. 결국, 정비 시스템의 발전이란 2번의 발전이 가능하다.

- 1단계인 현재는 정비주기와 정비기간 모두가 상수인 상태이다.
- 2단계는 정비기간이 가변적인 상태이다.
- 3단계는 정비기간과 정비주기가 모두 가변적인 상태이다.

정비주기와 정비기간을 가변적으로 바꾸는 것이 정비 시스템을 발전시키는 것이다. 말은 간단하게 보이지만 결코 쉬운 과정이 아니다.

정비주기를 가변적으로 조정할 수 있으려면 장비의 상태를 명확하게 관측할 수 있어야 한다. 상태 관측이 가능하다면 관측한 결과를 진단할 수 있어야 한다. 진단한 결과는 평가과정을 거쳐 정비를 언제 시작해야 하는지 결정하는 데 활용된다.

상태관측은 장비에 센서를 설치하여 센서 데이터의 변화를 실시간으로 보는 방법이 적용된다.

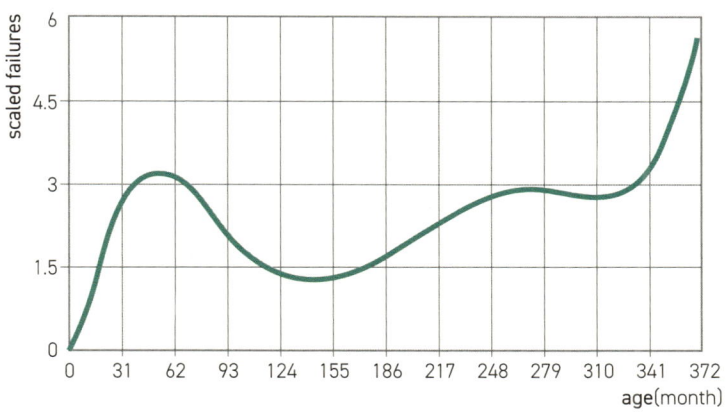

[그림 2-41] 고장함수 예시

진단은 주로 장비 제작사에서 제공하는 기준치를 활용하는 방법이 흔하다. 다만, 이는 기초적인 방법이고, 실제로는 장비의 수명과 사용환경을 고려하여 기준치를 추정해야 한다.

진단결과를 평가하려면 장비상태가 앞으로 얼마나 더 안 좋아질 것인지 예측할 수 있어야 한다. 이는 높은 수준의 통계분석으로 가능하다.

정비기간을 가변적으로 조정할 수 있으려면 우리가 가진 정비능력이 어느 정도인지 정확히 알 수 있어야 하고, 이 능력을 활용하여 필요한 조치를 수행하는 데 걸리는 시간이 얼마인지 계산할 수 있어야 한다. 정비주기와 정비기간 중에는 정비기간이 먼저 가변성을 가져야 한다. 위에서 설명한 바와 같이 정비주기는 필요한 조건이 많고 어렵다. 상태를 진단하는 그 자체로도 진단 기술의 개발이나 도입이 필요하다.

진단한 결과 데이터들을 활용하여 다음 정비주기까지 정상 운용이 가능한지, 당장 정비를 해야 하는지, 아니면 그다음 정비주기까지 기다려도 정상 운용이 가능한지 등을 판단할 수 있어야 한다. 여기에는 데이터에 기반한 예측능력이 수반되는 것은 당연하다.

반면, 정비기간은 현재 가진 장비와 인력으로 수행할 수 있는 정비 난이도와 분량만 판단할 수 있으면 된다. 진단결과 정비가 필요하다고 판단되는 부분에 대해 정비를 수행하면 된다. 정해진 정비기간에 따라 하루에 수행할 정비량을 정하는 게 아니라, 하루에 수행할 수 있는 정비 분량을 고려하여 정비가 종료되는 시점을 결정하는 것이다. 이는 물론, 정비용 장비가 좋아지거나 정비원의 능력이 좋아지면 향상되는 능력이다.

과거에는 정비량을 고려하지 않고, 정비기간은 10일이다, 라는 계획이 주어졌다. 하지만 정비 발전 2단계가 되면 할 수 있는 정비능력과 해야 하는 정비 업무량을 고려하여 정비기간이 정해진다는 것이다.

이를 정리하면 다음과 같다.

3장에서 각 단계의 발전에 대한 보다 세부적인 내용을 다룬다.

정비발전 단계	정비주기	정비기간	조 건
1단계	고정상수	고정상수	• 없음
2단계	고정상수	가변적	• 수용 가능한 정비능력의 식별(정량화)
3단계	가변적	가변적	• 장비 상태 모니터링 기능 • 상태진단 능력 • 상태진단 결과 평가 능력

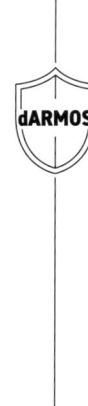

6장
정비의 단계적 발전

1 데이터 수집

정비기간이 가변적이기 위한 가장 여러 가지 조건 중 첫 번째는 어느 부분의 상태가 안 좋은가를 아는 것이다. 상태를 진단하고, 평가하는 과정에 해당한다. 미리 언급하자면, 저자는 상태 기반정비를 하자고 제안하는 것이 아니다. 동시에 하지 말자고 주장하는 것도 아니다. 분명히 선을 긋자면, 상태 기반정비의 일부 기능만을 우선적으로 확보하자는 것이다. 그러나 이 모든 것들은 데이터 수집에 대한 당부를 우선한 뒤에 의미가 있다.

[그림 2-42]는 CBM+의 흐름과 기능을 도식화한 것이다. 상태 기반정비는 크게 2가지 파트로 구분할 수 있다. 데이터 확보 파트와 분석 파트이다. 데이터 확보 파트에는 [그림 2-42]

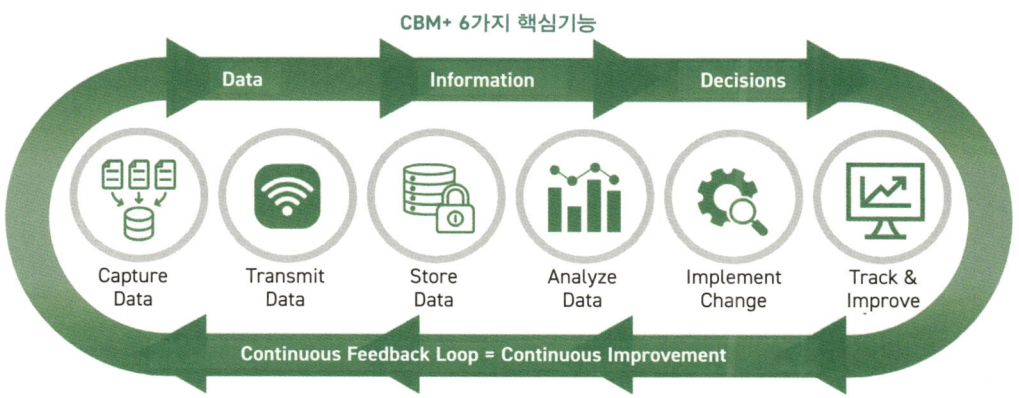

[그림 2-42] CBM+의 기능(ablemax.co.kr)

의 'Capture, Transmit, Store'가 포함된다. 분석파트에는 'Analyze, Implement, Track & Improve'가 포함된다.

데이터 확보 파트를 상태진단 파트, 데이터 분석 파트를 상태평가 파트로 구분해도 된다. 상태 진단 파트부터 설명하자면, 저자가 집중하는 부분은 데이터 저장store data 부분이다. 이미 과거부터 데이터는 많이 저장되어 왔다. 그러나 흔히 데이터가 저장되어 있는지 모른다. 예를 들어, 모든 부대가 훈령에 따라 움직이고, 규정에 따라 행동의 제약을 받거나 움직인다는 것들도 모두 데이터이다.

모니터링 센서를 통해 데이터를 수집capture data하거나, 데이터를 전송transmit data하는 것은 미래의 문제이다. 이들은 상태 기반정비에 있어 다른 문제이고, 해결되려면 적어도 지금보다 고차원의 기술 성숙이 필요하다. 어쨌던 이런 여러 행동에 지침에 되는 요소disciplinary들도 훌륭한 데이터가 된다는 점을 강조하고 싶다.

[그림 2–39]에서 설명한 디지털 트윈 모델의 데이터는 굉장히 다양하다. 그러나 여러분이 생각하는 정량적 데이터보다 훈령과 같은 정성적 데이터의 비율이 훨씬 높고 많다. 행동의 지침이란 시스템 내에서 움직이는 수많은 객체agent들의 행동을 설명하는 훌륭한 데이터이다.

이러한 의미에서 저자가 말하는 상태진단은 데이터 수집과 저장에 가깝다. 장비의 상태가 어떤지 정확히 파악하는 것이 진단의 전부이다. 이를 센서에서 받든, 계측장비를 활용해서 측정을 하든, 사람이 수기로 작성을 하든, 진단한 값이 통신으로 전송되든, 수기로 적은 종이를 배달하든, 이런 부차적인 내용은 중요하지 않다. 중요한 것은 정확한 진단, 즉 측정이다.

그냥 수치가 얼마인지 적으면 된다는 수준의 작업임에도 불구하고, 정확히 이루어지지 않는다. 해군의 경우, 함정의 정비 전 상태진단 시 몇 가지 선별된 장비에 대해서만 자세한 상태를 확인할 뿐 대부분 인간의 감각에 의존하는 경우가 많다.

선별된 장비에 대해 상태를 확인하는 것도 높은 수준의 확인은 아니다. 정격성능을 발휘하는지 아닌지 확인하는 정도일 뿐이다. 어떤 환경에서 장비가 이러한 성능이 발휘되고 있는지에 대해서는 측정하지 않는다.

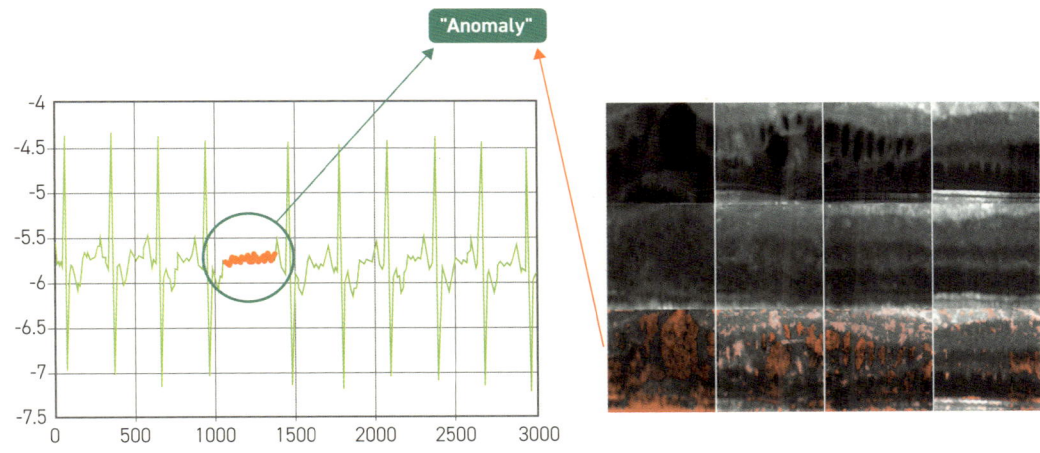

[그림 2-43] 이상 데이터의 탐지(ysjang0926.github.io/)

[그림 2-43]은 데이터 수집의 중요성을 잘 설명하는 중요한 예시이다. 왼쪽의 빨간색 부분anomaly은 다른 부분파란색과 패턴이 다르다.

일반적으로 어떤 조직이든 고장이 난다면 '어디가?' '어떻게?' '왜 고장이 났어?'라는 부분에 초점이 맞추어 진다. 그러나 반대로, 고장이 나지 않은 정상 상태에 대해서는 이렇게 세세하게 묻지 않는다. 때문에 일반적으로 고장이나 이상 현상에 대한 데이터를 좀 모았다고 하는 기업이나 조직에 방문해보면, [그림 2-43]의 빨간색에 해당하는 부분의 데이터만 잔뜩 모아둔 경우가 대부분이다. 정상 상태의 데이터는 말 그대로 정상이고 신경 쓰지 않아도 되는 부분이므로, 데이터도 저장되지 않는다.

[그림 2-43]의 좌측에서 파란색 부분이 없다면 빨간색 부분이 저렇게 도드라지게 확인되었을까? 역으로 빨간색만 있다면 오히려 정상상태인 파란색 부분이 어떤 형태인지는 알 수 있을까? 정상이든, 비정상이든 데이터는 양쪽 모두 충분히 있어야 한다. 그리고 행동지침 요소disciplinary는 부족한 정상이나 비정상 데이터를 설명하고 보완하기 위한 훌륭한 데이터이다.

1 → 2단계 정비 가변적 정비기간 단계**로 향상되기 위한 정비능력**

본격적으로 정비단계 향상에 대한 논의를 해보자. 정비기간이 가변적이 되기 위해서는 우리의 정비능력이 어느 정도인지 알아야 한다. 2 → 3단계 정비로 향상되기 위해서는 정비주기가 가변적이어야 한다. 정비주기는 장비의 상태에 따라 결정될 수 있다. 2 → 3단계 정비로 가는 방법부터 확인해보자.

장비의 상태는 같은 연도, 같은 날 양산된 장비라고 해도 같을 수 없다. 수년을 야전에서 사용하면서 노후되는 정도도 다르고, 정비를 얼마나 성실하게 했는지에 따라서도 다르다. 장비 사용자가 누구인지, 얼마나 거칠게 사용했는지에 따라서도 당연히 다르다.

상태가 좋지 않은 장비는 금방 다시 정비해야 한다. 즉, 정비주기가 짧다. 상태가 좋은 장비는 당장 정비가 필요하지 않으므로 좀더 기다렸다가 정비해도 된다. 즉, 정비주기가 길다. 이러한 차이가 모든 장비에, 같은 장비라도 장비 개체별로 모두 차등 적용할 수 있어야 정비주기의 가변성이 이루어진다. 장비의 수가 많아지면 이제 스케줄링의 문제도 복잡해진다.

이러한 이유로, 정비주기의 가변성은 실현하기 쉽지 않다. 그래서 저자는 정비기간을 가변적으로 설정하는 것을 우선이라고 설명하는 것이다.

정비기간의 가변성은 상대적으로 달성하기 쉽다. 장비의 상태만 정확하게 진단된다면 정비에 어느 정도의 시간이 투자되어야 하는지 대략 짐작할 수 있기 때문이다. 정비기간의 가변성을 확보하는 것은 문제가 발생할 수 있는 개소를 정확하게 탐지하고 미연에 조치할 수 있는 능력을 가진다는 것이다. 일반적으로 고장과 정비의 순환은 **[그림 2-44]**와 같이 이루어진다.

장비가 노후화되면 고장이 발생하기도 한다. 정비를 수행하는 데 100% 완벽한 정비는 있을 수 없다. 엔트로피 확장 법칙에 따라 장비는 고장이 증가하는 방향으로 확장된다. 장비가 100% 완벽하게 정비된다면 늘 새것인 상태로 운용될 것이다.

정비에 실패해서 불완전한 정비 개소가 있어도, 정비기간이 종료되면 장비는 운전을 시작한다.

불완전 정비 개소에는 고장이 잔류하기 때문에 지속적인 사용에 따른 피로가 추가적으로 누적된다. 그리고 이러한 장비는 고장도 더 빨리 발생하게 된다.

[그림 2-44]는 완전한 정비가 얼마나 중요한 것인지 알려준다. 상태를 정확하게 진단하지 못해서 문제 개소를 놓친다면 이는 더 큰 고장으로 이어질 수 있다. 또, 고장이 발생한 개소를 고치는데 정비능력의 부족으로 정격성능만 겨우 넘어갈 수 있는 수준으로 수리했다고 생각해보자. 운용한지 얼마 지나지 않아 다시 고장의 위험에 노출된다.

정비의 정확성은 다음 정비시기와 관련된다. 정확도 높은 정비를 수행하면 다음 정비까지의 기간이 길어진다. 반대로 정확도 낮은 정비를 수행하면 다음 정비까지의 기간이 그만큼 짧아진다.

군의 정비능력은 [그림 2-45]와 같이 추정된 바 있다. 평균 72%의 완전 정비가 수행된다는 의미이다. 전체 정비의 94%가 완전 정비율 66~79% 수준으로 정비된다는 의미이다. 좀 더 직관적으로 설명한다면, 100개의 고장 건을 정비부대에 수리 의뢰했을 때 평균 72건의 고장 건은 완벽하게 정비가 되어 돌아온다. 남은 28건의 고장은 장비에 남아 다음 고장으로 이어진다.

물론, "이 72건은 새것과 같은 상태가 되는가?"라고 묻는다면, "그렇지 않다."라고 답해야 한다. 어떤 정비도 새것과 같은 상태로 돌아갈 수는 없다. [그림 2-45]의 분석결과는 "72% 정도는 정격성능을 넘겨 다음 정비까지 운용하기에 충분한 상태까지 복구 가능하다. 나머지 28%의 정비결과도 정격성능은 만족하지만, 이들은 운용 후 얼마 지나지 않아 다시 상태가 악화된다."라고 해석해야 한다.

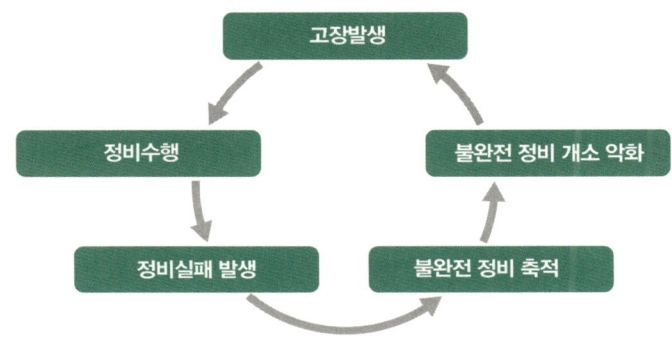

[그림 2-44] 고장과 정비의 순환

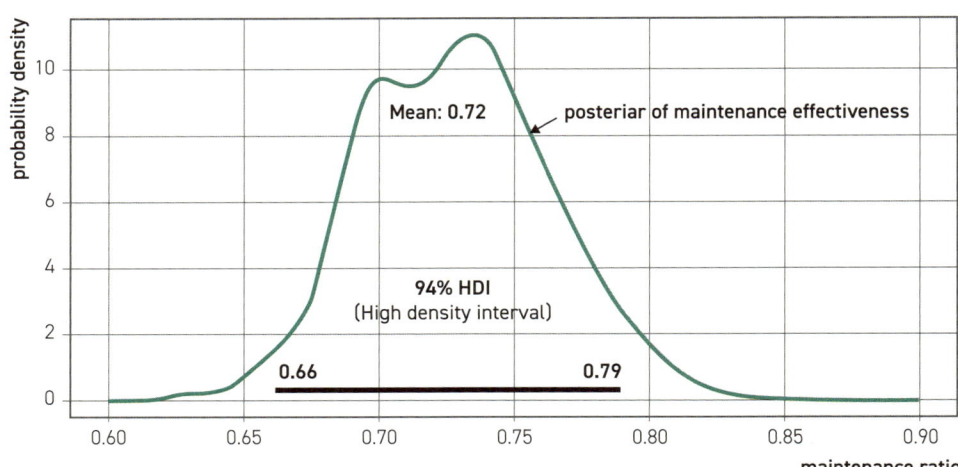

[그림 2-45] 군의 정비능력 추정 예시

　[그림 2-45]의 도출 과정에는 정비부대가 실제 성능저하 개소를 몇 %나 찾는가? 또, 정비부대는 식별된 성능저하 개소를 얼마나 완벽하게 정비하는가? 등에 대한 설문 응답들도 포함된다.

　1 → 2단계 정비 향상은 [그림 2-45]의 도출 과정과 유사하게 접근해야 한다. 몇 %의 상태진단이 가능한가? 그리고 진단된 문제 개소를 얼마나 완벽하게 정비하는가? 2가지를 중점으로 발전시켜야 한다.

　문제 개소를 얼마나 완벽하게 정비하는가에 대한 영역은 정비기술력에 따라 결정될 것이다. 흔히 제작사를 불러 정비하는 이유와 동일하다. 이러한 기술들은 보통 제작사의 라이센스가 걸린 경우가 많다. 기술력을 확보하여 정비 향상을 기대하는 것은 쉽지 않다.

　결국, 실무에서 정비단계 향상을 위해 초점을 맞추어야 하는 부분은 실제 상태진단 부분이다. 상태진단도 물론 진단기술의 도입을 통해 가능하다. 다만, 상태진단은 진단결과 평가 과정에서 얼마나 정확하게 장비의 상태를 판단하는가의 역할이 크다. 즉, 데이터 분석의 영역이다. 합리적인 모델링 과정이 있다면 적은 데이터를 활용해서도 충분히 신뢰도 높은 분석 모델을 구축할 수 있을 것이다.

　[그림 2-46] 분석에 활용된 모델은 해군의 정비 시스템을 구현한 모델로 시뮬레이션한 결과이

다. 정비기간repair period는 가변적이다. 따라서 정비기간은 다른 변수와의 상관관계가 없는 수준-0.01~0.02이다.

정비기간이 가변적일때 정비를 얼마나 빨리 끝낼 수 있는지 결정하는 요소는 결국 사람이다. 정비원의 수N_mechanics는 여러 요소들과 높은 상관관계를 보였다. 상관관계 수치에 따르면 정비원의 수가 많을수록 야근 감소, 정비대기 감소, 정비부대 업무 부하율 감소, 정비원 운용 비용 감소, 함 운용 비용 및 함정 운용가용도 증가, 긴급고장이 증가하였다.

정비원의 수가 많으면 정비업무가 빠르게 해결된다. 때문에 많은 업무를 낮은 업무부하로 해결할 수 있다. 비싼 야근 업무 수당 지출이 줄어들면서도 밀린 업무들을 처리하기 때문에 정비원 운용비용도 감소한다. 정비가 빨리 종료되는 만큼 작전 임무를 오래 수행할 수 있으므로 함정 운용가용도가 높아지고, 동시에 해상 환경에 오래 노출되므로 긴급고장은 증가하였다.

[그림 2-47]은 정비원의 수N_mechanics와 함정 운용가용도Ao의 관계분석 예시이다. [그림 2-47]에서 PFM_NRP 모델이 정비기간 가변성을 확보한 모델이다. 위에서 설명한 바와 정비원

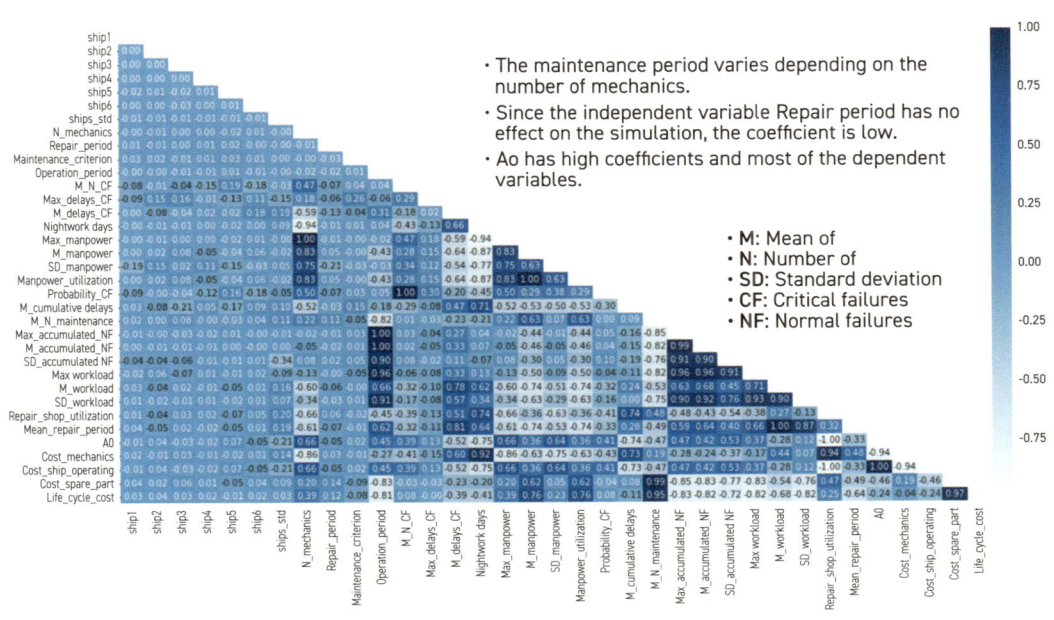

[그림 2-46] 정비기간에 가변성을 부여한 모델의 상관관계 테이블 예시

의 수가 많아지면 정비를 빠르게 종료할 수 있다. 그만큼 작전 수행 가능한 일수가 많아지므로 운용가용도가 높아진다.

[그림 2-47]에서 FFM-NRP는 정비주기와 정비기간 모두 가변성을 가지는 모델이다. [그림 2-47]에서 함정 운용가용도의 상승 정도는 두 모델이 유사하다. 선형 관계를 가정한 개략적인 분석이지만, 두 그래프의 기울기를 통해 함정 운용가용도 상승 정도에 정비기간이 영향을 크게 미친다는 것을 알 수 있다. 즉, 1 → 2 단계 상승만으로도 함정 운용가용도의 상당한 상승이 가능하다.

정비기간과 정비주기 중에는 정비기간에 먼저 가변성을 확보하는 것이 중요하다. N_mechanics를 반드시 사람이라고는 생각하지 말자. 곧 로봇으로 바뀔 것이다. [그림 2-47]에서 주황색 점들은 PFM_NRP 정책을 선택했을 때 나올 수 있는 여러 시나리오의 결과값들이다. 그래프 전반에 퍼진 주황색 점들은 선형보다는 2차 곡선으로 회귀곡선을 찾는 것이 더 적합해 보이기도 한다. 이때 그 2차 곡선의 미분이 0이 되는 지점은 대략 x축의 2/3지점 정도이다. 그 지점은 운용가용도를 최대로 높일 수 있는 정비원의 수이다.

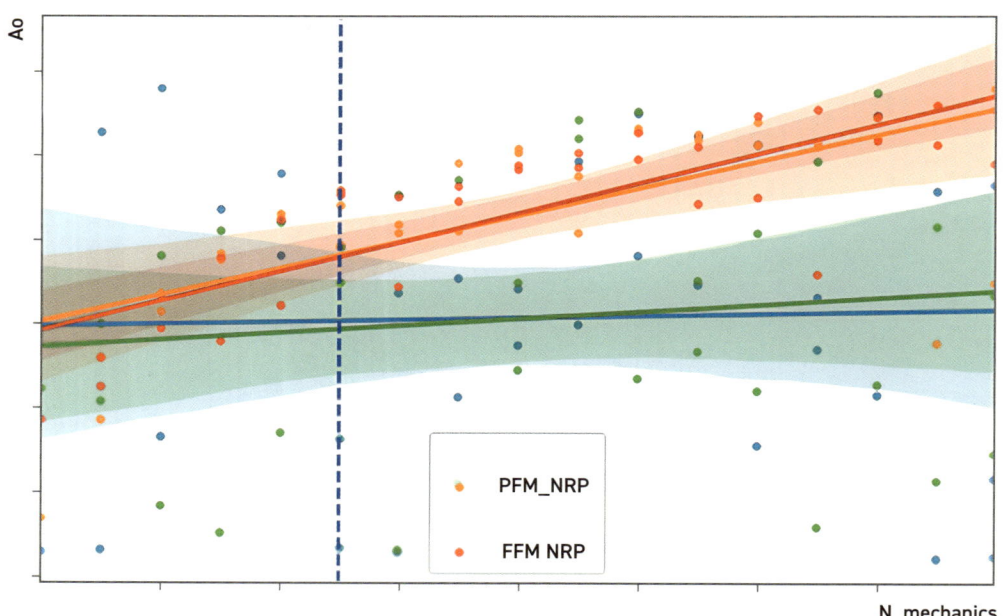

[그림 2-47] 정비원의 수와 함정 운용가용도의 관계 예시

3 2 → 3단계 정비 가변적 정비주기 단계로 향상되기 위한 고장함수

정비주기가 함정 운용가용도에 미치는 영향이 지대하다는 점을 생각하면 정비주기의 가변성은 어느 정도의 영향을 미칠까? 이에 대한 답변은 상태 기반정비 정책 추진의 시기나 규모 결정에 지대한 영향을 미칠 것이다.

우선, 가변적 정비기간에 가변적 정비주기가 추가된 모델의 상관관계를 살펴보자. 정비기간이 고정되면 정비원의 수에 따라 함정의 가용도가 변하는 등 여러 요소에 영향을 미쳤다. [그림 2-48]은 여기에 정비주기의 가변성이 추가된 것이다. [그림 2-48]에서 정비원의 수N_mechanics 는 여전히 여러 요소들과 상관관계가 높다.

[그림 2-46]에서는 정비기준maintenance_criterion 변수는 다른 변수들과 상관관계가 거의 없었다. 그런데 [그림 2-48]의 정비기준 변수는 여러 요소들과 상관관계가 있다. 최대 축적되는 잔

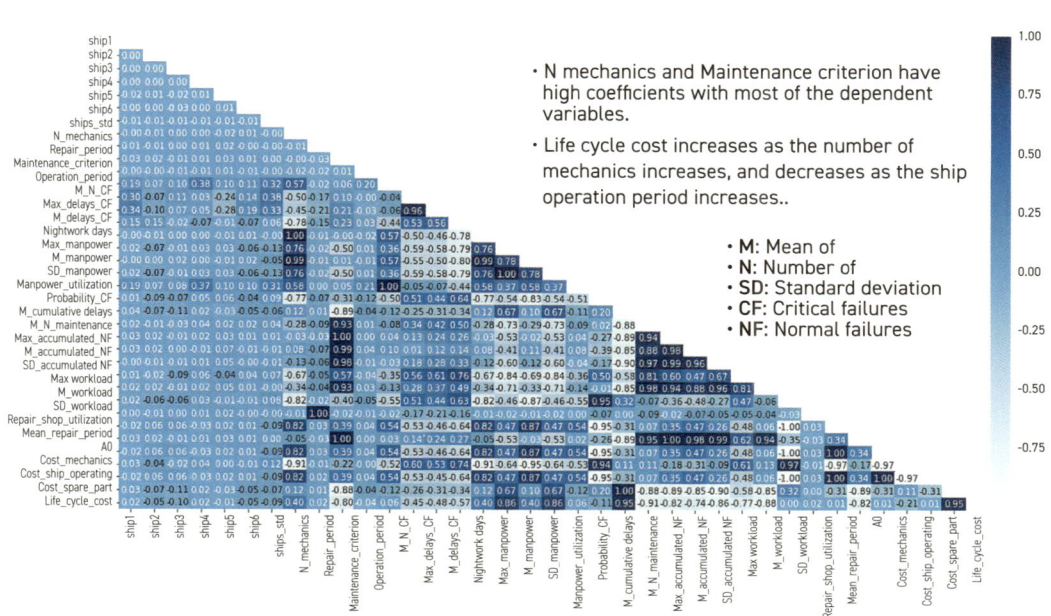

[그림 2-48] 가변적 정비주기가 추가된 모델의 변수간 상관관계 테이블 예시

고장max_accumulated_NF, 최대 정비업무 부하max_workload, 함정 운용주기기간, mean_operation_period 등 매우 많은 변수들과 상관관계가 있다. 수리부속 구매비용cost_spare_part와 총수명비용life_cycle_cost과도 높은 상관관계가 있다.

정비기준은 함정의 피로도fatigue와 연관이 있다. 함정의 피로도는 함정이 움직이는 동안 축적된다. 장비에 피로도가 많이 누적되면 고장이 발생한다. 즉, 상태진단과 평가는 장비에 쌓인 피로도가 어느 정도인지 식별하는 과정이다. 정비기준은 피로도가 얼마일 때 정비를 시작할 것인가에 대한 변수가 된다. 정비기준이 크면 정비 전까지 함정에 누적되는 피로도가 커진다. 즉, 잔고장들이 많이 쌓인다. 그만큼 정비가 시작되면 정비원들의 할 일도 증가한다. 함정의 수는 정해져 있기 때문에 고장이 많은 함정의 정비가 시작되면 정비업무 부하가 높아진다. 정비주기와 정비기간이 모두 가변적이면 필요한 시기에 정비를 시작하고 정비가 마치는 대로 작전구역에 투입된다. 즉, 함정 운용의 최대 효율을 달성하게 된다.

필요한 때에 정비를 시작하고, 필요한 만큼 정비를 수행하는 시스템. 상태 기반정비이다. 보통 방산전시회나 기업들이 홍보하는 상태 기반정비는 모니터링 시스템만을 앞세우는 경우가 많다. 그러나 이 모델을 생각해본다면 모니터링만 구현된 시스템이 상태 기반정비 전체에서 얼마나 작은 부분인지 짐작하게 한다.

[그림 2-49]는 평균 정비부하M_manpower와 함정 운용가용도를 비교한 것이다. 파란색 큰 점은 실제 해군의 상태를 고려하여 시뮬레이션한 값이다. 해군의 셋팅 상태를 같이 보여주는 이유는 해군 셋팅 근처의 시뮬레이션 결과에 주목하라는 의미이다. 같은 정비부하가 적용된다면 정비주기와 정비기간이 모두 가변성을 가지는 모델의 함정 운용가용도가 높다. 또, 같은 함정 운용가용도인 경우 정비업무 부하는 모두 가변성을 가지는 모델이 낮다. 즉, 함정을 운용하고 정비함에 있어서는 정비주기와 정비기간 모두 가변성을 가지는 것이 유리하다는 의미가 될 수 있다.

[그림 2-50]은 총수명 주기 비용과 함정 운용가용도를 비교한 것이다. 같은 총수명 주기 비용이라면 정비기간만 가변성을 가지는 경우가 가장 함정 운용가용도가 높다는 결과가 도출되었다. 해군 셋팅의 경우 총수명 주기 비용 투자에 비해 함정 운용가용도가 낮은 편이다. 그러나 정비주

기나 정비기간에 가변성을 부여하기 위한 예산이 크다는 점을 생각해보자. 두 모델의 교차지점 우측에서는 정비주기와 기간 모두가 가변적인 모델이 함정 운용가용도가 높다.

여러 시뮬레이션 결과, 보통 가변성이 커질수록 유리하다. 다만, 가변성에는 예산이 많이 필요한 만큼 예산 관련된 시뮬레이션에서는 정비기간만 가변성을 가지는 것이 유리하게 결과가 도출되었다. 물론, 이는 시뮬레이션 결과이고, 모델은 현실과의 거리가 있기 때문에 본 장에서 제시한 결과를 맹신해서는 안 된다. 다만, 이번 장의 핵심은 정비기간과 정비주기에 대한 가변성이 정비 시스템을 발전시킬 수 있다는 점, 그리고 둘 중에는 정비기간을 먼저 개선시키는 것이 투자 대비 효과의 측면에서도, 난이도 측면에서도 쉽다는 것이다.

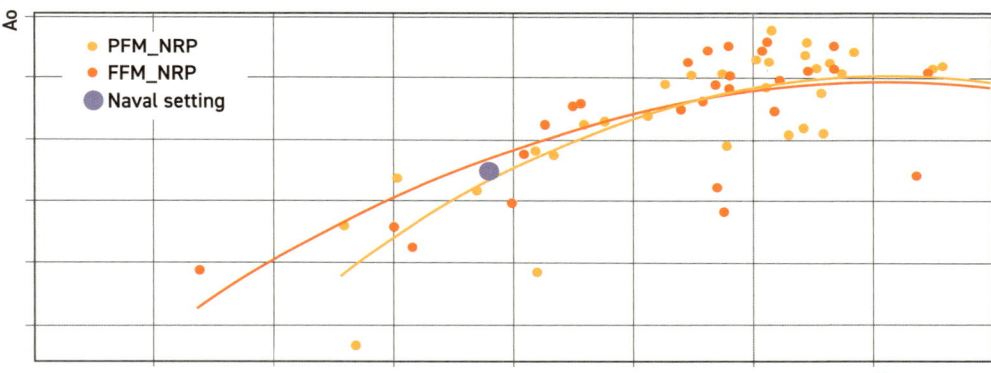

[그림 2-49] 평균 정비부하와 운용가용도 비교 예시

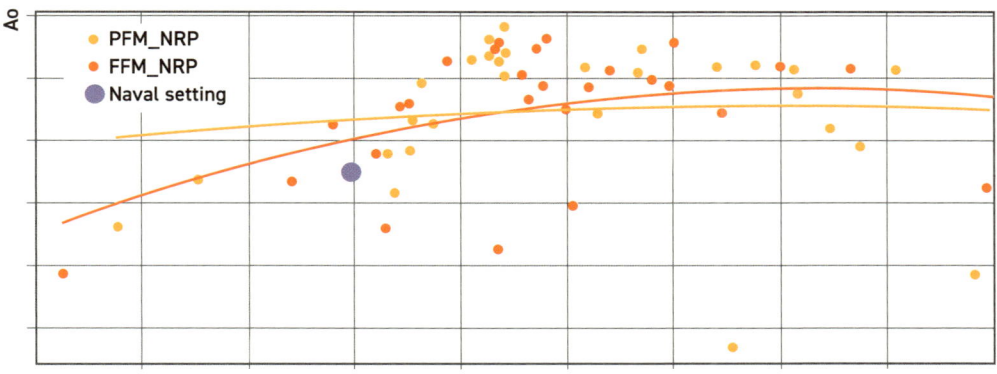

[그림 2-50] 총수명 주기 비용과 함정 운용가용도 비교 예시

3부

Operation

운영

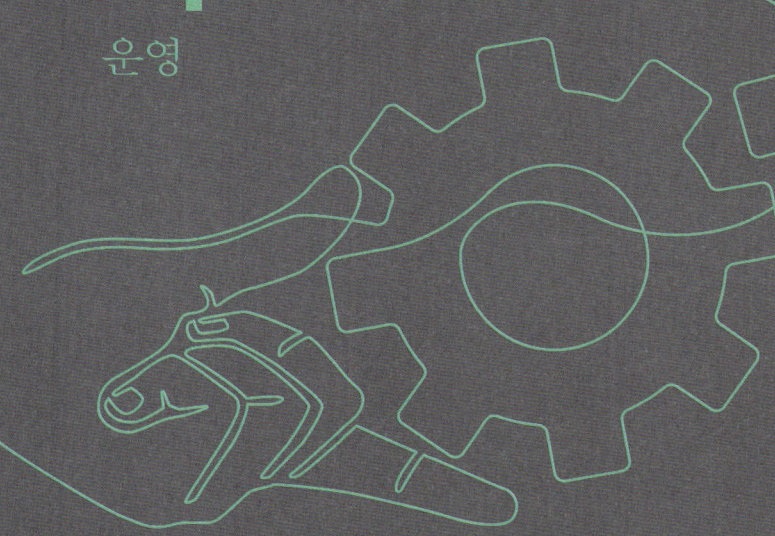

1장

재고관리

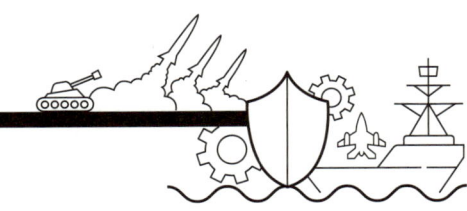

① 푸시push와 풀pull

　재고는 팔기 위해, 사용하기 위해 미리 저장해둔 것이다. 고객 수요나 필요에 부응하기 위해 재고가 필요하다. 미리 만들어서 재고를 보유해야 고객이 원하는 시간 안에 충족시킬 수 있다. 하지만 공급하는 입장에서는 재고를 덜 가져가는 게 좋다. 고객의 주문이 들어온 뒤에 공급하면 무재고가 가능하다.

　고객의 주문이 들어오기 전에 미리 만들어 놓는 경우를 푸시push 시스템이라고 한다. 반면에 고객의 주문이 들어오고 난 다음 만들거나, 사서 제공하는 경우를 풀pull 시스템이라고 한다. 따라서 푸시 시스템은 재고가 반드시 필요하다.

　일반 고객들이 직접 구매하는 상용품의 경우 고객접점 상류의 시스템은 푸시 시스템이다. 고객접점이라는 것은 일반 고객이 구매하는 장소오프라인나 온라인 플랫폼을 말한다. 마케팅marketing 쪽에서는 이를 채널channel이라고 명명한다.

　[그림 3-1]은 전형적인 공급사슬을 보여준다. 왼쪽이 상류이고 오른쪽이 하류이다. 고객이 소매상에서 제품을 구매하는 경우, 소매상과 고객 사이에서는 풀 시스템에 의해 작동된다. 소매상에서 원재료 공급업체까지의 공급사슬의 대부분은 푸시 시스템에 의해 움직인다. 푸시 시스템은 재고를 필요로 한다. 적정량을 미리 만들거나 사와서 쌓아두게 된다. 문제는 적정량에 있다. 너무 많이 쌓아둬도 안 되고, 너무 적게 쌓아둬도 안 된다.

[그림 3-1] 푸시(push)와 풀(pull)의 구분

② 대응지점 response point

푸시와 풀이 만나는 곳을 대응지점 response point 또는 decoupling point 이라고 한다. [그림 3-1]의 경우 대응지점이 소매상이다. 모든 제품의 대응지점이 소매상인 것은 아니다. 생산업체가 온라인 플랫폼을 만들고 직접 일반고객에게 판매한다면 생산업체가 대응지점이다.

고객의 주문을 받는 지점이 대응지점이 아닐 수도 있다. 생산업체가 주문을 받았으나 재고를 가지고 있지 않고, 바로 공급업체에게 원재료를 구매해서 만들어 고객에게 제공할 수도 있다. 이 경우 대응지점은 공급업체로 본다. 대응지점은 공급사슬의 하류에서 상류로 갈 때의 처음에 재고가 쌓이는 곳이라고 생각하면 편하다. 주문이 확정되어 대응 response 이 시작되는 지점이다.

델 컴퓨터는 컴퓨터 제조조립업체이다. 고객들은 온라인 플랫폼에서 델 Dell 에 직접 주문을 넣고 기다린다. 델은 주문사양에 따라 조립하여 고객들에게 물류업체를 이용하여 배달한다. 도매상과 소매상이 아닌 제조업체가 대응지점인 사례다.

대응지점은 변동되기도 한다. 전자상거래 등을 제조업체가 시행하는 경우는 대개 대응지점이 상류로 이동하는 경우다. 고객이 원하는 색을 판매하기 위해 페인트 생산업체에 주문을 넣은 후 받아서 판매하던 소매업체가 직접 페인트를 조합하여 판매하는 경우도 있을 수 있다. 이는 대응지점이 상류에서 하류로 이동한 경우다.

[그림 3-2] 델 컴퓨터

3 단일기간 재고모형 single period inventory model

대응지점에서 재고량을 얼마나 가지고 있어야 할 것인가? 소매상이 대응지점이라 가정하고, 소매상은 얼마나 많은 재고를 가지고 있는 것이 효율적인지 고민해야 한다. 재고량은 수요량에 바탕을 둔다. 과거 수요량을 살펴보고 예측량을 재고로 확보한다. 여기서 의문을 가져야 하는 것은 예측량이 재고량이 되어도 되는가이다. 정말 많은 사람이 이 부분을 헷갈려 한다.

수요 예측은 과거 수요량을 바탕으로 한다. 과거 수요량 1개만을 가지고 미래 수요를 예측하기에는 신뢰성이 떨어진다. 따라서 복수의 수요량을 가지고 예측을 하는 것이 일반적이다. 복수의 숫자를 가지고 단 하나의 숫자를 도출하는 과정에서 사람들은 평균, 최빈값, 중간값 등을 활용하는데, 그중에서도 평균을 가장 많이 사용한다. 복수의 숫자이기 때문에 평균과 표준편차를 가진다. 숫자들이 많아지다 보면 어떤 규칙적인 형태를 보이게 되는데 이를 분포 distribution라고 한다.

어떤 제품의 과거 수요 분포를 봤더니 [그림 3-3]과 같이 일양분포를 보였다. 가장 적게는 0개였고, 가장 많게는 200개였다. 0에서 200 사이의 각 개수가 나오는 경우는 모두 동일 확률을 보였다. 단일 기간을 하루라고 가정한다.

오늘까지의 수요분포가 [그림 3-3]의 일양분포라고 할 때, 내일의 재고량은 중간값=평균인 100을 선택할 것이다. 그런데 정확하게 수요가 100개일 확률은 0.5%에 불과하다 정확하게는 1/201임. 대략 100개보다 수요가 작을 확률이 50%이고, 100개보다 많을 확률 또한 50%이다.

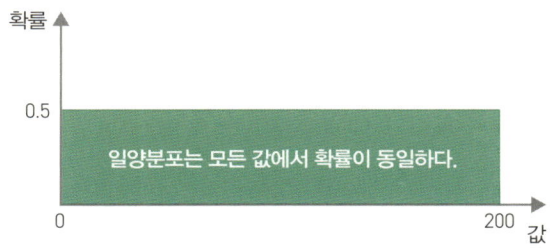

[그림 3-3] 일양분포(uniform distribution)의 수요

예측량보다 많거나 작은 경우에 대해 경제적 가치를 살펴야 한다. 한계비용·접근법marginal cost approach이 많이 활용된다.

- ● 가격: p
- ● 원가: c
- ● 잔존가치: s
- ● **과소재고비용**underage cost: 재고 한 단위가 부족했을 때 발생하는 비용 = p − c
- ● **과다재고비용**overage cost: 재고 한 단위가 남았을 때 발생하는 비용 = c − s
- ● **재고중요도**critical ratio = 과소재고비용 / (과소재고비용 + 과다재고비용)

$$= (p − c)/(p − c + c − s) = (p − c)/(p − s)$$

재고중요도는 0에서 1사이의 값을 가진다. 1에 가까울수록 재고를 평균보다 많이 보유해야 하고, 0.5보다 작으면 평균보다 작게 재고량을 가지는 경우가 경제적이다.

신문을 파는데, 과거 신문 판매부수는 [그림 3-3]과 같았다. 판매가격은 1,000원이고, 원가는 600원이다. 안 팔린 신문은 폐기 처분한다. 즉, 잔존가치는 0원이다. 이 신문의 재고중요도는 0.6이다. 재고중요도가 0.6이면 [그림 3-3]에서 120개를 재고로 확보할 경우 가장 경제적이다.

여기서 단일 기간은 1일일 수도, 월일 수도, 연일 수도 있다. 신문은 일단위이고, 아웃도어 제품은 한 시즌이 단일 기간이다. 한계비용·접근법을 사용하는 원리는 동일하다.

④ 연속기간 재고모형continuous inventory model

판매나 사용되지 않은 재고가 다음 기간으로 이월되는 경우를 연속 재고라고 한다. 그리고 연속 재고를 결정하는 관계식의 집합을 연속 재고 모형이라고 한다. 연속 재고 모형은 크게 고정

주기 모형periodic order model 간단하게 p-system, 고정주문량 모형fixed order quantity model 간단하게 q-system으로 구분된다.

큐시스템은 재고를 실사하다가 재주문점re-order point이 되면 일정량을 주문하는 시스템이다.

$$재주문점 = 리드타임 동안의 평균 수요 + 안전재고$$
$$안전재고 = z \times \sigma\sqrt{lt}$$

여기서 z는 정책지수95%의 재고에 의한 주문 충족률을 목표로 할 때의 z값은 약 2임이고, 시그마는 수요의 표준편차이고, lt는 리드타임이다. 리드타임lead-time은 주문해서 재고로 확보하는 데까지 소요되는 시간을 말한다.

이 때의 일정 주문량은 다음과 같이 정해진다.

$$주문량 = \sqrt{\frac{2DS}{H}}$$

여기서 H는 재고 한 단위를 유지하는 데 들어가는 비용이고, D는 단위기간 동안의 수요량, S는 1회 주문비용이다. 하지만 주문량은 이러한 공식을 사용하는 대신 관례에 따라 이루어지는 경우가 더 많다. 그 이유는 유지비용이나 주문비용 등을 계산하기 힘들기 때문이다.

P시스템은 일주일이나 한 달과 같이 일정 주기를 두고 주문하는 시스템이다. 이 시스템에서는 목표재고량을 정해야 한다. 목표재고량target inventory은 p+lt기간 동안의 수요와 안전재고량으로 구성된다. 수식은 다음과 같다.

$$목표 재고량 = \mu \times (p + lt) + z \times \sigma\sqrt{p + lt}$$

뮤는 단일 기간 수요 평균을 뜻한다. p는 주기를, 시그마는 수요의 표준편차, lt는 리드타임을 뜻한다. 안전재고량이 p+lt기간에 대해 산출한다는 점이 특이하다.

대체로 P시스템이 Q시스템보다 많은 재고를 보유한다. 따라서 원가가 낮은 제품에 P시스템을 적용한다. 안 팔렸을 때의 비용이 부담이 되기 때문이다.

두 가지 시스템에서의 z값은 정책지수인데, 한계비용 접근법을 사용하기를 권한다. 재고중요도 공식은 동일하다. 과다재고비용에는 한 단위의 재고유지비용과 구매단가의 이자비용의 합을 적용하고, 재고과소비용은 p−c를 사용하면 된다.

⑤ 투빈 시스템two bin system

Q시스템에서는 재고를 계속 지켜보고 있어야 한다. 재주문점에 도착했을 때 주문해야 하기 때문이다. 재주문 프로세스를 현장에서 빠르게 수행하기 위해 나온 방법이 투빈 시스템이다. 투빈 시스템은 말 그대로 두 개의 박스로 운영된다. 한 박스 분량을 모두 사용하면, 다시 한 박스를 주문한다. 리드타임 동안 나머지 한 박스에 있는 제품을 사용하면 된다. 리드타임 동안 나머지 하나의 박스에 든 제품을 판매하거나 사용한다. 이때 박스의 크기는 Q시스템의 재주문점과 동일하다.

[그림 3-4] 투빈 시스템의 이미지

이 때 박스의 크기는 Q시스템의 재주문점과 동일하다.

$$\text{빈의 크기} = \text{재주문점} = \mu \times \text{lt} + z \times \sigma\sqrt{lt}$$

그런데 빈bin의 크기는 제품에 따라 달라야 하는데, 다양한 크기로 제작하는 것이 쉽지는 않다. 그래서 일반적으로 표준화된 빈을 사용한다. 대신 주문량을 달리하면 된다. 완전히 채워진 경우도 있고 반만 채워진 빈도 있다.

투빈 시스템은 다음에서 다룰 ABC재고관리에서 C급 품목에 많이 사용된다. 빈에 많은 양을 담을 수 있는 경우에 사용되며, 고원가의 제품에는 적용하기 어렵다.

 ABC재고관리

제품을 3가지로 나눠서 차등적으로 관리하는 방식이다. 빈번하게 소모되는 품목을 A, 중간을 B, 드물게 판매되는 제품을 C로 구분한다. 이는 파레토법칙에 기반한다. 소수가 거의 전체를 설명한다는 논리다. 20-80 원칙으로도 불린다. 잘 팔리는 20%의 품목수가 전체 매출액의 80%를 좌

[그림 3-5] 파레토 법칙

우한다고 한다.

A에 속한 품목에 대해서는 매출 공헌도가 높기 때문에 높은 재고 수준을 유지한다. 없어서는 안 될 품목이어서 서비스 충족률 99%를 추구한다. 100%는 분포의 특성에 따라 다르겠지만, 정규분포에서는 무한대이기 때문에 현실적으로 불가능한 수치다.

B급에 해당되는 품목 역시 매출 공헌도가 높은 편이나 A급에 비해 떨어진다. 예를 들면, 서비스 충족률 90%를 추구하는 재고를 가진다.

반면, C급에 해당되는 품목은 매출 공헌도가 낮기 때문에 평균 이하의 서비스 충족률을 목표로 하는 게 일반적이다. 재고실사에 있어서도 A급 품목에 대해서는 매일 실시하고, B급 품목은 일주일에 한 번, C급 품목은 한 달에 한 번 하는 식이다.

그런데 ABC재고관리또는 파레토 법칙는 수리 부속품과 같은 종속수요에 대해서는 적용되어서는 안 된다. 종속수요에 대해서는 다음 절에서 논의한다.

수리부속의 경우 수요의 빈도나 가격과 상관없이 과소재고비용underage cost이 높게 나타난다. 아무리 저가의 수리부속이라도 없으면 장비를 움직일 수 없고 임무를 수행할 수 없게 되기 때문이다. 그래서 수리부속의 재고중요도는 1에 가깝다.

[그림 3-6] 자동차 수리부속

현재 육군에서 관리하고 있는 인가저장수준ASL: Authorized Storage Level 품목 관리에서는 빈번도를 기준으로 ASL을 지정한다. 총 거래건수 중에서 상위 85%에 해당하는 품목들은 전체의 품목 중 약 20% 정도에 불과하다.

그런데 인가저장품목에는 수리부속품이 포함되어 있다. 그리고 육군은 과소재고비용을 계산하지 않고 있으며 빈도에 따라 결정한다. 수리부속 품목 수는 전체 군수품 품목 수의 50%가 넘는다. 고장 빈도가 떨어지는 대다수 수리부속품은 인가저장품목에 해당되지 않는다. 인가저장품목에 속하지 않아 재고를 가지고 있지 않다가 고장이 한 번 발생하면 여러 장비에서 공통적으로 일어나기 때문에 한꺼번에 몰리는 현상을 보인다.

예를 들어, 고장간격 시간MTBF. Mean Time Between Failure이 3년인 경우, 도입된 지 3년 즈음 되면 집중적으로 발생한다. 특정 연도에 발생하면 그다음 연도에는 거의 발생하지 않는 특성을 보인다. 이렇게 되면 특정 연도에는 인가저장품목이 되었다가 한동안 비인가저장품목이 된다.

현재 육군에서는 인가저장품목에서 비인가저장품목으로 전환된 품목 수가 10만 품목을 넘어설 것으로 추정된다. 특정 연도에 인가저장품목이 되어 많이 사두었는 데 다음 연도부터 수요가 없게 되는 현상이 일어난다. 그렇게 시간이 흘러 장기 미수요 품목이 되기도 한다.

한정된 자원예산 등으로 최대의 효과를 내기 위해 도입한 것이 ABC재고관리 방식이지만, 수리부속에는 적용되면 안 된다.

7 독립수요와 종속수요 재고관리

독립수요independent demand는 확률적stochastic 분포를 가진다. 이에 반해 종속수요dependent demand는 확정적determinant이어서 분포를 가지지 않는다.

자동차의 월별 판매 대수는 독립수요이다. 하지만 자동차 수리부속은 종속수요적 성격이 강하다. 완전히 독립수요라고 볼 수는 없다. 왜냐하면, 고장 발생이 시간에 따라 확률적 특성을 보일 수 있기 때문이다.

2부에서 장비를 고치는 행위는 예방preventive의 목적을 가진 정비maintenance와 고장을 복구correct하기 위한 수리repair로 구분된다고 하였다. 특정 수리부속은 정비와 수리 모두에 활용된다. 수리부속이 정비의 목적으로 사용되는 경우 종속수요적 특성을 지니고, 수리를 목적으로 사용되는 경우 독립수요적 특성을 지닌다.

그래서 정비와 수리는 다루는 세계가 다르다. 독립수요에 대한 예측은 [그림 3-7]에서 뮤를 정하는 것과 같다. 한계비용과대재고비용과 과소재고비용에 따라 뮤에서 이동한 수치가 재고량이 된다.

[그림 3-7]의 오른쪽에 있는 분포도에서 곡선은 평균과 표준편차에 영향받는다. 특히, 표준편차는 잡음noise이자 불확실성uncertainty이다. 평균과 표준편차를 구한 다음, 추세trend와 주기성seasonality을 측정하여 [그림 3-7]에서의 수평선을 기울이고, 비선형화시킬 수 있다. 원데이터에서 추세와 주기성을 제외하고 난 다음의 표준편차가 잡음이다

종속수요는 독립수요와는 다른 메커니즘으로 수요가 발생한다. 수리부속의 경우를 예로 든다. [그림 3-6]을 보면 타이어가 눈의 띈다. 타이어는 자동차 5만km를 운행하면 교체하는 것으로 가정한다. 이를 예방정비라고 한다. 차량 100대를 운영 중인 택시회사가 있다. 이 회사 택시는 평균 1년에 평균 5만km 운행한다. 편차가 없다면 이 회사는 총 400개의 타이어가 필요하다. 확정적이다.

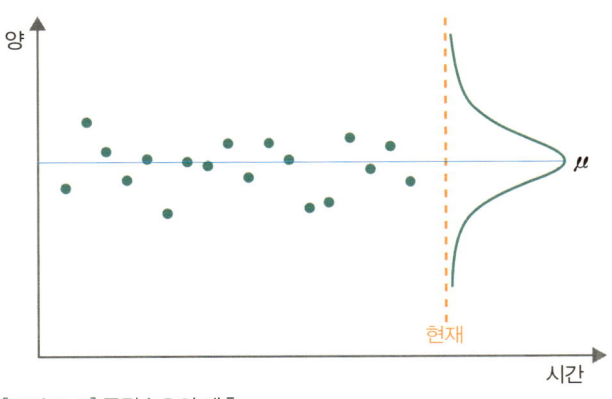

[그림 3-7] 독립수요의 예측

그런데 택시마다 연간 운행거리는 다르다. 따라서 어떤 택시는 1년 이내에서 교체를 해야 하고, 어떤 택시는 1년 후에 교체를 해야 한다. 편차는 가동거리 때문에 발생한다. 하지만 대체로 편차가 큰 편은 아니다. 만약 1년에 한 번씩 예방 차원에서 교체하는 규칙을 정한다면, 연간 타이어 수는 확정적이다.

하지만 고장은 확률적으로 발생한다. 이때 타이어 수요는 확률적이다. 고장 확률이 높지 않다면 타이어 수요의 편차는 작다. 따라서 종속수요는 확정적 특성과 확률적 특성을 동시에 보유하는 경우가 많다. 수리부속이 아닌 일반적으로 독립수요라고 여겨지는 품목들도 종속수요적 특성을 보인다. 식당에서의 식수인원은 독립수요이다. 하지만 식자재량은 종속수요이다. 식수인원이 정해지면 식자재량은 확정적이기 때문이다.

종속수요의 특성을 가지는 품목을 독립수요로 간주하면 관리비용이 높아진다. 예측 정확도도 안 좋아진다. 독립수요는 예측해야 한다. 예측을 하려면 평균, 편차, 분포, 추세, 계절성 등 수많은 요소들을 고려해야 한다. 어떤 추정 방법을 적용하는지도 문제다. 반면, 종속수요는 독립수요에 따라 자동으로 계산된다.

8 풀링pooling에 의한 재고 감소

풀링pooling은 여러 개를 하나로 뭉쳤을 때 분산또는 표준편차을 줄이는 특징을 활용한다. 따라서 위험risk을 관리하는 기법이다. 2부에서 다룬 것보다 자세히 살펴보자.

[그림 3-8]은 16개를 4개로 묶는 풀링에 대한 예시이다. 4개씩 묶을 때 최대값max을 이용한 풀링과 평균average을 이용한 풀링을 보여준다. 풀링에는 묶는 것에 따라 여러 가지 이름으로 불린다. 프로덕트product 풀링, 로케이션location 풀링, 리드타임lead-time 풀링, 캐퍼시티capacity 풀링 네 가지가 많이 활용된다.

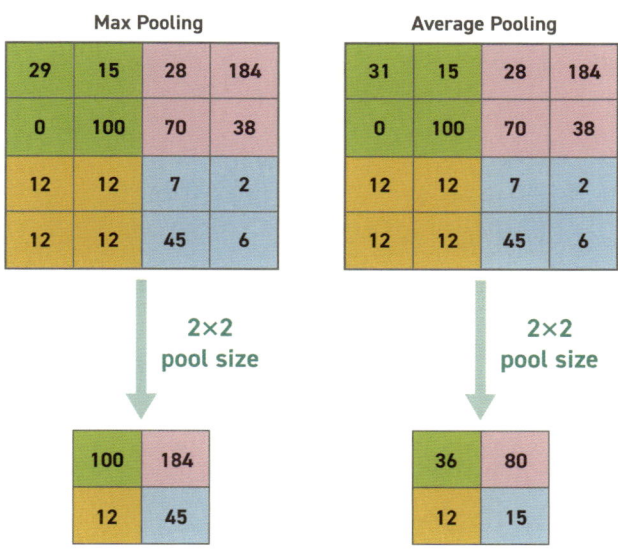

[그림 3-8] 풀링의 예시(최대값을 이용한 풀링과 평균을 이용한 풀링)

풀링을 설명하기 위해서 안전재고safety stock의 계산식을 다시 소환한다.

$$q\text{시스템의 안전재고} = z \times \sigma \times \sqrt{lt}$$

$$p\text{시스템의 안전재고} = z \times \sigma \times \sqrt{p + lt}$$

여기서 z는 정책모수parameter이고 σ는 수요의 표준편차이다. lt는 리드타임이고 p는 주기를 의미한다. Q시스템에서의 안전재고는 수요의 표준편차와 리드타임의 길이에 따라 결정된다. P시스템에서는 Q시스템보다 p때문에 더 많은 안전재고를 가진다.

몇 가지 가정 하에서 풀링의 효과를 설명하려고 한다.

어느 기업이 100개의 영업점을 가지고 있다. 각 영업점 수요의 분포distribution는 정규분포normal distribution이다. 각 영업점의 수요의 표준편차는 100이다. 개별 영업점들 간의 수요 상관관계correlation는 0이다. 즉, 서로 독립적이다. 각 영업점의 리드타임은 4일이다. 각 영업점의 안전재고 정책지수는 3이다. 99%의 재고에 의한 수요충족률을 목표로 한다.

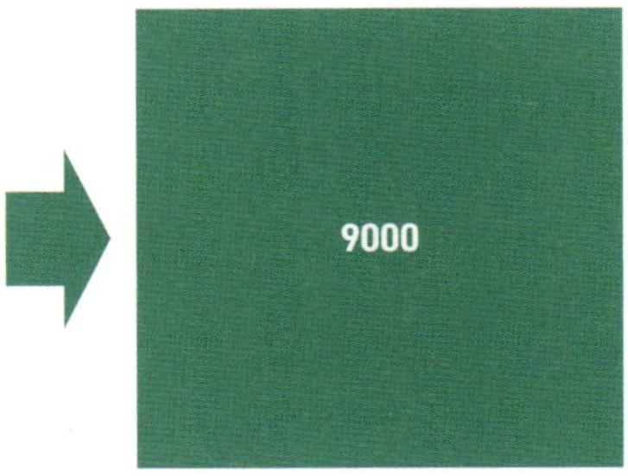

[그림 3-9] 풀링에 따른 표준편차의 변화

이 상황에서의 각 영업점의 안전재고량은 다음과 같다.

$$3 \times 100 \times \sqrt{4} = 600$$

100군데 영업점의 안전재고를 모두 합하면 60,000개이다. 이 기업이 온라인 플랫폼을 만들고 모든 영업점을 없애고 물류센터에서 직접 고객들에게 제품을 배송하는 것으로 바꿨다. 이 때의 리드타임은 9일이다. 100군데 수요의 표준편차를 구해야 한다. 개별 수요의 표준편차를 제곱하고, 이를 모두 더하면 전체 수요의 표준편차가 된다. 이는 정규분포의 특성 때문이다.

$$\text{전체 수요의 표준편차} = \sqrt{10,000 \times 100} = 1,000$$
$$\text{전체 안전재고량} = 3 \times 1,000 \times \sqrt{9} = 9,000$$

풀링 전 6만개에서 풀링 후 9천개로 변했다. 거의 1/7 수준으로 하락한다. 로케이션 풀링은 수리부속품의 재고관리에 매우 효과적이다. 앞선 예에서 영업점들이 장비를 정비하는 곳이라고 가정하자. 각 정비소에서는 정비를 위해 수리부속품을 보관하고 있다. 어떤 수리부속은 매일 10개씩의 수요가 발생한다. 이 수리부속품에 대해서는 각 정비소에서 10개 이상의 재고를 가지게 된다.

[그림 3-10] 풀링에 따른 고장량의 변화

그런데 어떤 수리부속의 1일 수요가 1/100이라고 하자. 100일에 한 번 수요가 발생한다. 각 정비소는 1/100임에도 최소 저장단위는 1개이다. 따라서 전체 정비소의 재고량은 100개이다.

만약 드문 수요rare event의 재고를 중앙 물류센터에 보관하면 1개만 보유해도 된다. 리드타임 등을 고려한 안전재고량은 1개보다 많을 것이다. 그래도 10개를 넘지는 않을 것이다. 이런 특성을 수리부속품 재고관리에 활용한다.

잦은 수요frequent demand에 대해서는 하류downstream에 재고를 위치시킨다. 드문 수요rare event demand에 대한 재고의 위치는 상류upstream가 된다. 빈도가 낮을수록 상류로 이동해야 한다. 이러한 현상에 대해서는 5부 공급사슬관리에서 좀 더 자세히 다룰 것이다.

⑨ 수평공급 horizontal supply

수리부속의 재고관리에서 수평공급이 자주 활용된다. 군에서는 수평보급이라는 용어로 사용된다. 수평공급은 수직공급vertical supply보다 리드타임이 짧을 때 활용된다. 이런 구조를 분산구조divergent structure라고 한다.

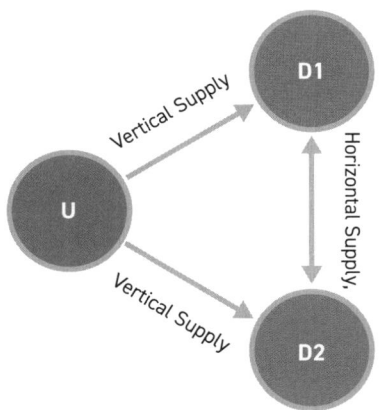

[그림 3-11] 수직공급과 수평공급

D2에서 수리부속품이 급하게 필요한데 U에게 공급받는 것보다 D1에서 공급받는 것이 빠른 경우 수평공급이 이루어진다. D1에서도 마찬가지다. 수평공급이 이루어질 수 있다면 전체 안전 재고량을 줄일 수 있다.

D1과 D2가 제각각 다른 수리부속품을 가지고 있으면 수평공급을 통해 전체 안전재고량을 줄일 수 있다. 드문 수요rare event demand를 보이는 수리부속의 경우, 이러한 수평공급 네트워크를 통해 재고량을 혁신적으로 줄일 수 있다. 상류upstream에서 전체 수리부속을 보유하는 것이 부담일 때 수평공급 네트워크를 통해 효율적으로 정비 서비스를 유지할 수 있다.

앞에서 ABC재고관리에 대해 설명하였다. 수리부속에 ABC재고관리를 적용하면, A급 품목과 B급 품목은 하류인 D1과 D2에서 재고를 가지고, 상류인 U에서 C급 품목을 저장하는 것이 하나의 대안이 될 수 있다. 다른 대안도 있다. A급 품목은 D1과 D2가 모두 보유하고, B급 품목은 D1과 D2에서 품목을 양분하여 보관한다. 어떤 품목은 D1만 가지고 있고, 어떤 품목은 D2만 가지게 된다. B급 품목이 필요한 시점이 되면 수평공급을 통해 제공받을 수 있도록 한다.

하류의 수평공급 네트워크를 몇 개나 연결할 것인가에 대한 문제는 리드타임과 수송비용에 따라 결정된다. 시뮬레이션을 통해 의사 결정을 내릴 수 있다.

[그림 3-12]에서 왼쪽의 수직공급에서의 수송선은 4개이다. 오른쪽의 수평공급에서의 수송선

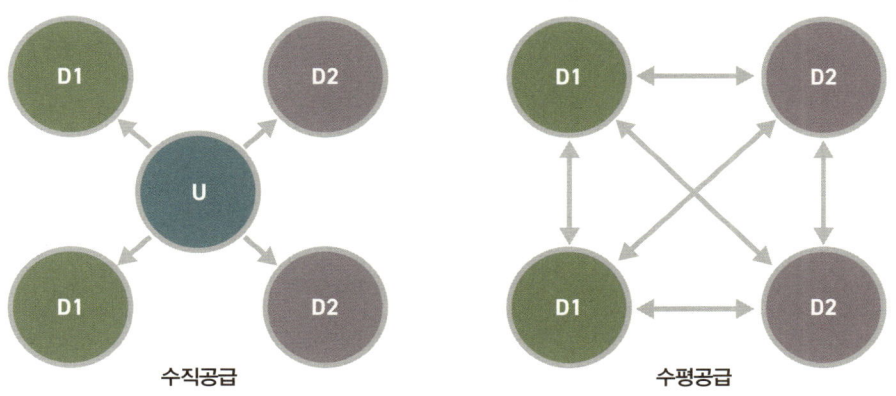

수직공급   수평공급

[그림 3-12] 수평공급 규모를 결정할 때의 수송비용 추정

은 6개이다. 수평공급에서의 수송선은 양방향이고, 수직공급에서의 수송선은 한 방향이다. 양방향의 수송선이 단방향의 수송선보다 비용이 더 많이 든다.

수평공급 네트워크에 포함되는 개체entity 개수가 늘면 수송비용이 기하급수적으로 늘어난다. 이 비용 때문에 적정선에서 개체 개수가 정해진다. 개체 개수는 수송비용과 재고비용의 총합 측면에서 시뮬레이션하여 결정해야 한다

 예상재고anticipation inventory 관리

재고는 그 목적에 따라 다른 이름을 가지고 있다. 동일한 형상을 가지고 있지만, 목적에 따라 구분할 수 있다.

낱개로 주문하면 수송비용과 주문비용이 높아지기 때문에 일정량으로 묶어서 주문한다. 배송된 주문량은 창고에 쌓였다가 판매되거나 사용되면서 점차 줄어든다. 빗변이 오른쪽에 위치한 삼각형 모양이 된다. 이를 사이클 재고cycle inventory라고 한다.

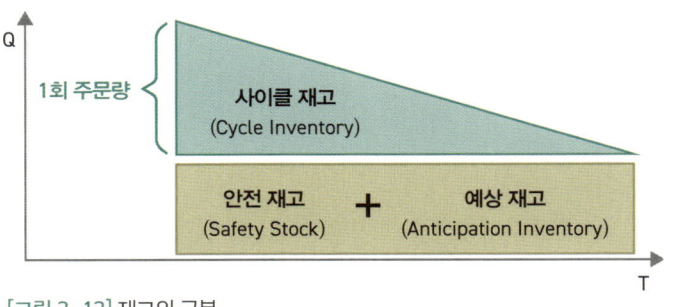

[그림 3-13] 재고의 구분

안전재고safety stock는 리드타임 동안의 수요 변동성 때문에 가지는 재고이다. 자세한 것은 연속 재고 모형을 참조하기 바란다.

예상재고는 미래의 불확실한 상황에 대한 전략적인 재고다. 공급망의 붕괴, 수요 폭증, 가격 급등과 같은 일이 벌어질 것에 대비하여 예상재고를 가진다. 예상재고량은 불확실성 덩어리로 계산된다. 이는 예상하지 못한 불확실한 미래에 대비하기 위한 안전재고와는 결이 다르다. 예상재고는 다가올 변화에 대비하기 위해 의도적으로 저장하는 재고이다.

예상재고량은 리틀의 법칙Little's law에 따라 구할 수 있다. 예상되는 불확실한 시간과 단위시간당 요구량의 곱으로 계산된다. 군에서는 비축재고를 가지고 있다. 전쟁이 발생하면 처음 30일 동안 공급이 제대로 이루어질 수 없을 것으로 예상한다. 1일 탄약 10만톤이 필요하다면 총비축 재고량은 300만톤이다.

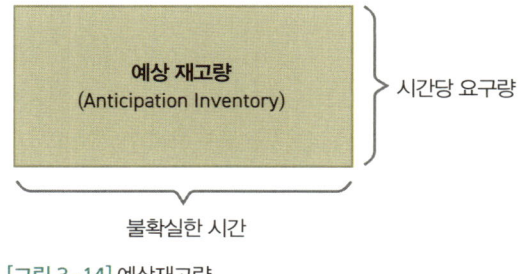

[그림 3-14] 예상재고량

수에즈 운하에서 사고가 발생하여 한국으로 들어오는 물자가 남아프리카 희망봉을 상선이 돌아와야 하는 일이 발생했다. 돌아오는 데 소요되는 시간이 7일이고, 하루에 100톤이 판매되고 있다면 해당 제품의 예상재고량은 700톤이다.

예상했던 불확실한 상황이 발생하였을 때의 재고는 [그림 3-15]와 같은 모습을 보인다. 예상재고량은 급격히 떨어진다. 운이 좋아 예상을 잘 했다면 0까지 재고가 떨어지지는 않을 것이다. 예상했던 불확실한 기간이 완전히 끝나지 않았다면 재고는 다시 회복되어야 한다. 다음 사건에 대비해야 하기 때문이다.

최근 미국의 관세 이슈를 생각해보자. 최초 이슈로 인한 충격 이후 이러한 사태가 지속될 것을 대비해 재고를 쌓아 두었다. 이후 상황이 호전되는 듯하다가 구체적인 관세 수치가 나오자 다시 충격이 발생한다. 이처럼 불확실한 기간에는 불확실한 수요의 충격이 여러 번, 연속적으로 발생할 수 있다. 예상재고는 이에 대비하기 위한 재고이다.

[그림 3-15]의 회복력은 수요보다 공급이 클 때 양의 기울기를 보인다. 기울기는 수요와 공급 차이에 따라 결정된다.

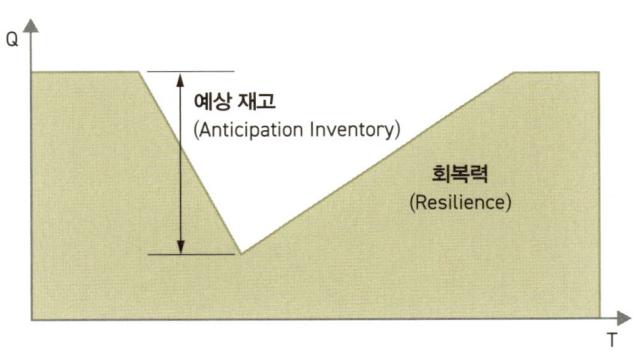

[그림 3-15] 예상재고와 회복력resilience

2장
제품 수명 주기 관리

 ① 제품의 수명 주기에 따른 수리부속품의 수요 패턴

제품도 수명이 있다. 어떤 제품은 100년 이상 살기도 하고, 어떤 제품은 몇 개월도 못 살기도 한다. 제품이 살아있는 동안 판매량은 다음과 같은 패턴을 보인다.

[그림 3-16]은 시간에 따른 제품의 판매량을 나타낸다. 도입기에는 아주 작은 양이 팔리고, 성장기에는 급격한 성장세를 보인다. 성숙기에는 성장세가 멈추고, 쇠퇴기에는 판매량이 줄어든다. 그런데 이 양은 단위 시간에 대한 양으로, 시장에 판매된 누적량은 아니다.

수리부속품의 수요량을 측정하려면 [그림 3-16]의 그래프를 시간에 대해 적분하여야 한다. 시장에 출시된 누적량에서 고장이 발생하고, 고장에 따라 수리부속품의 수요가 정해진다. 여기서는

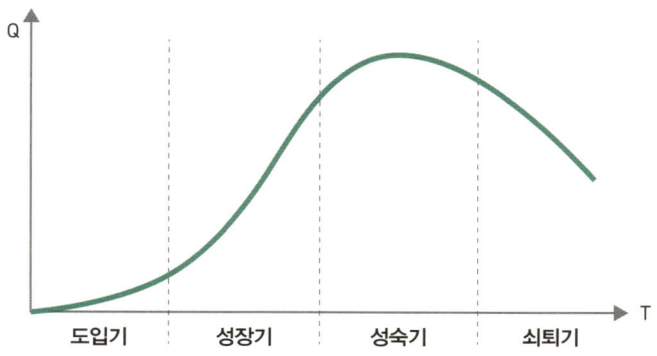

[그림 3-16] 제품의 수명 주기에 따른 판매량 변화

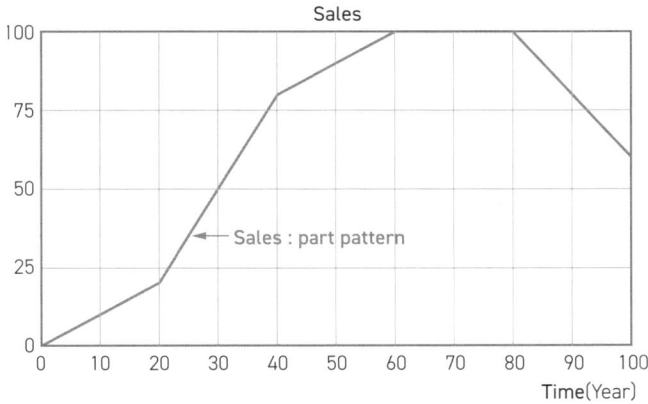

[그림 3-17] 총수명 주기에서의 장비 판매량 패턴(예시)

대략적인 수요 패턴을 가늠해보려고 한다.

제품이하에서는 장비라고 칭함이 시간에 확산되는 패턴은 [그림 3-16]과 같다고 가정한다. 다른 가정사항은 다음과 같다.

장비의 총수명 주기는 100년으로 한다. 100년에 대해 임의로 도입기에서 쇠퇴기 기간을 구분한다. 시간대별 장비 수요량은 다음과 같이 가정한다.

[그림 3-17]에서 0에서 20년에는 1씩 증가한다. 21년에서 40년까지의 성장기에서는 4씩 증가한다. 그다음 20년 동안에는 성장세가 줄어들어 1씩 증가한다. 61년부터 80년 사이에는 성장세는 0이지만 가장 많은 양인 연 100개씩으로 가장 많은 양이 판매된다. 마지막으로 쇠퇴기에서는 매년 2씩 감소하여 최종 100년에서는 60의 매출이 발생한다.

해당 장비의 사용연한은 5년으로 가정한다. 장비 충성도가 높으면 100년 동안 총 20번을 구매한다. 사용연한을 고려할 때 시장에 나와 있는 장비의 총량은 다음의 그림과 같다.

[그림 3-18]의 파란선은 총수명 주기 동안의 장비 판매량을 나타낸다. 그리고 빨간선은 시장에서 가동 중인 총장비 수를 나타낸다. 사용연한이 5년인 점을 유의해야 한다. 사용연한에 따라 패턴은 다르다.

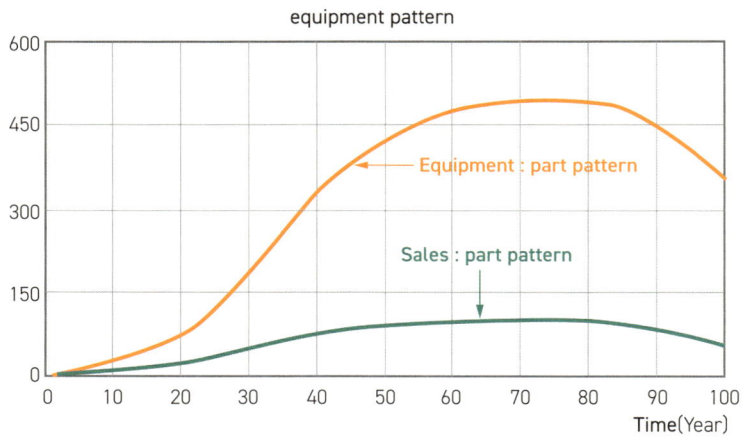

[그림 3-18] 사용연한 5년일 때, 시장에서의 장비량

수리부속은 총장비에 필요하다. [그림 3-18]의 빨간선에 고장발생 패턴을 곱해야 한다. 장비의 고장 패턴은 일정형, 증가형, 감소형, 욕조형 4가지로 구분한다. 일정형, 증가형, 감소형의 평균은 7.5%이다. 욕조형의 평균은 6.7%이다. 여기서는 패턴에 주안점을 둔다.

수리부속품에 따라 다른 고장확률을 보인다. 일정형은 흔히 MTBF mean time between failure를 적용하는 경우다. 증가형은 일반적으로 나타나기 힘든 경우이지만 가정하였다. 감소형은 도입기에는 결함이 다수 발견되다가 갈수록 안정화되어 고장발생 확률이 떨어지는 경우다. 욕조형은 신제품의 경우 고장이 많고, 중간 단계에 가면 안정화된다. 그리고 도태시기가 가까워지면 고장량이 증가하는 형태다. 정비 부분에서 흔히 발생할 수 있는 패턴이다.

[그림 3-18]의 장비누적 패턴과 [그림 3-19]의 장비고장 확률을 곱하면 연도별 수리부속품의 소요량 패턴을 구할 수 있다.

[그림 3-20]에서 초기 20년 동안에는 4가지 선이 크게 차이를 보이지 않는다. 20년 이후에는 조금씩 상이한 패턴을 보인다. 특히, 욕조형은 다른 세 가지 유형과 완전히 다른 증감 패턴을 보인다.

수리부속품의 소요량 패턴을 알면 재고관리는 쉬워진다. 미리 그 필요량의 몇 배를 재고로 보관하면 된다. 수리부속의 과소재고비용 underage cost은 과다재고비용 overage cost보다 몇 배는 높

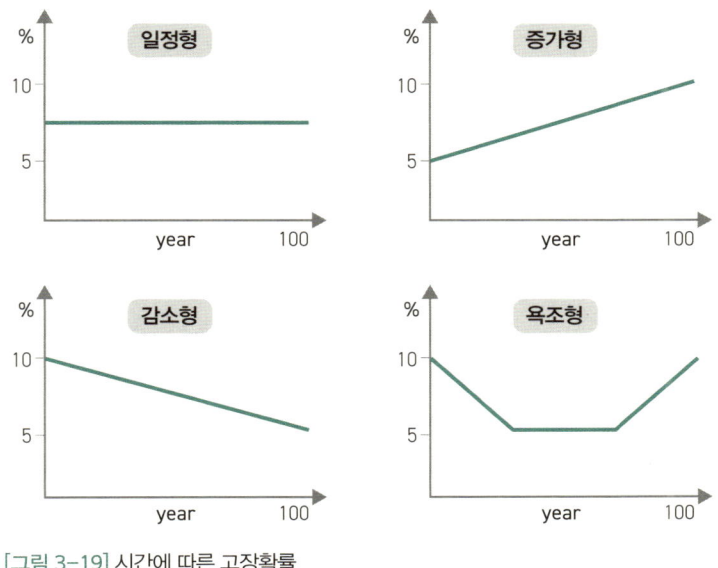

[그림 3-19] 시간에 따른 고장확률

기 때문에, 평균보다 훨씬 많은 재고를 가져가야 한다. 실제 발생하는 수리부속의 소요량을 확인하고, 패턴에 대입하여 다음 소요량을 추정할 수 있다.

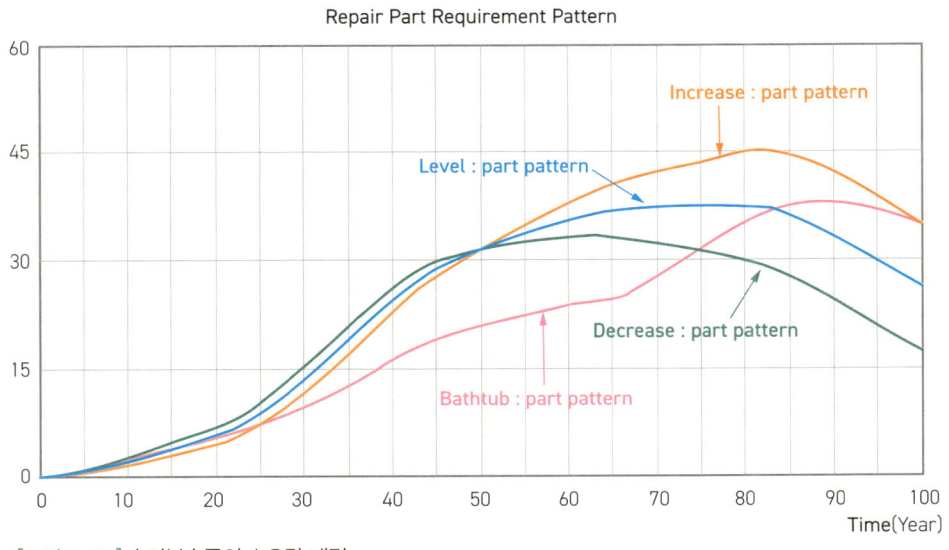

[그림 3-20] 수리부속품의 소요량 패턴

신제품이 등장하면 실제 수요량보다 훨씬 많은 주문량이 쇄도하는 경우가 있다. 제품을 먼저 할당받기 위함이다. 도입기에는 팬텀오더 현상이 자주 발생한다.

[그림 3-21]에서 실제 소요량은 초록색 주문량이다. 그런데 실제 소요량보다 앞서서 주문량이 급등하는 경우가 있다. 미래에 유행할 것으로 예상되어 미리 주문해서 재고를 확보하려는 노력이다. 팬텀주문을 했는데 기대보다 실제 소요량이 작으면 주문취소가 뒤따른다.

주문량과 재고량의 봉우리는 일정 시간 후에 이어진다. 조직의 반응 속도 때문에 나타난다. 찰스 파인Chales Pine 교수의 클락스피드clock speed에 의하면 조직마다 반응 속도가 다르고, 반응속도와 혁신속도는 강한 상관관계를 가진다. 팬텀주문과 주문취소로 연결되는 주문량의 파동fluctuation은 재고량 결정에 매우 큰 불확실성을 제공한다.

팬텀주문 현상을 미연에 방지하려면 실제 소요량 기준으로 재고량이 결정되어야 한다. 많은 조직들이 주문량을 기준으로 재고량을 결정하는 경우가 많은데 이는 철저히 지양해야 한다. 군의 수

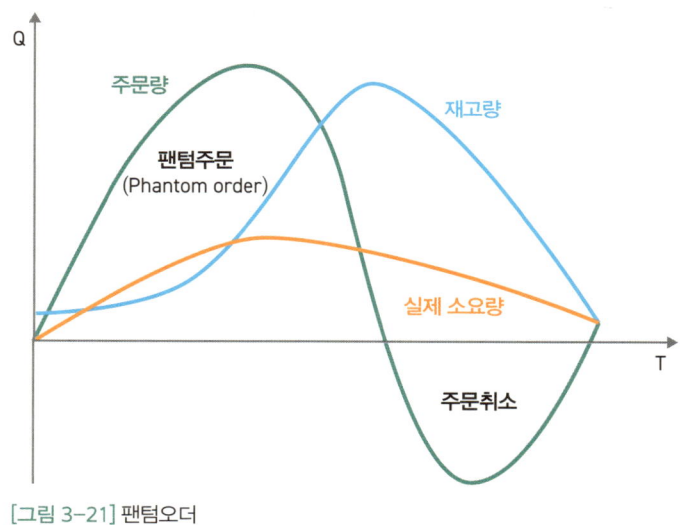

[그림 3-21] 팬텀오더

리부속 수요에도 이러한 현상들이 나타난다. 수리부속 수요에서 실제 수요는 수리부속 소모량이다. 기존에 가지고 있던 수리부속을 사용해야 다시 필요한 수리부속이 생긴다. 그래서 실제 수요를 바탕으로 재고를 관리하기 위해서는 소모량을 확인해야 한다. 군은 여전히 청구량을 예측하려고 한다. 군수사 입장에서는 모든 청구에 대응해야 하고, 팬텀주문은 수리부속을 청구한 부대의 탓으로 돌리면 그만이다.

다음은 팬텀주문 현상을 완전히 막을 수는 없지만, 상당 부분 줄일 수 있는 방안이다.

- 실제 소요량에 대한 정보공유
- 주문 취소를 할 수 없도록 사전에 협약 또는 주문 취소비용 설정
- 할당방식을 변경

③ 부족분 게임 shortage game

도입기에는 낮은 재고량에 비해 높은 주문량이 있는 경우가 자주 있다. 팬텀주문에서 잘 살펴보았다. 공급자 입장에서는 재고량보다 주문량이 많기 때문에 할당allocation해야 하는 상황이다. 가장 쉽게 공감받을 수 있는 할당방법은 아무래도 비례할당proportional allocation이다.

$$A_i = I \times \frac{O_i}{\sum_1^N O_i}$$

A_i는 i가 할당받는 양이고, O_i는 i가 주문한 양이다. 전체 주문자는 N개이다. I는 공급자가 가지고 있는 재고량이다.

비례할당 상황에서는 주문량에 비해 할당량이 작다. 그런데 주문자가 공급자의 할당 규칙을 알고 있다면, 주문량을 늘려야 한다. 그래야 할당량이 높아지기 때문이다. 모든 주문자가 팬텀주문을 하여 더 받으려고 하는 현상을 부족분 게임shortage game이라고 한다.

수리부속품에서는 부족분 게임이 매우 빈번하게 발생한다. 수리부속품이 없어서 장비를 가동하지 못할 수도 있기 때문이다. 수리부속품은 과소재고비용underage cost이 매우 높다. 그리고 보통은 장기 보관이 가능하기 때문에 과다재고에 대한 부담이 적다.

비례할당을 적용할 때에도 문제가 발생한다. 주문의 시차 때문에 비례할당을 하고 싶어도 못하는 경우가 있다. 공급자는 팬텀주문 현상이 발생할지 확신할 수 없다. 들어온 주문에 대해 우선 공급하는 것은 당연하다. 위의 비례할당 공식을 적용할 필요도 없다. 위의 비례할당 공식은 동시에 주문이 들어왔는데 재고량이 부족할 때 적용할 수 있다.

공급자는 고객과의 관계relationship를 잘 유지해야 한다. 핵심고객에게 보다 나은 서비스를 제공해야 한다. 따라서 공급자는 재고량의 일부를 핵심고객을 위해 남겨놓아야 한다. 핵심고객의 주문이 결국 발생하지 않을 수도 있다. 주문량이 쇄도를 하는 데도 할당되지 않은 재고량이 발생할 수도 있다. 이는 주문의 시차 때문이다.

[그림 3-22] 자원게임(자원을 할당하는 온라인, 오프라인 게임들이 다수 나와 있다.)

공급자는 핵심고객에 대한 서비스를 위해 재고를 분리해서 관리한다. 주문이 들어오면 조건 없이 내주는 재고가 있고, 핵심고객이 주문하면 내주는 재고가 있다. 핵심고객을 위한 재고가 부족할 때에는 일반 재고를 내줄 수 있지만, 일반 고객을 위해 핵심고객을 위한 재고를 소진할 수는 없다.

공정성 확보를 위해 주문량을 일정 기간 묶는 경우가 있다. 선착순으로 할 때에는 신속한 주문자에게 일종의 특혜가 주어진다. 이를 방지하기 위해, 동등한 기회를 주기 위해 일정기간에 들어온 주문을 한꺼번에 처리한다. 이때에는 비례할당이 자주 사용된다.

비례할당이 공정할지도 모르지만, 팬텀주문을 일으키는 중대한 문제가 있다. 이 문제를 해결하기 위해 모든 주문자에게 동일하게 나눠주는 할당도 가능하다. 이를 균등할당uniform allocation이라고 한다.

균등할당의 경우 재고량과 주문자의 배수가 아닌 경우 문제가 발생한다. 가령, 100개의 재고량을 200명에게 나눠줄 수 있는 방법은 없다. 이때는 주문자에 대한 우선순위를 정해야 한다. 주문자의 우선순위를 정하는 것은 매우 어렵다. 순서를 정한다고 했을 때도 문제가 발생한다. 1순위에게 모든 양을 주고, 남는 양을 2순위에게 줄 것인가?

이런 문제점을 개선하기 위해 우드 알고리즘wood algorithm이 만들어졌다.

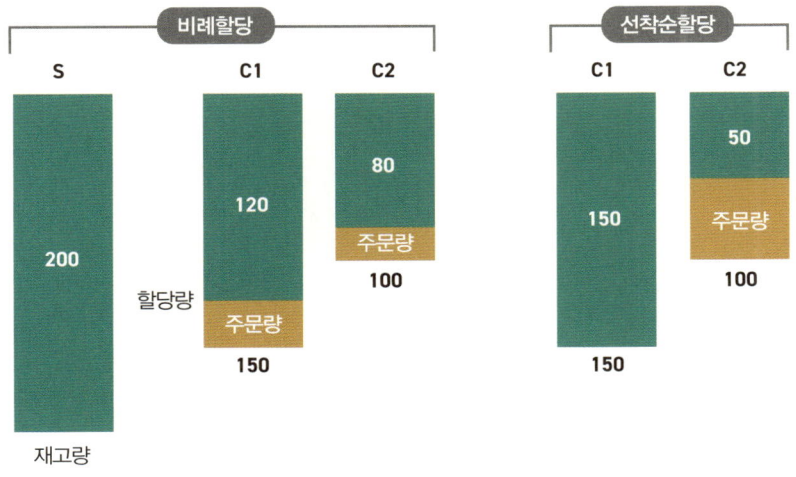

[그림 3-23] 비례할당과 선착순할당 예시

우드 알고리즘에 의한 할당은 예시를 들어 설명한다. A와 B 두 주문자가 있다. A는 20개, B는 40개를 주문했다. 그런데 공급자가 가지고 있는 재고량은 25개뿐이다. A는 과거 4억 원에서 8억 원 사이의 매출을 기록했고, B는 2억 원에서 6억 원 사이의 매출을 보였다. 매력도를 과거 매출범위로 측정했다. A의 20개 주문은 밑변 매력도과 높이를 가지는 4각형으로 표현할 수 있다. 높이는 5가 된다. B의 주문도 동일한 방법으로 그릴 수 있다.

공급자 재고량 할당은 두 사각형의 매력도가 높은 쪽에서 할당을 시작한다. 처음 10개는 A에게 할당한다. 나머지 15개는 A와 B에게 5개와 10개를 나눠준다. 우드 알고리즘에 의한 할당을 하게 되면 팬텀주문을 줄일 수 있다. 자신의 주문량에 의해 할당량이 결정되는 메커니즘이 아니기 때문이다. 팬텀주문은 공급사슬에서 채찍효과bullwhip effect를 초래한다.

군에서도 우드 알고리즘에 의한 할당이 가능하다. 두 부대에 수리부속을 공급하려고 하는데 충분한 양이 없을 때, 즉 할당해야 할 때, 두 부대가 맡은 임무의 중요도에 따라 할당할 수 있다. [그림 3-24]의 매력도 대신 임무 중요도를 사용할 수 있다. 그런데 임무별로 점수를 매겨 놓지는 않을 것이기 때문에 사전 작업이 이루어져야 한다. 동일한 장비나 수리부속을 쓰는 부대라면 전방에 위치한 순서대로 중요도를 설정할 수도 있다. 방법은 여러 가지이다.

무작위random할당도 고려해 볼만 하다. 추첨에 의해 대상자를 선택하고 주문량을 전부 다 주는 방식이다. 그런데 선택된 주문량이 재고량을 넘어서는 경우에는 모두에게 불만족스럽게 만든다. 다수의 만족을 포기해야 하는 경우도 발생한다. 예를 들어, 한 주문자가 100개를 주문했고, 나머지

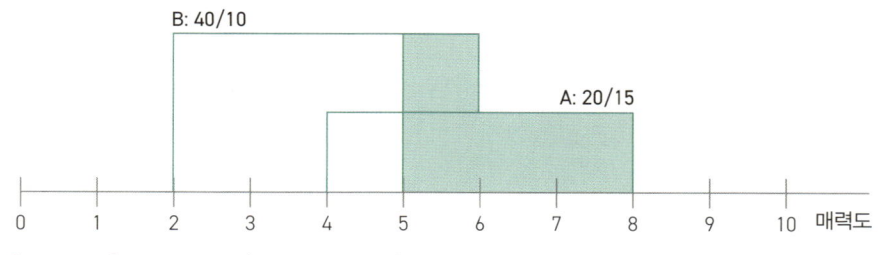

[그림 3-24] 우드 알고리즘(Wood algorithm)에 의한 할당

100명의 주문자가 1개씩을 주문했다. 가지고 있는 재고는 100개뿐이다. 만약 추첨에 의해 한 주문자에게 재고량을 모두 몰아주는 경우에는 나머지 100명의 주문자를 희생시켜야 한다.

무작위할당도 팬텀주문을 줄인다. 운에 의해 할당을 받기 때문에 자신의 주문량을 늘리는 활동을 하지 않기 때문이다. 중요한 일을 하는데 있어 운에 의존해야 한다는 것 때문에 많이 사용되지는 않는다.

정보 부족

도입기 장비 판매량이나 수리부속의 요구량을 예측할 때, 데이터 부족에 직면하게 된다. 새로운 장비와 수리부속이기 때문에 과거 데이터가 없기 때문이다. 예측할 때 아무런 데이터 없이 시작해야 한다. 새로운 장비가 출시되었을 때, 정보 부족 때문에 사람들은 유사 장비의 데이터를 활용한다. 한 조직에서 유사 장비는 현재 쓰고 있는 장비일 것이다. 출시된 지 오래되어 새로운 장비로 대체하게 된다. 시장의 크기는 급변하지는 않고 예측 가능하기 때문에 신장비의 판매량은 과거 장비의 데이터를 통해 예측이 가능하다.

하지만 수리부속의 경우는 다르다. 구장비의 특정 수리부속의 고장간격 시간MTBF. mean time between failure가 100일이었는데, 신장비의 해당 기능의 수리부속 역시 100일의 MTBF를 가진다고 예측하는 것은 잘못된 경우일 수 있다. 구장비의 총수명 주기가 30년이었다면, 30년 전의 기술수준과 현재의 기술수준이 동일하다는 생각에 기초한다. 총수명 주기가 5년이라고 하더라도 기술개선이 이루어질 시간이다.

관련 연구에 의하면 총수명 주기동안 발생하는 고장의 패턴은 장비 간의 유사도가 높은 것보다 제작시기의 유사도가 높은 경우가 더 비슷했다. 즉, 과거에 만든 유사한 장비의 MTBF가 아니라 가장 최근에 만든 장비와의 MTBF를 사용하는 것이 더 효과적이다. 자세한 내용은 아래의 논문을

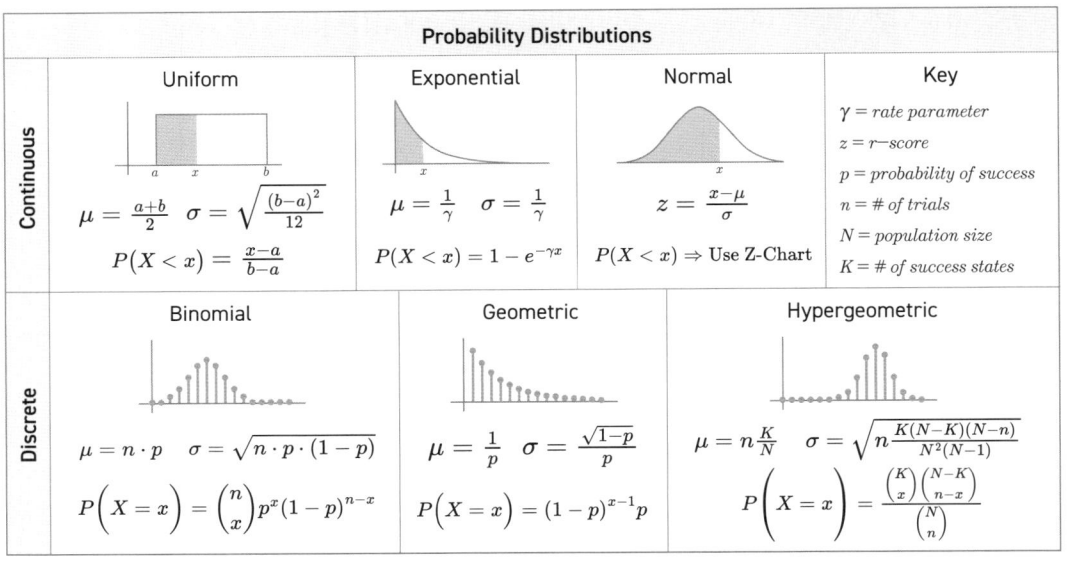

[그림 3-25] 모수(parameter)의 확률분포 예시

참고하기를 바란다. 즉, 과거 장비의 MTBF가 아니라 가장 최근의 유사 장비의 MTBF를 사용하는 것이 더 효과적이다.

* Moon, H., & Choi, J. (2021). Hierarchical spline for time series prediction: An application to naval ship engine failure rate. Applied AI Letters, 2(1), e22.

수리부속의 고장량에 대한 정보는 제조업체에서 제공한다. 그런데 이 기준을 믿을 수 있느냐의 문제는 남아 있다. 해당 수리부속을 공급하는 제조업체의 입장에서는 판매량이 많기를 바란다. 제조업체가 제공하는 고장간격 시간은 실제보다 짧을 수밖에 없다. 개발과정에서 도출된 값 중에서 평균보다 아주 작은 값으로 설정되었을 가능성이 매우 높다. 2부에서 다룬 것처럼 이 값threshold의 설정에 따라 납품할 수 있는 수리부속의 양은 매우 크게 변할 수 있다.

수리부속 재고량을 결정하려면 각 모수의 평균, 표준편차, 분포를 정확히 알아야 한다. 고장간격 시간, 리드타임, 주기 등의 모수를 알아야 재고량이 정해진다. 평균이 재고량이 되면 서비스 충족률이 50%에 지나지 않는다고 설명하였다. 수리부속의 경우 과소재고비용이 매우 높기 때문에 평균보다 높은 값을 재고로 보유해야 한다.

각 모수의 확률분포도 있어야 한다. [그림 3-25]는 간단한 형태의 분포 6가지를 보여주고 있다. 이외에도 수많은 분포가 있다. 여기서 확률분포의 특성을 논하려는 것은 아니다. 데이터가 하나 있을 때는 지수분포exponential distribution을 사용하는 것이 유리하다 reference 달아야 함. 모수가 하나뿐이기 때문에 분포의 형태를 결정하는 것이 비교적 쉽기 때문이다. 이러한 내용은 학술적으로 오랜 기간 인정되어 널리 활용Lawless, 1983되었다. 실제로 과거 미군의 군수정책MIL-STD-781C으로 적용되기도 하였다.

* Lawless, J. F. 1983. Statistical methods in reliability. Technometrics, 25 4, 304-316.

지수분포는 [그림 3-25]의 위쪽에 있다. 표준편차의 제곱이 평균이 되는 특성을 가지고 있다. 평균만 알면 확률분포를 가질 수 있다.

데이터가 최솟값과 최대값의 두 개가 있을 때는 일양분포uniform distribution를 사용하는 것이 유리하다. 굳이 가정이 엄격한 정규분포로 확대할 필요는 없다. 두 개의 값의 중간값을 가지고 지수분포를 가정하는 경우보다 일양분포를 적용하는 것이 유리하다.

데이터가 최솟값, 최대값, 최우추정치most likelihood를 가지고 있을 때는 퍼트분포PERT distribution를 사용하는 것이 유리하다. 퍼트분포는 다음의 [그림 3-26]과 같다. 퍼트분포에서 평균은 다음의 식을 통해 구한다.

$$\mu = \frac{a + 4b + c}{6}$$
$$V = \frac{(\mu - a)(c - \mu)}{7}$$

여기서 a는 최소값을, b는 최우추정치를, c는 최대값을 나타낸다. μ는 평균을, V는 분산을 의미

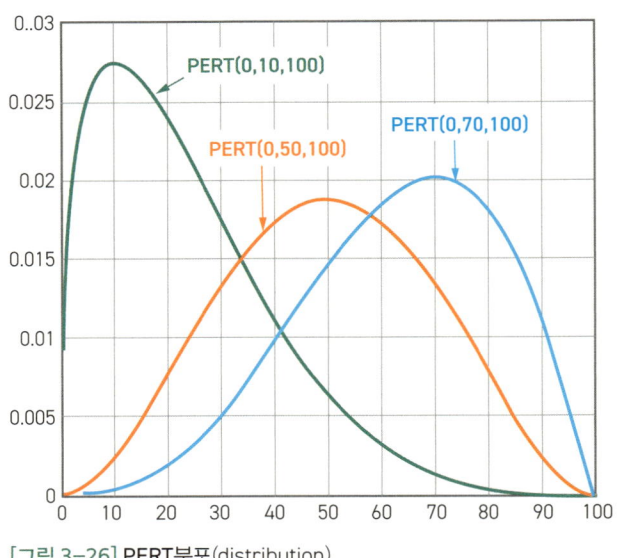

[그림 3-26] PERT분포(distribution)

한다. 데이터가 분포를 추정할 수 있는 충분한 경우에는 적합한 분포를 사용하는 것이 당연히 좋다. 그전에는 지수분포, 이항분포, PERT분포 등 데이터에 적합한 것을 사용해야 한다.

도입기에서는 장비 수량이 적기 때문에, 당연히 분산이 크다. 장비 수요의 분산이 크면 수리부속의 안전재고량은 크다. 그리고 수리부속은 일반적으로 유통기한이 없기 때문에 총수명 주기 동안 사용될 가능성이 크다. 즉, 재고를 보유하는 것에 대한 상대적인 부담이 작다.

 **선순환 구조**

도입기에서 성장기로 이어지면서 장비 수요는 일반적으로 다음과 같은 지수적 증가exponential growth 형태를 띤다. 지수적 증가는 다음의 P-A모델을 통해 설명할 수 있다.

[그림 3-28]의 왼쪽은 잠재적인 모집단을 의미한다. 초기 광고나 홍보를 통해 채택집단adopted

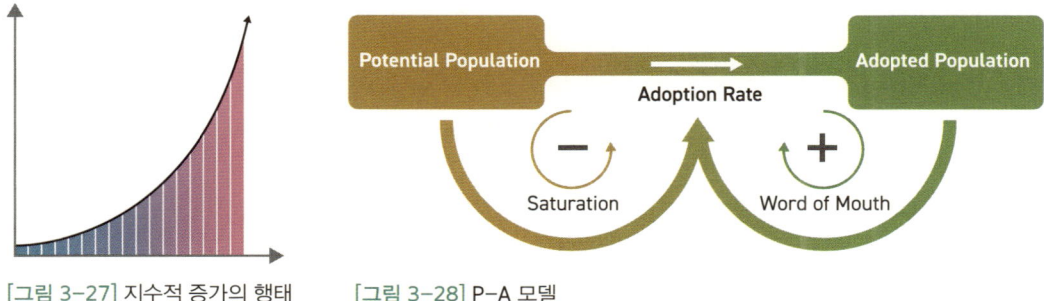

[그림 3-27] 지수적 증가의 행태   [그림 3-28] P-A 모델

population으로 이동하게 된다. 가운데 화살표 위에 있는 변수가 채택량adoption rate이다. 채택량은 단위 시간당 양으로 일종의 속도이다. 채택집단은 채택량이 누적된 값이다.

채택집단의 수가 있으면 구전효과word of mouth에 의해 채택량이 비례해서 증가한다. 채택량이 증가하면 채택집단이 증가한다. 채택량과 채택집단은 구전효과에 의해 점점 늘어난다. 늘어날 때 [그림 3-28]과 같은 지수적 증가 패턴을 보인다. [그림 3-28]의 왼쪽에 있는 성숙saturation효과는 오른쪽의 구전효과를 반감시킨다. 모집단에서 계속 빠져나가다 보면 나중에는 0에 가까워진다. 따라서 채택량은 구전효과에 의해 높은 값이 나가고 싶어도 성숙효과 때문에 작아지게 된다.

오른쪽의 구전효과는 포지티브 루프positive loop이고, 왼쪽의 성숙효과는 네가티브 루프negative loop를 형성한다. 포지티브 루프는 변수들을 한 바퀴 돌면서 방향이 바뀌지 않는 경우다. 채택집단이 늘면 채택량이 늘고, 채택량이 늘면 채택집단이 증가한다. 반대로 채택집단이 감소하면 채택량이 감소하고, 채택량이 감소하면 채택집단이 감소한다. 감소하는 경우를 지수적 감소exponential decay라고 한다. 여기서는 지수적 감소에 대해서는 설명을 삼간다.

따라서 도입기와 성장기에서의 지수적 증가 패턴은 구전효과와 같은 포지티브 루프 때문에 발생한다. 어떤 장비의 판매량이 늘면, 이를 사용해본 사람들이 그 성능이 우수하다고 판단하면 다른 사람들에게 호평한다. 이 호평을 받은 사람들은 모집단에 있다가 채택집단으로 넘어간다.

시스템 다이내믹스system dynamics는 포레스터Forrester MIT 교수에 의해 처음 만들어진 학문체계이다. 현재 MIT의 시스템 다이내믹스 분과의 교수로 있는 스터만Sterman 교수는 그의 저서 비즈니스 다이내믹스Business Dynamics에서 기본적인 루프에 의해 나타날 수 있는 행태behavior를 설명하고 있다.

[그림 3-29]의 지수적 증가exponential growth는 파지티브 루프 하나가 포함되어 있어야 나타난다. 두 번째 목표추구goal seeking는 네가티브 루프 하나가 포함되어 있어야 나타나는 행태이다. 세 번째 S자형 증가S-shaped growth는 포지티브 루프 한 개와 네가티브 루프 한 개가 포함되어 있음을 의미한다. 파동oscillation 행태는 네가티브 루프 한 개가 포함되어 있으면서 지연delay이 있는 경우다. 오버슈트 증가growth with overshoot는 포지티브 루프 1개, 네가티브 루프 1개, 지연이 포함되어 있다. 오버슈트 후 쇠퇴overshoot and collapse는 1개의 포지티브 루프, 2개의 네가티브 루프와 지연이 포함되어 있다.

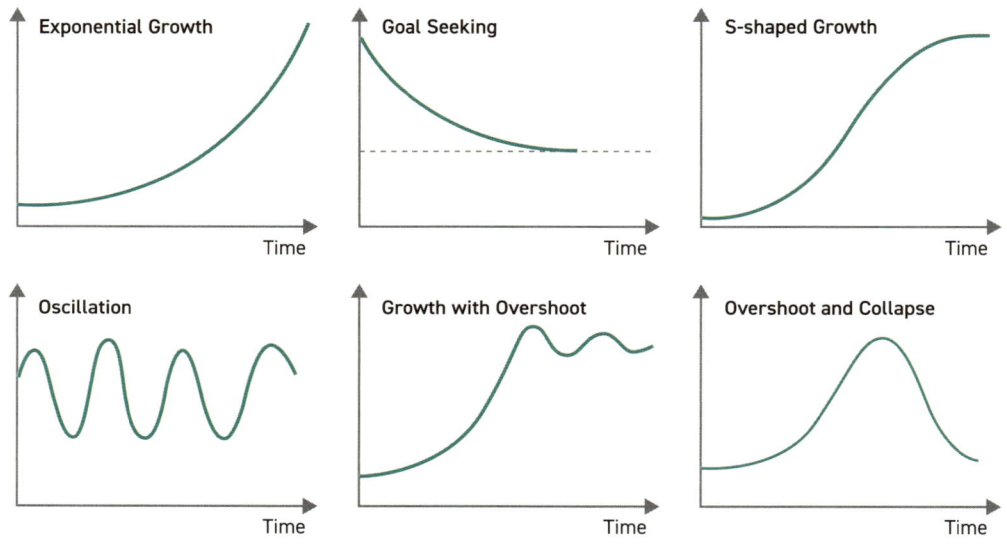

[그림 3-29] 시스템 행태(system behaviors)

6 확장 전략 expansion strategy

성장기와 성숙기에는 수요와 소요가 빠른 속도로 증가한다. 이에 맞춰 정비능력과 수리부속 재고 또한 늘려야 한다. 이를 확장 전략이라고 한다.

필요량인 수요/소요가 있으면 능력인 정비능력 repair capacity이나 수리부속 재고량을 확보하는 전략은 미리 확보하는 경우 프로스펙터 prospector 전략이라고 하고, 나중에 확대하는 것을 두고 보기 wait and see 전략이라고 한다.

과소비용 underage cost은 능력이나 재고가 필요량보다 부족할 때 지불해야 하는 비용이다. 과대비용 overage cost는 능력이나 재고가 남아서 지불해야 하는 비용이다. 과소비용이 과대비용보다 클 때 프로스펙터 전략을 선택하고, 과대비용이 과소비용보다 클 때 두고 보기 전략을 선택하는 것이 합리적이다. 프로스펙터 전략은 일반적으로 대규모 확장 big chunk을 선택하고, 두고 보기 전략은 소규모 확장 small chunk을 선호한다. 대규모 확장 전략은 규모의 경제 economy of scale 효과를 기대한다.

필요량 선과 능력 선과의 차이는 곧 비용이다. 두 선 사이의 면적의 합이 차이 difference이다. 일반적으로 프로스펙트 전략이 두고보기 전략보다 큰 차이를 일으킨다. 프로스펙터 전략을 채택하

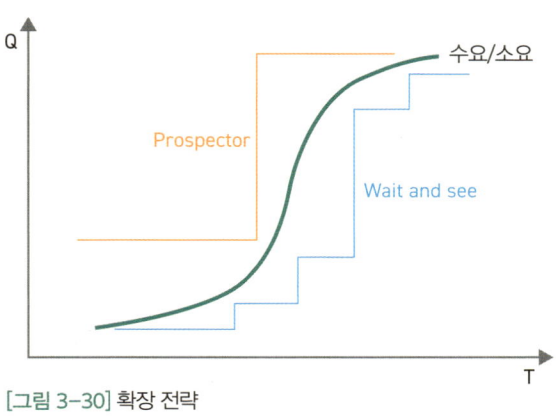

[그림 3-30] 확장 전략

면 비용이 많이 들지만 조직에 그만한 여유를 안겨주기도 한다. 최근 붕괴사건이 자주 발생하는데, 이 여유가 조직의 유연성을 높여주기도 하기 때문이다. 그러나 이 여유는 비효율성으로 간주하는 경우가 많다.

시장에서 독점적 지위를 가지고 있다면 두고 보기 전략이 우세하다. 과점 시장에서 경쟁이 치열하다면 프로스펙터 전략이 경쟁우위를 확보할 수 있는 기회를 제공하기도 한다. 반대로 퇴출될 수 있는 확률 또한 높다.

비동기화 desynchronization

성숙기 제품은 단위 기간 수요의 분산 또는 편차이 작아진다. 안정적인 수요를 보인다. 수요가 안정적이면 안전재고도 작아진다. 그리고 공급업체 능력도 안정화되고, 수송능력도 안정화된다. 안정화되면서 사람들은 촉각을 세우면서 재고를 실사하는 Q시스템보다 주기적으로 주문하는 P시스템으로 전환된다. 주기가 늘어난다는 의미는 아니다. 5일에 한 번 배송이든, 3일에 한 번 배송하는 체계로 바뀐다. 아무래도 P시스템이 Q시스템보다는 관리비용이 적게 든다.

성숙기에 이르면 일차적으로 안전재고를 줄일 수 있다. 이때 안전재고 공식에서 시그마를 예측오차로 변경해도 좋은 대안이 될 것이다. 제품 수명이 길어지면, 즉 성숙기에 들어가면 예측 정확도는 확실히 높아진다. 예측 정확도가 높아지면 예측 오차는 줄어든다. 하지만 수요편차는 수요에 의존하기 때문에 수요량 자체가 늘면 편차도 같이 늘어날 수 있다.

$$안전재고 = z \times \sigma\sqrt{lt} \Rightarrow z \times e\sqrt{lt}$$

$$e = \sqrt{\frac{\sum_{i=1}^{N}(F_i - D_i)^2}{N}}$$

이 공식에서 e는 예측 오차를 말한다. 다양한 예측오차 중에서 평균제곱오차_{mean squared error}이다. F는 예측치를, D는 실제 수요치를 의미한다. 아래첨자 i는 시계열 번호이다. 특정 시간을 의미한다.

그리고 앞에서 수평공급에 대해서도 설명하였다. [그림 3-11]의 수평공급 상황에서 D1과 D2에 U가 수리부속을 4일 주기로 공급할 때, 같은 날 하지 않는 비동기화를 하게 되면 다음의 [그림 3-11]의 재고 행태를 예상할 수 있다.

U는 D1과 D2에게 4개씩 4일마다 공급한다. D1은 1, 5, 9, 13, 17일에 공급받고, D2는 3, 7, 11, 15일에 공급받는다. 4개를 공급받은 D1이 1일에 공급부족 상황을 겪을 리는 없다. 성숙기이기 때문에 수요는 매우 안정적이다. 그래도 수요의 편차가 있으니 4일에 D1은 재고부족이 발생할 가능성이 있다. 재고부족이 발생하면 인근에 있는 D2에게 수평공급을 받는다. D2도 재고 부족 상황이 발생할 수 있고, 이때 D1으로부터 수평 공급을 받을 수 있다.

수평공급 상황에서 사이클 재고만으로 재고부족 상황을 줄일 수 있다. 수평공급이 일종의 안전 재고 역할을 수행하게 된다.

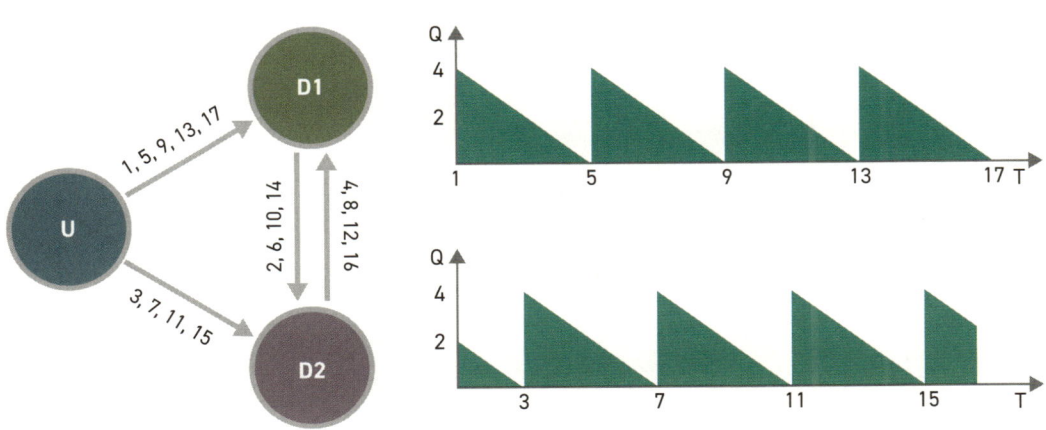

[그림 3-31] 수평공급에서의 비동기화

3장
도태관리

장비는 수명이 다하면 시장에서 퇴출된다. 특정 장비를 도입하여 일정 기간이 지나면 폐기dispose하게 된다. 그리고 특정 장비가 라이프 사이클life cycle을 지나고 나면 도태eliminate하게 된다. 폐기 기간이 도태 기간보다 짧다.

① 폐기 결정

사용연한period of use이나 유통기한expiration date이 되면 해당 제품을 폐기dispose해야 한다. 계속 사용할 경우의 비용이 폐기 비용보다 많이 들 때 폐기 결정을 한다.

법적인 문제가 없을 때는 갈등이 생긴다. 사용연한은 되었는데 상태condition가 우수한 경우다. 상태는 고장발생 빈도로도 측정가능하다. 예를 들어 예정된 사용연한에서 고장량을 보니 그다지 높지 않다. 그래서 폐기 시점을 연장한다. 연장하였더니 이 기간에 고장량이 기하급수적으로 늘어난다.

폐기에 대한 의사 결정은 다음의 두 가지다.

- **연장할 것인지에 대한 결정:** 신장비로 운용할 때의 비용이 기존 장비로 운용할 때의 비용을 넘어설 때 연장한다. 고장 발생이 장비가용도에는 큰 영향을 미친다.
- **연장기간에 대한 결정:** 연장기간은 짧을수록 좋다. 하지만 수리부속품의 구매주기보다는 길어야 한다. 1년에 한 번 수리부속품을 구매할 경우 연장기간은 최소 1년이 되어야 한다. 고장량이 기하급수적으로 발생할 수 있기 때문에 최소 기간을 연장기간으로 삼는 게 유리하다.

폐기 결정에 대한 번복은 되도록 피해야 한다. 폐기하기로 하였다가 상태가 양호하여 계속 사용하기로 번복하게 되면, 여러 가지 상황들이 꼬이게 된다. 폐기할 것으로 예상하여 수리부속품의 구매를 중단하였다면, 다시 재개하는 데에는 추가적인 부담이 발생한다.

❷ 구매 중단 시기 결정

수리부속품의 구매 중단 시기는 폐기 결정보다 빨라야 한다. 폐기 결정은 제품의 라이프 사이클의 끝에 가서 주로 이루어진다. 반면, 구매 중단 시기는 때로 도입기부터 이루어질 수도 있다.

해당 장비에 대한 신규고객이 발생하지 않으면 수리부속품의 구매 중단을 고려해야 한다. 일반적으로 다음과 같은 상황이 되면 갈등이 발생한다.

폐기까지의 수리부속 요구량 〈 재고량

구매중단 시기를 파악하기 위해 다음과 같은 간단한 시뮬레이션 모델을 만들었다. 이 모델은 Vensim DSS로 만들어졌다.

어떤 품목의 라이프 사이클은 30년이다. 그리고 이 제품은 1년에 한 번 구매한다. 구매하면 1년 후에 재고Inventory로 들어온다. 목표재고를 설정하고 있으며, 목표재고보다 재고on hand inventory가 낮으면 부족한 양을 주문량Order Quantity에 포함시킨다. 목표재고는 5년치로 설정하고 있다. 그리고 다음 연도에 사용할 양을 예측하여 주문한다. 예측에서는 SMOOTHt=3를 사용한다. 3년 이동평균과 유사한 개념의 함수다. 30년이 되면 재고는 폐기discard된다.

이 품목의 소요Requirement는 매년 100개다. 이해를 돕기 위해 확률적이지 않고 확정적인 상수를 사용하였다. 이 품목을 유지하는 데에는 여러가지 효익과 비용이 발생한다. 몇 가지 효익과 비

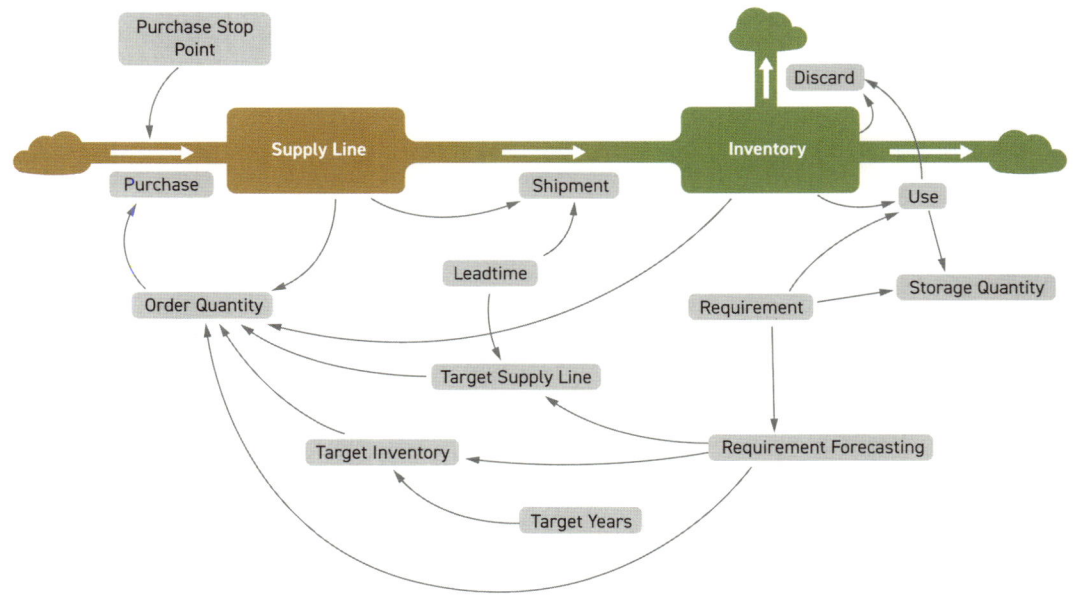

[그림 3-32] 구매중단 시기 결정을 위한 시뮬레이션 모델

용은 다음과 같다.

효익 측면서 이 제품을 사용하였을 때 단위당 효익unit use utility은 200원이다. 1년 동안 재고 유지비용unit inventory holding cost은 1원이다. 제품 1개를 구매할 때 들어가는 비용은 100원이다. 30년 후에 도태될 때의 폐기discard비용은 개당 10원이다. 만약, 30년 시점까지 구매를 멈추지 않는다면, 즉 도태시기를 고려하지 않고 매년 동일한 의사 결정을 내린다면 모델의 재고Inventory는 [그림 3-33]과 같은 모습을 보인다.

목표재고가 5년치였으므로 500개가 유지되고 있다. 이렇게 하면 제품의 라이프 사이클이 끝나고 난 다음에 500개를 폐기해야 한다. 추가비용이 발생한다. 500개에 단위당 폐기비용이 10원이라고 하였으니 5,000원의 비용이 발생한다. 만약 목표재고를 도태시점에서 0으로 만드는 방법을 적용하면 이 제품의 목표재고는 500개이다. 1년에 100개의 확정적인 수요에 5년 치를 보유하기로 하였기 때문이다. 따라서 구매중단 시점은 25년이다.

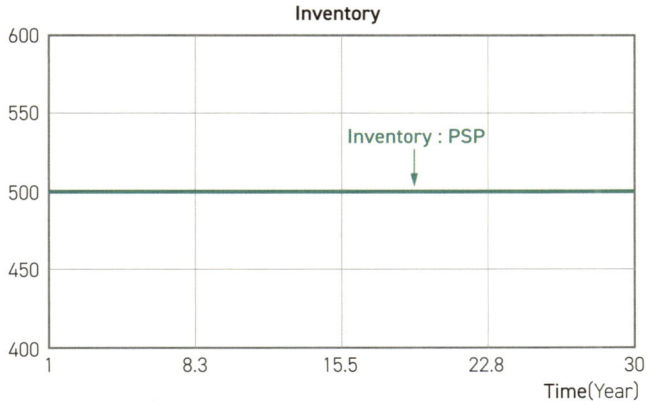

[그림 3-33] 도태시기를 고려하지 않은 루틴한 구매 의사 결정을 하는 경우

[그림 3-34] 파란선의 경우 구매중단시점이 25년인 경우다. 30년 초에 100개이므로 30년 말에는 고정 소요 100개를 충족하게 된다. 여기서 25년 중요한 의사 결정 기준점이다.

PSP purchase stop point=25일 때의 1년 평균 효익 Life Cycle Utility은 11,533원이다. PSP=30인 경우에는 9,700원으로 차이가 상당히 발생함을 알 수 있다. 마지막 30년 차에 구매를 적게 하여 약간의 재고부족이 발생하더라도 전체 비용은 줄어들 수 있다. 각종 비용들이 전체 효익에 미치는 영향이 상이하기 때문이다. 기준이 되는 모델에서의 최적 PSP는 24.32년이다.

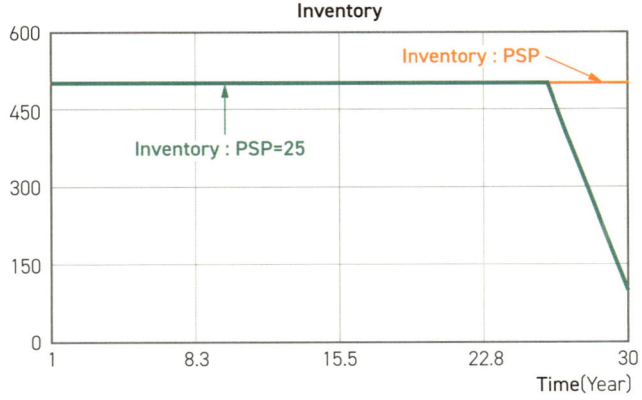

[그림 3-34] 구매중단 시점을 목표재고를 반영하여 25년으로 설정할 경우

그런데 PSP에 영향을 미치는 요인은 다음과 같이 많다. 이들을 모두 고려한 최적값을 구하기는 어렵다. 여기에 사용된 변수 이외에도 다양한 요인이 영향을 미칠 수 있기 때문이다.

[표 3-1] PSP(구매중단시점)에 영향을 미치는 변수들

변수들	예상 관계
Target Years(목표재고년수),	반비례
Unit Use Utility(단위당 사용 효용),	정비례
Inventory Holding Cost(재고유지비용),	반비례
Purchase Cost(구매비용),	반비례
Shortage Cost(부족 비용),	정비례
Discard Cost(폐기비용)	반비례

먼저 목표재고년수를 늘리면 구매중단 시점이 빨라지는지 살펴본다. [그림 3-32]의 모델에서 Target Years를 5에서 6으로 바꾼 뒤에 최적화를 단행하였다. 목적함수는 Life Cycle Utility를 최대로 하는 것이고, 변경하는 변수는 구매중단 시점purchase stop point이다. 최적화 결과 23.32년이 도출되었다. 재고를 많이 보유하고 있으면 기준점보다 빨리 구매를 중단해야 비용을 줄이고 효익을 최대로 할 수 있다. 최적화 시의 Life Cycle Utility는 1년 평균 11,783으로 기준점의 경우에서의 11,533보다 높은 값을 보인다. 재고량을 늘려도 구매중단 시점을 잘 맞추면 오히려 효익이 늘어남을 보여준다.

Life Cycle Utility = Use Utility - (Discard Cost + Inventory Holding Cost + Purchase Cost + Shortage Cost)

목적함수는 운영기간 동안 창출된 효익에서 관련 비용을 차감한 것이다. 관련 비용에는 재고유지비용, 폐기비용, 구매비용, 부족비용이 포함되어 있다. 목표재고년수가 커지면 재고유지량이 늘어 재고유지비용은 높아진다. 대신에 재고 부족량이 발생할 가능성은 줄어든다.

기준이 되는 PSP=5와 Target Years=5에서 단위당 사용 효익은 200원이었다. 이를 높여서 400원으로 하는 경우에 최적의 PSP는 24.23년이었다. 즉, 사용상의 효익이 커진다면, 예를 들어 판매 마진이 높다고 한다면 재고의 중요성은 높아진다. 하지만 사용효익이 PSP에 미치는 영향은 크지 않았다. 여기서는 소요가 확정적이기 때문에 이러한 현상이 발생하였다. 이론적으로는 구매 중단 시점이 도태 시기에 가까워질 것으로 예상된다.

구매비용purchase cost는 시간에 따라 높아지는 경향을 보인다. 인플레이션의 영향을 받기도 한다. 구매비용을 기준 100원에서 200원으로 올렸을 때, 최적의 PSP는 23.32가 나왔다. 이는 목표 재고를 1년 치 늘리는 것과 유사한 정도의 영향이다.

폐기비용은 기준의 경우 개당 10원이던 것을 1000원으로 변경한 후 최적의 PSP를 계산하였다. 이 역시 23.32년이 나왔다. 소요가 모두 충족되는 경우 폐기량은 발생하지 않기 때문이다.

기준에서의 재고유지비용은 단위당 1원이었다. 만약 재고유지비용을 2원으로 올리면 구매중 단 시점을 이르게 해야 한다. 재고 부담이 커지므로 빨리 재고를 소진시키는 것이 좋다. 기준에서 의 최적 PSP가 24.32였으므로, 여기서 나온 24.30은 아주 미미한 영향임을 보여주고 있다.

이처럼 단일 파라미터의 영향을 판단하기는 어렵다. 수요를 확정적으로 사용하였기 때문이다. 만약 소요requirement가 다음과 같이 정규분포를 가지는 경우를 가정해보자.

Requirement = RANDOM NORMAL0, 200, 100, 50, 2345)

이 식은 최소값은 0, 최대값은 200, 평균이 100, 표준편차가 50인 시드번호 2345번을 가지고 오라는 뜻이다.

소요가 확정적에서 확률적으로 바뀌면 재고수준도 변화를 줘야 한다. 기준 모델에서는 5년치 를 둔다고 가정하였는데, 이 또한 우리가 결정해야 할 변수이다. 그래서 최적화 과정에서 목적함 수식은 그대로 두고 변경할 변수에 목표재고 년수를 포함하였다. 두 가지 변수의 다양한 조합에 의해 목표함수식의 값이 정해지고, 시뮬레이션을 14,843번을 시행한 후 목표재고년수는 7.99년

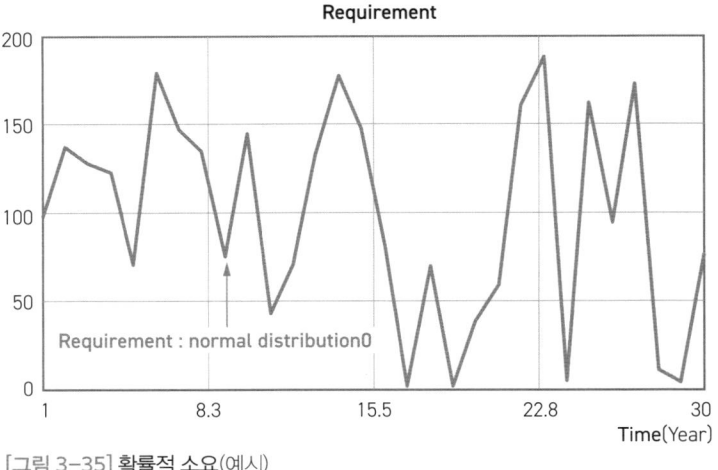

[그림 3-35] 확률적 소요(예시)

이 나오고, 구매중단시점은 15.75년이 도출되었다.

1년에 100개씩 소요가 발생할 때와는 완전히 다른 형태의 그래프다. 적을 때는 0에 가깝고, 많을 때는 200에 가깝게 나온다. 의도한 것은 평균이 100이었는데, 실현된 소요의 평균은 97.78개였다. 난수를 발생시킬 때는 오차범위 내에서 이러한 순열이 발생할 수밖에 없다.

최적의 목표재고년수7.99년와 구매중단시점 15.75년을 가질 때의 재고Inventory는 [그림 3-36]과 같다. 구매 Purchase는 16년에서부터 끝까지 0의 값이었다.

재고가 구매중단 시점부터 라이프 사이클이 끝나는 시점까지 증가하지 않고 계속 감소하기만한다. 마지막 해에서의 재고량을 남겨 두었기 때문에 마지막의 재고량이 0이 아닌 값으로 표현되었을 뿐이다. 이 양의 값은 30년에 활용되었을 것이다.

만약에 다른 시드의 소요를 가지고 최적화를 시도하면 또 다른 값의 목표재고년수와 구매중단시점을 구할 것이다. 동일한 효익을 창출하는 2가지 이상의 값이 존재할 수 있다. 최적 지점을 기준으로 다양한 조합들이 최적 지점에 편평하게 포진하게 된다. 파라미터 간의 트레이드 오프 관계가 존재하기 때문이다. 위 최적화 모델에서의 소요의 수식에서 시드 번호를 3456으로 변경한 후최적화를 하였을 때 구매중단 시점은 12.64년, 목표재고년수는 9.33년이 도출되었다. 구매중단

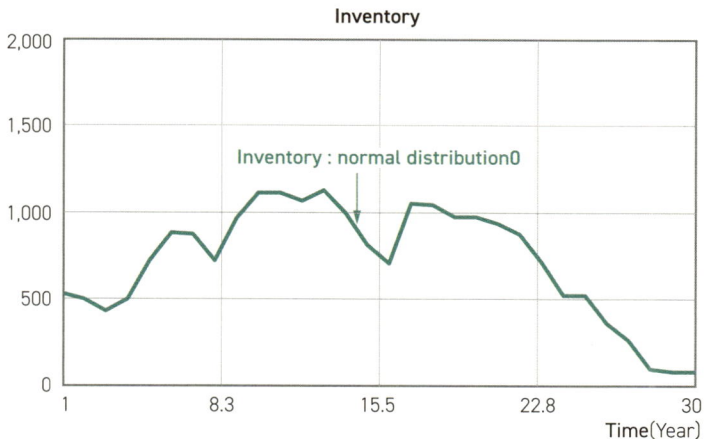

[그림 3-36] 목표재고년수와 구매중단시점을 동시에 최적화할 때의 재고량 변화(예시)

시점은 목표재고년수가 커질수록 일러진다는 것을 앞에서 제시한 바 있다.

　일반적으로 구매중단 시점은 예정된 도태시기의 −5년에서 −3년 사이로 일률적으로 처리하여 관리한다. 하지만 여기에서 살펴보았다시피 구매중단 시점에 따른 관리가 최선이라고 한다면 품목마다 다른 구매중단 시점을 선정해야 한다.

　현재까지도 군에서는 장기 미사용 품목의 처리가 문제가 되고 있다. 이를 동남아 등 해외로 수출하여 처리하는 등의 조치가 이루어지지만, 여전히 미사용 품목의 수는 너무 많다. 군에서는 이에 대한 원인을 수요예측 능력 저조에서만 찾는다. 물론, 틀린 말은 아니다. 하지만, 장비의 수명 주기와 남아 있는 재고량을 고려하지 않고 계속 새로 구매하고 있기 때문이 아닌지도 고민해보아야 한다.

　시간에 따라 각종 모수들이 변화를 일으키게 된다. 그러면 당연히 구매중단 시점 또한 변해야 한다. 매년 예상 소요량을 판단하고, 이를 시뮬레이션을 통해 구매중단 시점을 정하는 것을 추천한다.

③ 동적 재고관리 매커니즘 개발

군에서 사용하는 무기체계들은 30년 정도 사용된다. 무기체계의 운영에 유지되는 수리부속의 재고 또한 30년 동안 사용된다. 30년이면 결코 짧은 기간은 아니다.

수리부속에 대한 재고관리에 있어 어떠한 접근을 하고 있는지 살펴볼 필요가 있다. 현재 군에서는 수리부속에 대해 그 기간이 무한하다는 연속재고모형을 적용하고 있다. 다른 종류의 품목과 같이 목표재고를 설정하고 부족하면 채워 넣는 형태를 취한다.

그런데 사용기간이 유한한데, 무한하다는 가정 하에서의 재고모형 적용은 치명적인 약점을 가질 수 있다. 수명 주기가 30년인 무기체계의 수리부속에 대해 Q시스템을 계속 적용한다고 가정해 보자. 1년 사용할 것을 주문해서 쓰는 형태라고 한다면, 30년 말에는 안전재고가 통째로 남게 된다. 5단계의 공급사슬에서 각자가 30일 치의 안전재고를 보유하고 있다면, 30년 말에는 단순 계산해도 총 25년 치의 연간 소모량 평균의 5개월 치를 폐기해야 한다.

수명 주기가 30년 이상으로 늘어날 수 있다. 새로운 대체제가 덜 준비되었거나, 재고로 보유한 물량이 많이 남아 폐기비용이 높은 경우에는 신제품과 혼용하거나 폐기를 미루는 경우도 발생할 수 있다. 연속재고모형을 사용하는 경우, 일반적으로 도태시기가 가까워지면 규정에 따라 주문량을 줄이는 정책을 펼 수 있다. 현재 군에서는 도태 연도가 가까워지면임의로 3년을 책정하고 있음, 점차 소요량 평균을 일정 비율로 삭감하고 있다.

그런데 왜 3년인가? 만약 5년에 한 번꼴로 수요가 발생하는 수리부속이라면 3년 동안 감소분이 0일 수 있다. 특정 숫자를 결정하는 일에 있어서는 미봉책이 있어서는 안 된다.

군에서 인가저장품으로 관리하는 품목들을 선정할 때에는 최근 5년간 수요가 1번 이상 발생한 품목들을 후보군으로 묶은 뒤, 이 중에서 인가저장품을 선정한다. 3년이 아니라 5년도 짧다는 것이다. 대다수 수리부속들의 수요가 5년에 1개도 발생하지 않는데, 3년이라는 막연한 숫자가 사용되고 있다.

재고관리 모형은 그 기간이 무한하다는 가정하에 접근하는 연속재고모형이 있고, 한정된 기간에 대한 단속재고모형이 있다. 연속재고모형에는 정기적 주문 재고모형 이른바 P-system과 고정량 주문 재고모형 이는 경제적 주문량에 기반을 두고 있음. 이른바 Q-system이 있다. 단속재고모형에는 뉴스벤더 newsvendor 모형이 있다.

연속재고모형에서는 다음과 같은 모수parameter를 고려해서 의사 결정이 이루어진다. 여기서는 고정량 주문 재고모형을 중심으로 설명한다.

고정량 주문 재고 모형 이하 Q시스템으로 통칭에서 경제적 주문량은 다음의 수식으로 결정된다. 여러 가지 강한 가정을 바탕으로 하기 때문에 현실적이지 않다. 다만, 어떠한 요인들을 반영하는지 살펴볼 필요가 있다.

$$Q^* = \sqrt{\frac{2DS}{H}}$$

경제적 주문량Q*은 수요량이 커질수록, 주문비용S이 커질수록 커지며, 재고유지비용H이 커질수록 작아진다. 한편 Q시스템에서의 재고량은 다음의 수식을 통해 정해진다.

$$\frac{\sqrt{\frac{2DS}{H}}}{2} + z * \sigma\sqrt{l}$$

뉴스벤더 모형을 사용하는 경우에는 한 번 주문을 해서 재고로 가져다 놓고 사용하는 경우를 가정한다. 전체 사용기간 동안의 수요의 분포, 재고과다비용overage cost과 재고부족비용underage cost을 고려해서 적정량을 준비하게 된다.

만약 특정 기간 동안의 수요가 적게는 1개 많게는 100개 정도 발생할 수 있고, 이 때의 분포가 일양분포uniform distribution라면 수요의 분포는 [그림 3-37]과 같다.

위 분포에서 수요의 평균은 50.5 이하에서는 50이라고 가정함개이다. 만약 재고과다비용과 재고부족

[그림 3-37] 일양분포 예시

비용의 기대값을 같게 만드는 임계치 재고중요도에 대해서는 이전 장에서 다루었다가 0.8이 나오면 준비량
은 80개가 된다. 이 때 30개 80개에서 평균인 50개를 차감한 개수가 안전재고량이다.

위에서 언급하였던 30년 수명 주기 동안 한 차례 주문하여 사용하는 뉴스벤더 모형을 적용할
때, 재고중요도가 0.8이 나왔고, 수요분포가 1에서 100까지의 일양분포라면, 평균재고는 40개가
된다. 뉴스벤더 모형에서는 안전재고량이 0이 될 수도 있고, 마이너스가 될 수도 있다.

[표 3-2] 재고의 영향요인들

Q시스템에서의 고려사항들	뉴스벤더 모형에서의 고려사항들
• 수요의 분포 • **주문비용**(S): 여기에는 수송비용이 포함되며 주문횟수(D/Q)의 영향력은 매우 높음. • **재고유지비용**(H): 구매비용의 이자율(item cost)이 포함되어야 함. • 구매 리드타임	• 수요의 분포 • 판매 가격 • 구매 비용 • 잔존 가치(폐기 비용)

[표 3-2]에서 보이는 바와 같이 Q시스템 모형과 뉴스벤더 모형은 서로 다른 메커니즘에 의해
주문량이나 재고량이 결정된다. 두 가지 시스템에서 사용되는 일련의 비용을 포함하여, 총비용이
적게 나오는 의사 결정이 이루어지는 것이 합리적이라고 할 수 있다. 여기서는 간단하게 다음의
모수들을 임의로 지정하고, 3가지 경우에 대해 시뮬레이션을 실시하였다.

시뮬레이션에서 사용된 모수들의 상수값은 다음과 같다.

• 수요량 평균: 100	• 구매 리드타임: 1year
• 주문비용: 10	• 판매가격: 100
• 재고유지비용: 1	• 구매비용: 50
• 수요의 표준편차: 100	• 잔존가치: 10

임의의 시뮬레이션 소프트웨어vensim를 사용하여 모수를 다음과 지정하여 시뮬레이션을 실시하였다. 총 3가지 모델을 만들었다. 하나는 30년 동안 연속재고모형을 적용하는 경우이다. 이를 Continuous라고 표기하였다. 그리고 30년을 쪼개어 5년마다 뉴스벤더 모형을 적용하여 주문을 하는 모형을 개발하였고, 이를 Newsvendor5라고 명명하였다.

한편, 30년 중에서 초기 20년은 연속재고모형을 적용하고, 21년부터 30년까지는 뉴스벤더모형을 적용하는 경우를 만들었다. 이를 Hybrid라고 이름 지었다.

[그림 3-38]의 그래프는 세 가지 접근에 대한 결과를 보여주고 있다. 재고량의 변화를 보여준다. 이때 수요가 안정적으로 유지하는 것이 아닌 욕조bathtub 형태를 띄는 것으로 가정하였다.

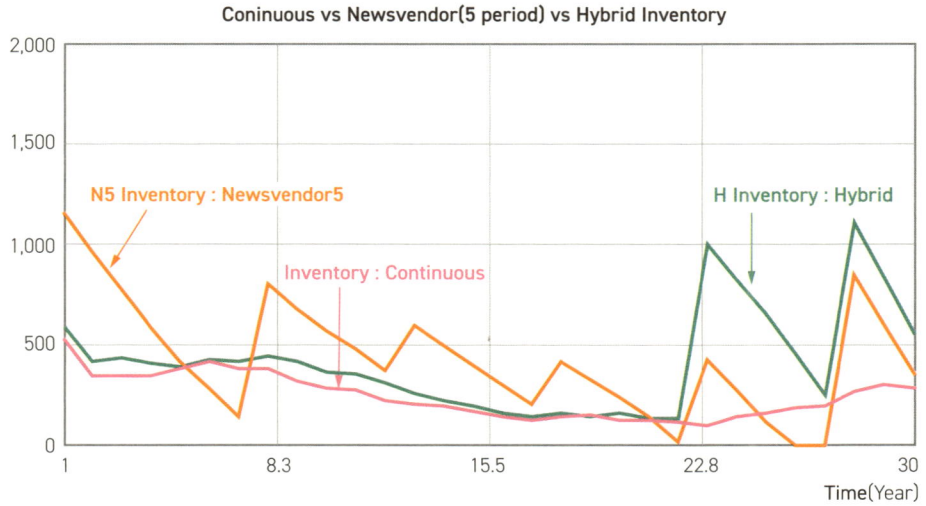

[그림 3-38] 재고량 변화 비교

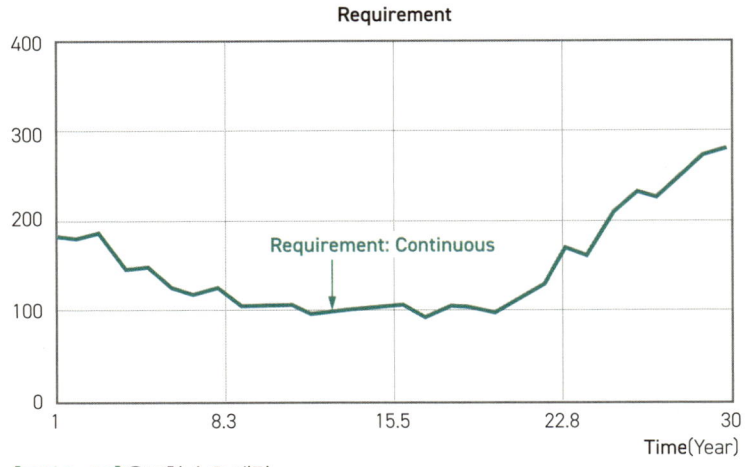

[그림 3-39] 욕조형 수요 패턴

[표 3-3] 재고량 비교

	Min	max	mean	stdev
Continuous	91.22	524.95	241.42	109.32
Newsvendor5	0	1147	430.13	281.46
Hybrid	131.79	1,103	408.90	253.60

[표 3-4] 총수명 주기 동안의 효용

	Min	max	mean	stdev
Continuous	-26,618	27,739	5,981	7,503
Newsvendor5	-48,663	27,017	5,458	17,260
Hybrid	-37,250	28,305	6,295	15,222

연속재고모형에서는 생애효용을 최대화하는 Target Years, N5 Inventory Index, H Target Years and N5 Inventory Index를 각각 1에서 30 사이의 범위에서 최적화를 시킨 값들이다.

연속재고모형을 적용하는 경우, 평균 재고량은 가장 적게 보유하는 것으로 나타났다. 뉴스벤더 모형의 경우, 5년에 한 번 주문을 하는 것이기 때문에 주문 비용을 그리 높게 설정하지 않았고, 한 번에 모두 일정한 금액으로 배송할 수 있는 것으로 모델링되었다. 즉, 수량이 늘수록 오더링 코스트가 증가하지 않는다. 단 1회로 처리 가능한 것으로 하였다.

예상대로 뉴스벤더 모델을 전 기간에 걸쳐서 5년마다 반복해서 실시할 경우의 평균 재고량이 가장 높게 나왔다. 연속재고모형에 비해 뉴스벤더모형이 재고량이 2배 가까이 늘어남을 확인할 수 있다.

하이브리드 형태의 경우 초기 20년 동안에는 연속재고모형을 따르기 때문에 20년 동안 적은 재고를 보유한다. 하지만 막판 10년 동안 2번에 걸쳐서 뉴스벤더 모델을 적용하기 때문에 비교적 많은 재고를 보유하게 된다.

30년 동안의 Utility를 보면 하이브리드가 가장 우수한 것으로 나타났다. 이를 통해 연속재고모형의 경우 폐기비용의 부담으로 재고량을 많이 올릴 수 없고, 이것이 평시에 부족량의 증가 현상을 일으키는 것으로 판단된다.

[표 3-5] 부족량

	Min	max	mean	stdev
Continuous	0	81.23	8.885	20.13
Newsvendor5	0	231.81	21.59	59.76
Hybrid	0	9.796	0.3268	1.758

하이브리드의 경우 30년 동안 재고부족 상황이 거의 발생하지 않았다. 반면에 연속재고모형과 뉴스벤더 모형에서는 재고부족량이 꽤 많이 발생하였다. 특히 뉴스벤더 모형에서는 대량의 재고 부족 상황을 초래하였다. 매우 불안정한 재고관리 시스템이라고 할 수 있다.

1장
공급망 설계

플로우flow

원재료에서 생산업체, 유통업체, 소매상 등 다단계를 거쳐 소비자에게 제품이 전달된다. 이 단계들echelons과 단계들 사이의 플로우들flows을 공급망supply chain이라고 한다. 이런 이유로 공급망 관리를 플로우관리flow management라고도 한다.

플로우에는 크게 3가지가 있다. 물자material, 정보information, 현금cash 흐름이다. 물자는 공급망의 상류upstream, 즉 원재료 쪽에서부터 시작하여 하류downstream, 즉 소비자 쪽으로 흐른다. 정보와 현금은 주로 하류에서 상류로 흐른다.

물자 플로우의 단계와 정보 플로우의 단계는 다를 수 있다. 정보 플로우는 [그림 4-1]에서의 단계처럼 순차적sequential이지는 않다. 하류의 정보가 상류 단계들에게 동시에 흘러갈 수 있다. 현금도 정보와 같이 다양한 패턴을 보일 수 있다. 주로 시간지연time delay이 일어난다.

각 단계와 플로우를 어떻게 구성할 것인가의 문제는 고객관점에서 해결할 수 있다. 고객의 핵

[그림 4-1] 공급망에서의 3가지 플로우

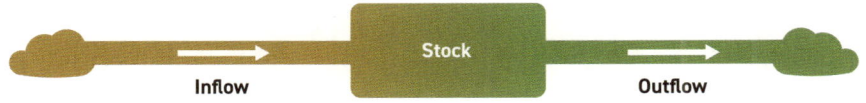

[그림 4-2] 스톡과 플로우의 구분

심가치core value가 무엇이고, 어떤 가치를 추구할 것인가에 따라 단계와 플로우를 설계design한다. 따라서 공급망 설계는 제품product에 따라 달라진다. 제품마다 핵심가치가 다르기 때문이다.

각 단계는 스톡stock이고, 플로우는 레이트rate이다. 스톡이 거리이면, 플로우는 속도를 의미한다. 따라서 각 단계는 두 플로우의 적분integral값이다. 이를 그림으로 나타내면 다음의 [그림 4-2]와 같다. 세 가지 플로우물자, 정보, 현금는 모두 [그림 4-2]와 같이 표현할 수 있다.

각 스톡은 인플로우와 아웃플로우로 구분된다. 물자 플로우에서는 인플로우를 인바운드 플로우, 아웃플로우는 아웃바운드 플로우로 불린다. 인바운드 플로우의 유사어로는 구매물류, 집하물류 등이 있으며, 아웃바운드 플로우는 유통distribution물류, 배송shipment물류 등이 있다. 단계와 플로우는 다음의 관계를 가진다.

$$\text{Stock} = \int (inflow - outflow)$$

스톡은 플로우 차이를 시간time으로 적분한 값이다. 플로우인플로우와 아웃플로우가 1차식이면, 스톡은 2차식이 된다. 플로우가 직선이면, 스톡은 곡선일 수 있다. 플로우가 상수constant이면, 스톡은 1차식이 된다. 플로우가 시간에 따라 변하면, 스톡은 곡선이 된다. 곡선은 동태성dynamics을 의미한다. 따라서 공급망에서 각 단계는 동태성을 보이는 경우가 많다. 오히려 동태성이 일반적이라고 할 수 있다.

물자, 정보, 현금 플로우에 대한 예시는 다음과 같다.

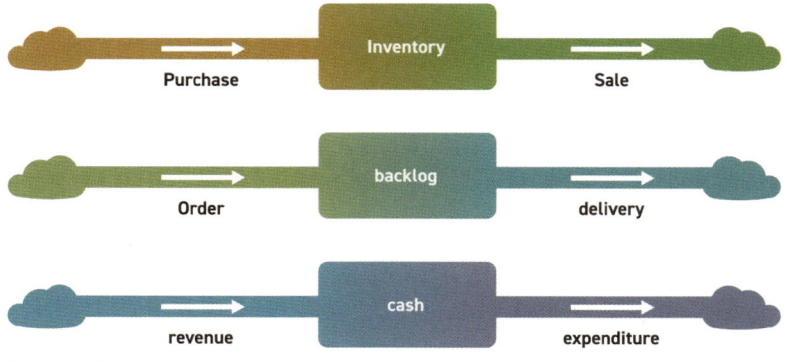

[그림 4-3] 스톡과 플로우의 예시

재고는 구매된 양과 판매된 양의 차이가 누적된 값이다. 그런데 백록backlog은 설명이 좀 필요하다. 백록은 주문이 들어왔으나 아직 배송하지 않은 양을 의미한다.

각 단계 공급망의 참여자는 매출을 통해 판매대금이 들어오고, 매출원가 등을 지출하게 된다. 이 차이가 이익이 되어 쌓이게 된다.

 소유권ownership

물자material의 소유권을 누가 가지느냐에 따라 플로우물자, 정보, 현금가 달라진다. 생산업체가 현금을 받고 물자를 유통업체에게 판매한다면 소유권이 이전된다. 소유권의 흐름은 현금 흐름과 정반대로 움직인다. 현금을 주고 소유권을 이전시키기 때문이다.

소유권이 없이도 물자와 정보는 흘러갈 수 있다. 생산업체가 유통업체를 사들였다면 물자와 정보 플로우는 있지만, 현금 플로우는 발생하지 않을 수 있다. 소유권의 이전 여부에 따라 관계relationship가 형성된다. 관계는 크게 시장market, 위계hierarchy, 협력적collaborative 관계로 구분된다.

시장관계는 말 그대로 돈을 주고 물건을 사고파는 관계를 말한다. 양, 단가, 시간 등에 대한 제약 조건에 따라 관계가 결정되지만, 그 관계는 오래 지속되지는 않는다.

관계의 지속성을 강화하기 위해서 위계관계가 만들어진다. 내 것으로 만들면 매번 대상자를 물색search할 필요가 없다. 안정적인 물자 플로우를 형성하기 위함이다.

또, 내 것이 아닌데 내 것처럼 공급받을 수 있는 관계로는 협력적 관계도 가능하다. 시장관계와 위계관계의 중간 형태이다. 소유권은 이전되나, 이전될 때의 위험은 공동으로 대처하는 방식으로 운영되는 예이다. 주공급자prime vendor제도, 이익공유계약profit sharing contract 등은 협력적 관계의 대표적인 예이다.

소유권을 가진다는 것은 과소재고비용underage cost과 과다재고비용overage cost에 대한 부담을 가진다는 의미다. 이 두 가지 비용은 재고량의 결정에 영향을 미친다. 우리는 4부에서 재고량이 예측량에 의해 결정되는 것이 아니라 과다/과소재고비용에 따라 결정됨을 살펴보았다.

이중마진double margin의 문제를 살펴보면 소유권이 공급망 설계에서 얼마나 중요한지 이해할 수 있다. 이중마진은 단계echelon를 분리할 때 각 단계가 마진을 가지면서 발생하는 문제이다. 예를 들어 설명한다.

다음의 [그림 4-4]와 같은 두 가지 공급망이 있을 때 고객 서비스를 위한 재고량은 달라진다. [그림 4-4]에서 윗부분은 1단계를 나타낸다. 단계e1은 2원에 구매해서 10원에 판매한다. 수요는 m 최솟값과 M 최댓값의 균등분포uniform를 가진다. 이때 단계가 이익을 최대화하기 위해 재고량은 수요분포에서의 총면적의 80%를 가지고 있어야 한다.

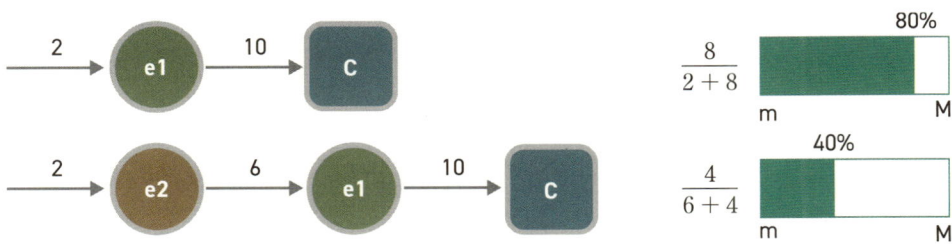

[그림 4-4] 1단계와 2단계의 재고량 비교

아랫부분은 단계가 하나 더 추가된 경우다. 단계e2는 2원에 구매하여 단계e1에 6원에 판매한다. 단계e1은 6원에 사서 10원에 판매한다. 시장에서의 가격은 단계가 늘어도 올릴 수는 없다. 이때 고객 접점에 있는 단계e1이 이익을 최대화하기 위해 가져야 하는 재고량은 발생 가능한 양의 40%에 지나지 않는다. 만약, 소유권 이전이 단계 간e1에서 e2로 이루어지지 않으면, 단계e2에서 단계e1으로의 이동에서의 마진이 0이라면, 단계e1의 재고중요도는 0.8이 된다. 곧, [그림 4-4]의 윗부분에 있는 재고량과 동일한 값을 가진다.

③ 공급계약supply contracts

시장관계market relationship에서는 계약할 필요는 없다. 일정 기간 동안 공급하는 것에는 안정성 확보를 위해 계약을 체결한다. 계약에는 너무나 많은 형식이 있다. 공급자 선택selection 절차는 생략한다. 최저가 계약이라는 말이 있는데, 엄밀히 말하면 이는 계약이라고 하기는 어렵다. 공급자를 선택할 때 가장 낮은 가격을 제시한 이를 선택한다는 경매 방식이다. 공급계약은 수량과 시간에 대해 약속을 하는 행위이다. 이 약속을 어길 시에는 벌금 등이 뒤따른다.

❶ 환매buyback

구매자가 팔고 남은 것을 공급자에게 되파는 것이 가능한 계약이다. 공급자에게 되파는 환매가격은 처음의 공급원가보다 같거나 작아야 한다. 환매를 통해 구매자는 재고량을 늘릴 수 있다. 과다재고비용overage cost이 원가-환매가격이 된다.

환매계약에서의 재고중요도critical ratio는 다음과 같다

$$\textbf{Critical Ratio} = \frac{U}{U+O} = \frac{p-c}{p-c+c-b}$$

[그림 4-5] 반품은 일종의 환매계약이다.

여기서 b는 환매가격을 뜻한다. 만약, b가 c보다 크다면 재고중요도는 1이 넘는다. 환매가격과 원가가 동일한 경우가 종종 발생한다. 이 경우에는 구매자가 과다재고에 대한 부담이 전혀 발생하지 않기 때문에 최대수요량을 재고량을 가진다.

힘power의 논리에 따라 환매가격이 결정되고는 한다. 공급자나 구매자가 자신의 이익을 극대화하려는 노력으로 합리적이다라는 주장도 있지만, 심한 경우 갑질 논란에 휩싸일 수 있다. 반품return도 일종의 환매이다. 많은 경우 반품비용이 별도로 책정되지 않는 경우가 있는데, 이럴 경우 구매자의 무분별한 구매가 발생할 수 있다. 공급자는 반품비용을 혹독하게 지불해야 한다.

❷ 이익공유 profit sharing

공급자가 공급원가보다 싸게 구매자에게 납품하고, 구매자가 판매한 다음 생긴 수익의 일부분을 공급자에게 주는 계약이다. 구매자는 공급원가c가 낮아져 보다 많은 재고를 준비할 수 있다.

[그림 4-6] 이익공유계약은 피자를 크게 만들어 나누는 행위다.

판매기회 상실을 줄여서 공급자 또한 이익을 늘릴 수 있다.

하지만 이익공유 계약은 공급자와 구매자 간의 높은 신뢰trust가 있어야 한다. 판매정보는 구매자가 독점하는 경우가 많기 때문이다. 판매하고도 분실이나 망실로 처리하면 공급자는 받아야 할 이익을 얻지 못한다.

❸ 수량유연quantity flexible

구매자가 당면한 가장 큰 위험은 판매량에 기인한다. 수요가 재고보다 많으면 판매기회를 상실하는 기회비용이 발생하고, 재고보다 적으면 남는 재고를 처리해야 한다. 공급원가는 매몰sunk된다. 필요시 폐기비용이 발생한다.

수량유연 계약은 비교적 중장기 계약에 많이 활용된다. 계약을 체결할 당시는 판매시점과 멀어서 예측 정확도가 떨어진다. 예측치에 의해 체결된 계약량이 실제 판매량에 근접하기는 어렵다.

이런 위험을 회피하기 위해서 두 번에 나눠서 공급한다. 전체 계약량을 체결한 뒤 초도 물량을 지정한다. 그리고 두 번째 물량은 판매 시즌 후에 체결한다. 판매 시즌에 들어가서 판매량을 살펴보고 어느 정도 팔릴 것인지를 예측하여 두 번째 물량을 조정할 수 있다. 두 번째 물량은 계약량을 초과할 수는 없다. 계약물량보다 적게 공급할 수 있는 계약이다. 물량의 상한이 정해지기 때문에 계약 체결 시에 비교적 충분한 양으로 상한을 정하는 것이 일반적이다.

[그림 4–7] 신속반응(quick response)

공급자 측면에서는 계약해놓고 안 가져가는 양이 존재하기 때문에 구매자의 위험이 공급자에게 넘어간 것이라고 할 수 있다. 공급자는 신속반응quick response 공급이 가능한 경우, 위험을 줄일 수 있다. 원재료 상태로 보관하다가 구매자의 두 번째 주문이 발생하면 바로 생산하여 공급할 수 있는 경우를 신속반응 공급이라고 한다.

수량유연 계약은 일반적으로 복수 품목을 묶어서 활용된다. 예를 들어 A, B, C 세 품목은 색상만 다르고 원재료는 동일하다. 공급자와 구매자는 총량 100개를 공급하기로 하였고, 1차 물량으로 20개씩 공급하였다. 그러면 2차 물량에는 40개가 남는다. 판매 시즌에 들어서니 A 품목만 인기가 있었다. 그래서 2차 공급은 A품목 40개로 정한다. 공급자는 중간품 형태로 만들어놓고 A 제품에 맞는 색깔을 칠해 40개를 공급한다.

❹ 옵션option

공급자가 수량과 단가를 정한 옵션을 실제 구매 전에 발행한다. 구매자는 구매단가보다는 낮은 금액으로 옵션을 미리 구매한다. 예를 들면, 100개를 100원에 30일 후에 살 수 있는 권리의 옵션을 10원에 산다. 옵션 대금 1,000원을 구매자가 공급자에게 지급한다. 옵션 행사일 전에 구매자는 시장에서 구매단가가 120원으로 이른 것을 확인하고, 바로 옵션을 행사한다. 옵션 행사에 따라 10,000원을 구매자가 공급자에게 지급한다. 만약, 옵션을 미리 사두지 않았으면 12,000원을 지급할 것을 옵션을 미리 사둠으로써 11,000원만 지급하면 된다.

만약, 시장에서 제품단가가 하락하여 90원이 되었다면, 구매자는 옵션을 행사할 필요가 없다. 선지급한 옵션 대금 1,000원을 날렸지만 사후적인 분석이다. 위험 헤징risk hedging을 위한 적절한 옵션 금액을 정하는 것이 결코 쉬운 일은 아니다. 공급자는 옵션 판매를 통해서 자금 흐름을 원활하게 할 수 있고, 구매자는 위험을 헤징할 수 있는 장점이 있다.

❺ 가격보호price protection

화주owner of goods는 컨테이너로 운송하기 위해 포워더forwarder 업체와의 계약을 체결한다. 포

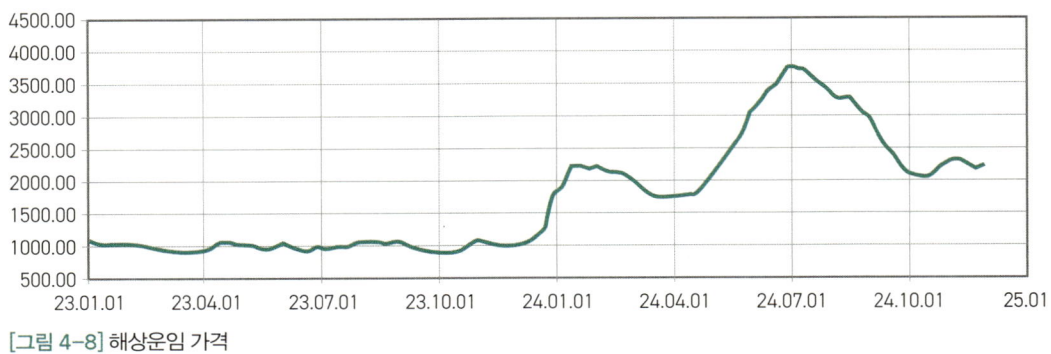

[그림 4-8] 해상운임 가격

워더는 고정된 운임가격으로 계약을 체결한다. 포워더는 선복line을 시장가격으로 구매하여 제공한다. 그런데 2024년 선복운임 가격의 급등이 이루어졌다.

상하이 컨테이너 운임지수 SCFI. Shanghai Containerized Freight Index는 상하이 거래소 SSE. Shanghai Shipping Exchange에서 상하이 수출 컨테이너 운송시장의 15개 항로의 스팟spot 운임을 반영한 운임지수이다. 20ft 컨테이너TEU당 미 달러로 산정하고 있다. 2022년부터 2023년 사이에 1,000달러 선에서 작은 변동을 보이던 SCFI가 2024년 7월에는 3,700달러에 이르고 있다.

가격보호 계약은 고정가격 계약과 동의어로 사용된다. 포워더는 화주와의 계약에서 고정가격으로 계약한다. 컨테이너 운임이 상승하면 제품의 원가가 상승하게 되고, 그렇게 되면 재고중요도는 떨어지고, 고객충족률 또한 하락한다. 원가상승이 판매가격에 반영되기까지는 지연delay이 필수적으로 발생한다.

포워더는 운임상승에 대한 비용을 우선 부담한다. 그리고 그 다음 기간에 재계약 시에 상승한 고정운임으로 체결하게 된다. 운임이 하락할 때에는 포워더가 우선 이익을 취할 수 있다. 이처럼 시간에 따라 위험을 공유하게 된다.

④ 단계echelon 수 결정

　고객을 제외하고 몇 단계가 참여할 것인지를 결정하는 것은 공급망 설계에서 가장 우선한다. 단계 수 결정은 고객의 핵심가치에 기반해야 한다. 고객의 핵심가치는 낮은 원가, 빠른 배송, 품질, 애프터서비스 등 제품마다 다르다.

　낮은 원가는 주로 규모의 경제economy of scale에 의해 구현된다. 대량구매를 하면 수량할인을 받아 구매단가를 낮출 수 있다. 낱개 운송보다 묶음 운송이 원가를 낮출 수 있다. 단계 수가 늘수록 원가를 낮출 수 있다.

　고객의 빠른 배송을 원하면 대체로 단계 수는 줄어야 한다. 고객대응 지점response point에서의 수송, 주로 라스트마일lastmile 수송방식에 달려 있다. 정보 플로우에 시간이 별로 소요되지 않기 때문에 물자 플로우에서 좌우된다. 밀크런milk run 배송, 오토바이나 드론에 의한 수송방법들이 많이 사용된다. 그런데 수리부속에서의 빠른 배송을 위해서 단계 수를 대폭 줄이는 경우 풀링pooling 효과를 거둘 수 없다는 점에서 일정 수 이상의 단계가 필요하다.

　품질에는 여러 차원이 있다. 애프터서비스도 품질의 한 차원이다. 사용상의 주의사항을 듣는다든지, 즉각적인 정비 등도 품질을 높이는 요소가 된다. 고객이 높은 품질을 원할 때에는 단계 수는 줄어야 한다.

　수리부속품의 경우 3단계로 이루어지는 경우가 많다. ABC재고관리 개념과 함께 사용된다. A급 품목은 고객과의 접점에 위치시고, B급 품목은 그다음, C급 품목은 가장 상류에 위치시킨다. 앞에서도 이야기한 바 있는데, 이럴 경우 빠른 배송이라는 고객가치를 높임과 동시에 풀링pooling 효과에 의한 재고를 대폭 줄일 수 있다. 공급망에 있는 하나의 참여자로서의 기업이나 조직은 임의로 단계 수를 늘리거나 줄이기 쉽지 않다. 단지 한 기업이나 조직이 복수의 단계를 담당하고 있는 경우에는, 한 단계를 건너뛰거나 한 단계를 추가하는 행위는 할 수 있다. 예를 들면, 긴급 공급 라인의 구축이나 제조업체가 물류센터를 구축하는 행위 등이다.

5 단일소싱single sourcing과 이중소싱dual sourcing

단일소싱이 단순하기 때문에 관리비용이 적게 든다. 하지만 내부고객internal customer 개념하에서 운영되는 경우, 각종 비효율성이 초래된다. 특히, 채찍효과bullwhip effect가 크게 발생한다.

단일소싱과 이중소싱의 장단점은 서로 상치된다. 이중소싱의 단점이 단일소싱의 장점이다. 이중소싱은 리질리언트resilient하지만 유지비용이 많이 든다. 단일소싱은 유지비용은 적지만 충격에 약할 수 있다. 힘의 관계에서도 이중소싱이 구매자에 유리하다. 구매자는 대안alternative이 존재하기 때문이다.

그런데 이중소싱을 하면 한 공급자의 공급량이 적어지기 때문에 생존 자체가 불가능할 수도 있다. 또한, 해당 제품이나 수리부속을 생산할 수 있는 업체 자체가 희소한 경우가 많다. 일부 장비의 경우 국내업체가 없어서 수입에 의존해야 하는 상황이다. 공급자 위주의 시장에서는 구매자가 관계에서의 힘을 가질 수도 없고, 이중소싱 자체가 불가능하다.

[그림 4-9] 단일소싱과 이중소싱

⑥ 긴급 공급라인 구축

긴급 공급라인을 구축하면 리질리언트resilient하고 불확실한 상황에 대한 대처 능력을 향상시킬 수 있다. 유지비용도 그리 크지 않은 것으로 분석되고 있다.

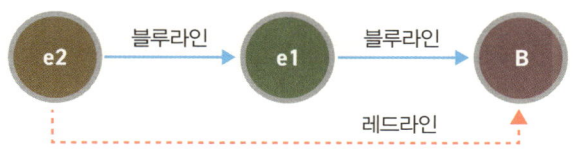

[그림 4-10] 긴급 공급라인 구축의 개념도

[그림 4-10]에서 B는 구매자이다. 구매자가 주문할 때 물자 흐름이 두 군데에서 이루어진다. 블루라인은 e2 → e1 → B로 이어지는 전통적인 모형이다. 여기에 e2에서 구매자 B로 직접 연결되는 레드라인을 하나 더 설치하는 것이다.

레드라인을 활용하는 방법은 다음의 [그림 4-11]과 [그림 4-12]에서 제시한 것보다 다양하다. B의 주문량에 따라 e1과 e2의 배송량이 달라진다. 매번 수송량이 달라지기 때문에 수송 모드를 선정하는 작업이 반복되어야 한다. 공급자의 유연성을 제고할 수 있다. 매번 달라지는 수송량은

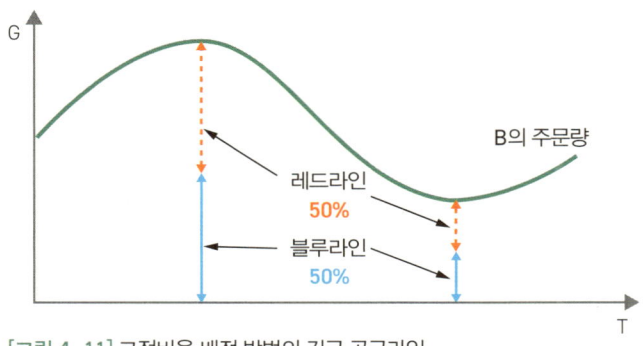

[그림 4-11] 고정비율 배정 방법의 긴급 공급라인

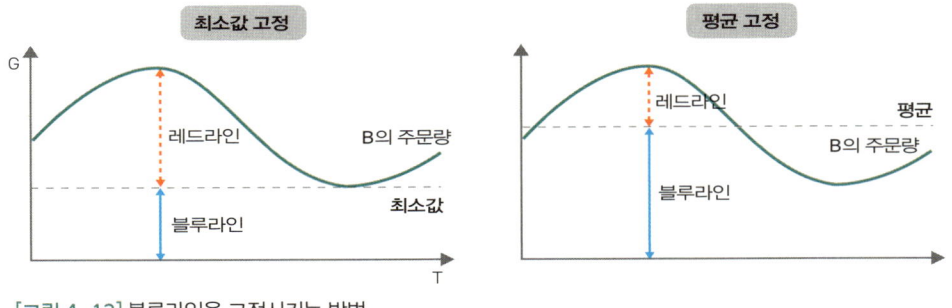

[그림 4-12] 블루라인을 고정시키는 방법

구매자 수를 늘리고, 수송방식으로 밀크런milk run을 채택하면 수송모드를 안정화시킬 수 있다.

긴급 공급라인을 구축함에 있어 블루라인을 일정량으로 고정시키는 방법도 고려해볼 만하다. 고정량으로 배송하는 경우, 수송과 보관의 안정성이 확보되어 채찍효과를 줄이고, 운영유지 비용을 줄인다.

블루라인을 주문량은 과거 실적치이지 실제 주문량은 아니다. 따라서 블루라인을 통해 배송된 양은 B의 주문량을 초과할 수 있다. 그러나 그런 일은 드물게 발생할 뿐이다. 만약, 블루라인의 최솟값이 실제 B의 실제 주문량보다 많을 때에는 B에게 재고가 발생한다. 최소 수송단위minimum transport unit나 재고 저장단위stock keeping unit로 지정하면 해결이 가능하다.

최솟값을 사용하는 경우 레드라인의 활용도가 매우 높아진다. 레드라인이 많이 활용되면 유연해지고, 리질리언트해진다.

최솟값 대신 평균으로 고정시키면 레드라인 활용 빈도가 떨어진다. 그리고 B의 재고량이 늘 수 있다. 하지만 블루라인이 안정화되는 범위가 최솟값의 경우보다 커지기 때문에 공급망에서 나타나는 채찍효과를 상당히 줄일 수 있고, 운영유지 비용도 적게 드는 장점을 가진다. 다만, 레드라인의 리질리언스resilience가 떨어질 수 있다는 단점이 있다.

공급망에는 긴급 공급라인을 구축해야 할 곳이 여럿 있을 수 있고, 그 형태도 다양할 수 있다. 원재료업체에서 생산업체로의 물자 흐름에서도 있을 수 있고, 도매상이 아닌 물류센터가 레드라인을 담당할 수도 있다. 공급망에서의 긴급 공급라인 위치 선정에 대한 의사 결정도 공급망 설계에서 중요하다.

군의 수리부속에 긴급 공급라인을 구축할 것인가에 대해서는 다음의 사항을 고려해야 한다. 리질리언스가 좋아지는 것은 사실이나, 재고를 이중으로 보관해야 하는 부담이 존재한다. 현재 군 공급망에서 수리부속은 이중, 삼중으로 재고를 보유하고 있다. 내부고객internal customer 개념이 팽배해 있다. 이러한 상황에서는 긴급 공급라인을 구축해도 재고의 이중 부담은 들지 않는다.

아웃소싱outsourcing

기업이나 조직의 핵심역량core competence은 내부에 남기고, 다른 것은 외부화하는 것을 말한다. 마케팅 능력이 뛰어난 기업은 생산기능을 아웃소싱한다. OEMoriginal equipment manufacturer은 생산전문 기업이다. 자신의 브랜드를 가질 수도 있고, 바이어들에게 생산된 제품을 제공한다. 일부 기업은 연구개발 능력을 핵심으로 하고, 생산기능이나 마케팅 기능을 외주화하는 경우도 많다.

각종 무기체계나 장비를 보유하고 운영하는 군의 경우 핵심능력을 전투에 두고 있다. 군에는 전투 이외에도 군수, 교육 등 다양한 기능이 있어야 한다. 인구절벽으로 군 입대 병력 수가 급감하고 있는 상태에서 핵심능력을 제외한 대부분의 기능에서 아웃소싱을 늘리고 있다. 이 같은 추세는 계속 될 것으로 보인다.

아웃소싱이 확대되면서 공급망도 글로벌화되고 있다. 많은 무기체계나 장비는 해외기업으로부터 도입되고 있다. 수리, 정비, 보급 기능까지도 아웃소싱되고 있다. 대표적인 제도는 PBLperformance based logistics이다. 외부업체가 물류 성과에 대해 보장하는 계약의 형태이다. 수리, 정비, 재고 관련한 활동은 계약업체가 전담한다.

공급망의 특정 부분을 아웃소싱할 것인지 말 것인지의 여부는 설계에서 우선 결정해야 할 사항이다. 아웃소싱은 외부화externalization이다. 이는 통제범위를 벗어난다는 것을 의미한다. 비용절

[그림 4-13] 공급망의 지구화

감이나 효율화 작업에서 배제된다. 아웃소싱 업체는 자신의 이익을 극대화하려고 하기 때문에 관련 비용을 과다 청구할 가능성이 높다. 이런 부정행위를 모니터링할 새로운 기능이 필요하다.

최근 군에서는 대규모 아웃소싱으로 인한 품질의 저하 문제도 고려해야 한다는 목소리가 나오고 있다. 해군 MRO의 경우, 미국과 같은 강대국들의 요청이 증가하면서 MRO 수요가 많아질 것이라는 기사들도 많다. 물량이 많아지면 품질의 저하로 이어질 수 있지 않느냐는 우려들도 많아지고 있다.

아웃소싱은 글로벌로 이루어진다. 낮은 임금, 새로운 기술 등은 범지구적으로 산재되어 있다. 인바운드와 아웃바운드 모두 글로벌하게 이루어진다. 물자 플로우가 글로벌해지는 것은 공급망 구조 설계에서 반드시 고려되어야 한다.

8 신기술new technology 도입

공급망과 관련된 기술은 무수히 많다. 새로운 기술은 공급망 구조를 변화시키기 때문에 계속 모니터링하고 도입 여부에 민감할 필요가 있다. 허브 앤 스포크hub and spokes 시스템이나 크로스 도킹cross docking 시스템, 화물추적freight tracking 시스템 등은 신기술이 공급망 구조를 변화시킨 대표적인 경우다.

플로우flow의 정확도와 스피드를 어느 정도 개선시키는지에 따라 신기술 도입 여부가 결정된다. 정확도와 스피드 개선을 통해 재고량 감소 등의 비용절감과 연결되어야 한다. 투자 대비 효과 측면에서 검토되어야 한다.

정확도를 개선하면 재고를 줄일 수 있다. 하지만 재고 감소로 연결되려면 정확도 향상이 재고량 결정 메커니즘에 반영되어 있어야 한다. 예측 정확도는 재고 감소에 결정적 역할을 할 수 있지만, 대다수 조직은 재고량 결정 메커니즘에 예측 오차를 포함시키지 않고 있다.

안전재고량 공식에 리드타임이 포함되어 있기 때문에 리드타임이 감소하면 안전재고량은 직접 영향을 미친다. 그럼에도 불구하고 안전재고량을 다음과 같은 식으로 관리하는 조직들이 많다.

안전 재고량 = 목표일수 x 1일 평균 수요량

목표 일수는 상수이고, 목표 일수를 정할 때 리드타임, 리드타임 변동성, 수요 변동성을 대략화해서 결정한다. 그리고 목표 일수를 정수integer로 대략화하기 때문에 재고를 과대 계상하는 경향이 있다.

정확도를 향상시키는 기술에는 빅데이터 분석, AI를 통한 수요예측 알고리즘, 로보틱 프로세스 자동화robotic process automation RPA, 실시간 위치추적 시스템real time location system RTLS 등이 있다.

스피드를 향상시키는 기술에는 속도가 높아진 컨테이너선container ship, 크로스 도킹cross docking, 허브 앤 스포크hub and spokes, 자동 피킹automated picking, 라스트마일last mile 기술 등이 포함된다.

예를 들어, 컨테이너선의 속도는 시간에 따라 변동된다. 글로벌 공급망에서 해상운송 구간의 시간이 가장 길다. 이 부분의 속도 향상은 바로 리드타임의 단축으로 직결된다.

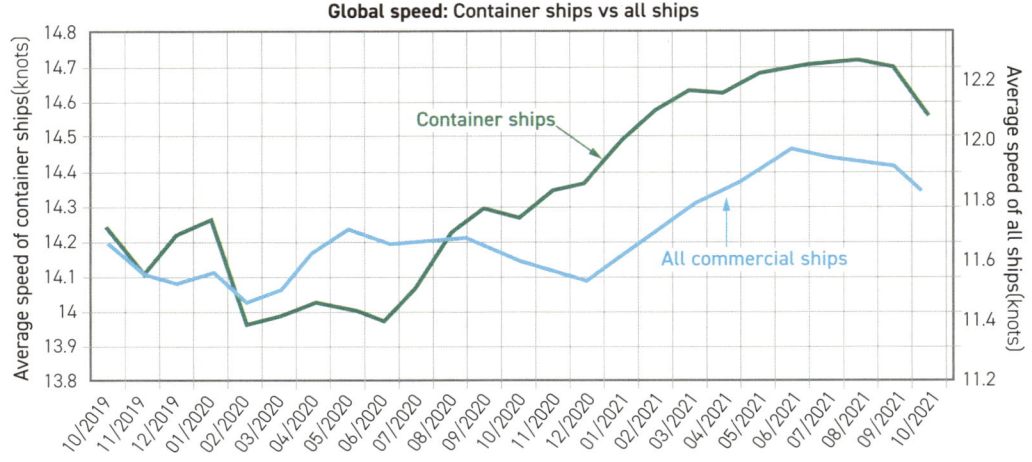

[그림 4-14] 컨테이너선의 속도 변화

크로스 도킹에서는 일반 창고에서 이루어지는 저장 기능이 사라진다. 물건을 내리고 분류해서 바로 선적해서 목적지로 향한다.

허브 앤 스포크 시스템에서는 출발지 트럭이나 수송기들이 허브hub에 모여, 목적지별로 분류하여 바로 출발하는 시스템이다. 페더럴익스프레스는 미국 내 익일 배송이 가능하였다.

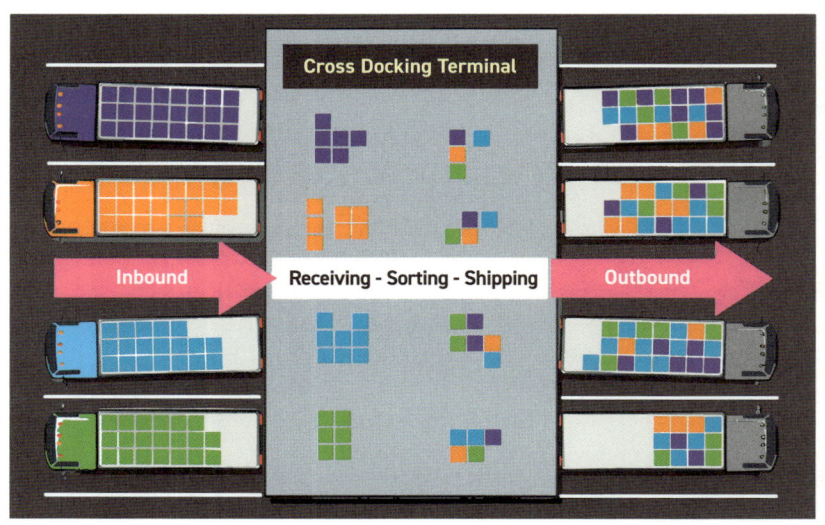

[그림 4-15] 크로스 도킹

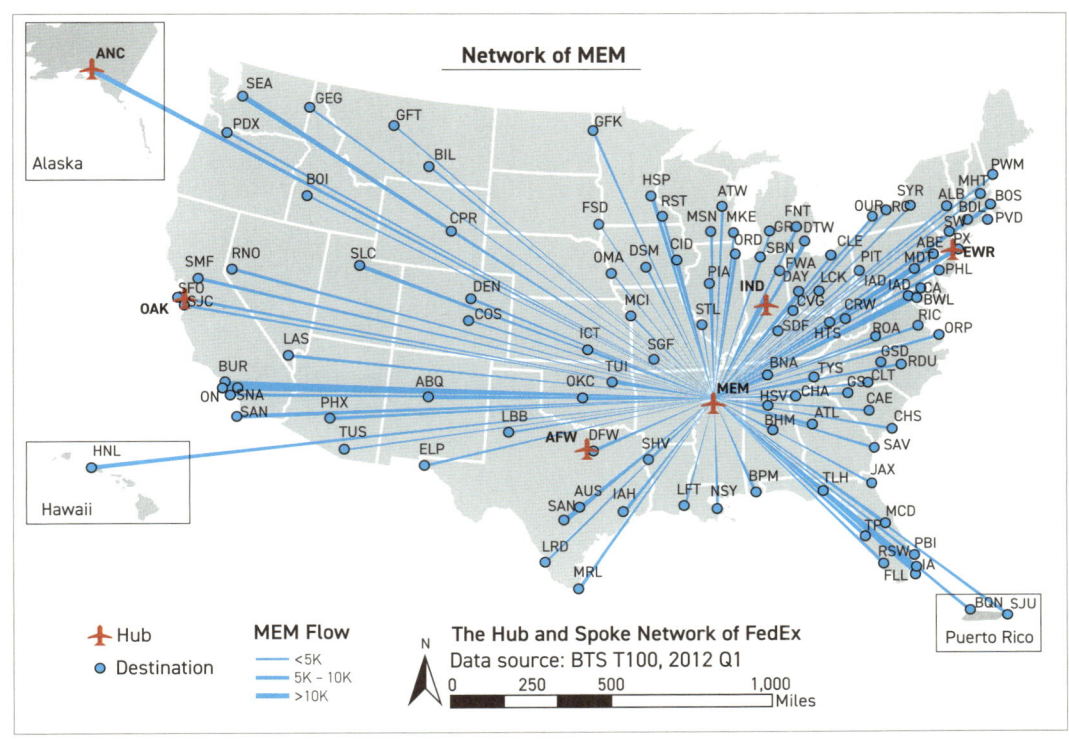

[그림 4-16] 허브 앤 스포크

자동 피킹 시스템은 자동으로 입고와 출고가 가능하도록 만들어진 것으로 다양한 형태를 띄고 있다. 이 기술을 사용하면 스피드를 높일 뿐만 아니라 적재공간을 줄일 수 있다.

공급망에서 가장 복잡한 부분이 고객에게 마지막으로 배송하는 부분인 라스트마일이다. 이 부

[그림 4-17] 자동 입고-피킹 시스템

[그림 4-18] 라스트마일 기술

분에서 각종 로봇robot, 드론drone 등이 사용된다.

일반적으로 스피드를 향상시키는 기술이나 시스템은 정확도까지 향상시킨다. 큰 값에 대한 편차가 작은 값에 대한 편차보다 크기 때문이다.

 ## 친환경 정책

탈탄소화decarbonization에 대한 압력이 매우 높다. 규제화될 날도 얼마 남지 않았다. 생산공정도 배송과정도 탄소가 배출 안 되는 수송모드의 선택이 필수가 될 전망이다.

트럭, 수송선 등의 변경이 불가피하다. 2025년 현재 전기트럭, 수소 전기트럭, 암모니아선 등이 현장에 투입되어 사용되고 있다. 이는 계속 증가할 것이 확실하다.

공급망 글로벌화에 따른 해상운송선의 변화도 크게 진행되고 있다. 전기추진선, LNG추진선, 암모니아선 등이 개발·도입되고 있다.

탄소 배출량과 흡수량을 같게 하는 넷제로net zero를 대한민국은 2050년을 목표로 하고 있다.

[그림 4-19] 현대자동차의 수소전기트럭

탄소 배출량을 줄이고, 매년 탄소량에 대한 보고서를 제출하고 감사를 받아야 하는 상황이다.

이러한 친환경 운송수단이 공급망에 확대된다는 것은 장비교체를 의미하며, 관련 수리부속의 변화를 의미한다. 에너지원의 변화와 함께 물류 부분의 불가피한 변화가 예상된다. 따라서 공급망 설계에 있어 친환경 정책이나 규제는 반드시 고려되어야 한다.

공급망 관리에는 재고관리, 정보관리, 관계관리 등이 포함된다. 이들은 서로 연관되어 있다. 셋 중에서 가장 기본이 되는 것은 재고관리라고 할 수 있다.

[그림 4-20] HMM의 암모니아선

2장

공급망 관리

 1 수리부속 공급망 재고관리

공급망의 한 단계인 재고관리는 운영관리 파트에서 다루었다. 재고관리 단계를 다루었다면 여기서는 공급망 차원에서의 재고관리를 다루고자 한다.

장비는 주로 MTO make to order 제품이다. 생산업체는 주문이 들어오면 생산하여 배송한다. 생산업체 하류의 공급망 참여자들이 별도의 장비 재고를 쌓아둘 필요는 없다. 하지만 수리부속품은 장비와 다르다. 고장이나 사고 발생에 따라 수리부속품이 필요하기 때문에 일정량을 공급망에 보유해야 한다. 여기서는 수리부속의 공급망에 초점을 둔다.

❶ 1단계: 수리부속 공급망

전형적인 1단계 공급망은 [그림 4-21]과 같다. 공급망e1은 인바운드 리드타임 lead-time 동안의 평균수요만큼 재고를 가지고 있으면 된다. 사용자의 소요 발생이 생기면 공급업자에게 주문하여 받아와서 사용자에게 주면 된다. 하지만 사용자는 인바운드 리드타임을 기다려주지 않는다. 따라서 e1에 리드타임 동안의 평균수요만큼 재고를 보유하고 있다가 사용자에게 내주고, 재고를 재보충하면 된다. 재고를 평균수요만큼 가지고 있으면 재고에 의한 수요충족률in-stock ratio은 50%에 지나지 않는다. 그런데 수리부속의 경우 과소재고비용underage cost이 과다재고비용overage cost보다 월등히 높은 특성을 보인다. 리드타임 또한 변동성을 가진다.

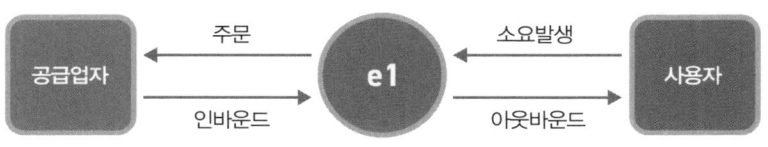

[그림 4-21] 1단계 공급망

따라서 수요소요 분포에서 최대치에 근접하는 양을 재고로 보유해야 한다. 소요량은 정규분포를, 리드타임은 지수분포exponential distribution를 정책지수를 99%로 할 때의 지수 3을 적용할 것을 가정한다면 다음과 같은 재고량을 구할 수 있다.

$$lt \times \mu + z \times \sigma_d \times \sqrt{lt + z \times \sigma_{lt}}$$

여기서 lt는 리드타임, μ는 수요소요의 평균, z는 정책지수, σ_d는 수요의 표준편차, σ_{lt}는 리드타임의 표준편차를 의미한다. 리드타임이 250일 하루 평균 1개의 수요이고, 수요의 표준편차 또한 1이다. 그리고 리드타임의 표준편차는 30일이다. 이때의 재고량은 위의 수식에 따라 305개가 나온다. 수요와 리드타임의 분포에 따라 차이가 발생한다.

이때 수리부속품의 수요소요를 구분하여 관리하면 보다 효과적일 수 있다. 수리부속품은 수리와 정비에 모두 사용된다. 고장정비 소요는 매우 불확실하지만 예방정비 소요에 대해서는 비교적 예측 정확도가 높다. 200대의 장비를 운용하는데, 어떤 수리부속은 1년에 한 번 교환해야 한다면 200개는 확정적이다. 다음 연도의 재고량을 결정할 때, 수요의 평균과 표준편차는 고장정비 부분에 대해서만 재고로 보유하면 된다.

❷ 2단계: 수리부속 공급망

수리부속을 2단계에 나눠 보관할 수 있다. 1단계 e1의 저장 공간이 부족할 때에는 하나의 재고시설 e2을 만들어 운영할 수 있다. 이는 [그림 4-22]와 같다.

2단계 공급망을 구축할 때에는 우선 각 단계를 독립적으로 운영할 것인가와 통합적으로 운영할 것인지를 결정해야 한다. 독립적 운영은 각 단계 e1과 e2가 시장market 메커니즘에 의해 별도로 운영된다. 이때의 두 번째 단계e2는 첫 번째 단계e1를 고객으로 여기고 독립적인 재고를 가진다. 통합적 운영인 경우에는 전체 재고량을 구한 뒤에 각 단계가 나눠서 가지는 경우다. 공급업자에게 주문하는 양도 통합적으로 이루어진다.

통합적 운영에서 e1은 내부 이동 리드타임 동안의 평균수요만을 재고로 가질 수 있다. 전체 재고량에서 이 부분을 제외하고는 e2에 보관하는 형태를 취하면 이상적이다.

해외조달 수리부속품의 경우 공급업자는 해외에 있다. 따라서 인바운드 리드타임은 매우 길다. 반면에 내부이동 리드타임은 매우 짧다. 결과적으로 인바운드 리드타임과 내부이동 리드타임의 비율에 따라 각 단계의 재고량 배분이 이루어지면 합리적이다. 인바운드 리드타임이 250일이고 내부이동 리드타임이 10일이다. 그리고 전체 재고량은 300개라고 가정하자. 그러면 e1은 300×10/250=12개, e2는 288개를 가지면 된다.

대한민국의 해군과 공군은 2단계의 재고저장 위치를 가진다. 군수사령부 예하의 종합보급창이 e2에 해당되고, 기지 해군의 경우 함대, 공군의 경우 비행단가 e1에 해당된다. 보급창과 기지가 하나의 수리부속품 재고를 어떻게 배분할 것인지에 대한 답을 통합적 운영이 제시하고 있다.

직렬적sequential 공급망도 가능하지만 병렬적parallel 공급망도 가능하다. 한 공급업자가 두 개의 단계1 e11, e12에게 공급하고, 사용자는 두 군데에서 물건을 받아 사용하는 경우가 현실적으로 있

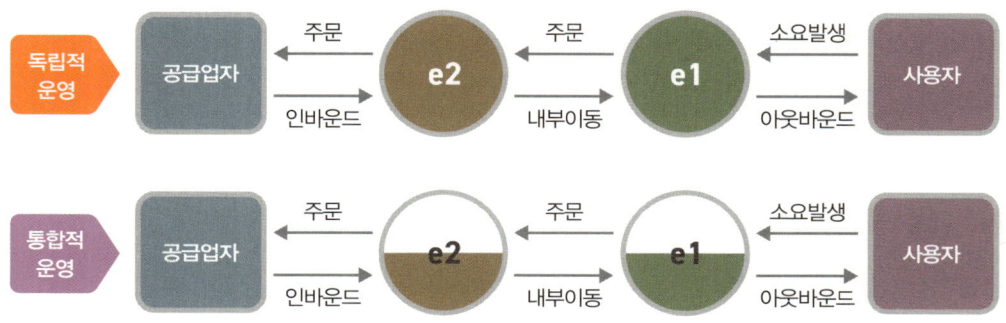

[그림 4-22] 2단계 공급망

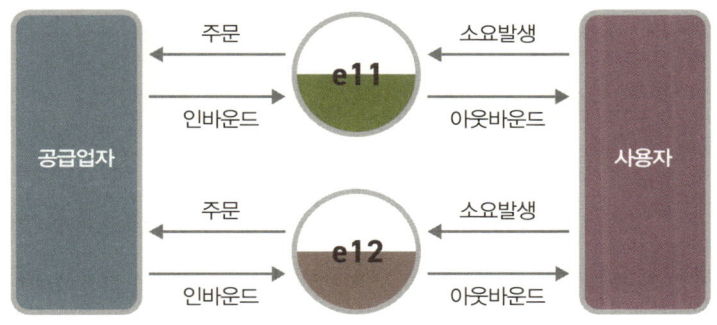

[그림 4-23] 병렬적 공급망

을 수 있다. 단계1들이 독립적으로 공급업자와 거래하고, 사용자에게 배송하는 형태다. 사용자는 총소요량을 나눠서 주문한다. 이중소싱double sourcing에 해당된다. 리질리언스가 뛰어난 장점이 있지만, 단계1들이 안전재고를 별도로 가지므로 전체 재고량은 늘어난다.

❸ 3단계: 수리부속 공급망

이미 구축되어 있는 수리부속의 공급망이 3단계인 경우가 있다. 육군 내 수리부속 공급망은 3단계이다. 3단계가 모두 하나의 수리부속품을 중복하여 저장하는 이유는 리질리언스 때문으로 보인다. 육군의 경우 전쟁준비 태세를 위해 예상보다 많은 양을 보관해야 한다. 그런데 만약 순차적, 독립적으로 수리부속을 저장하면 예상보다 많은 양을 중복 저장하게 된다.

하나의 수리부속품에 대해서 [그림 4-24]처럼 운영할 때에는 잘못된 목표 때문에 과잉재고가 발생한다. 두 번째 단계 e2는 첫 번째 단계 e1의 주문을 충족시키기 위해 재고를 보유한다. e2가 이를 충족시키지 못하더라도 사용자가 수리부속을 못 받는 것은 아니다. 사용자는 e1의 재고에서 수리부속을 받을 수도 있고, e3에서 e2로 재고를 넘겨줄 수도 있다.

그런데 군은 모든 주문에 완벽하게 대응하는 것을 목표로 재고를 쌓아둔다. 서비스율을 높게 운용한다는 것은 재고를 많이 준비한다는 것이다. e3도 e2의 요구에 대응하기 위해 재고가 많아지고, 재고는 과다해진다.

[그림 4-24] 독립적 운영의 3단계 수리부속 공급망

품목 수가 많을 경우예를 들면, 수십만 품목에는 제한된 자원예산으로 효과를 최대화하려고 한다. 이 과정에서 파레토원칙을 많이 따른다. 빈도가 높은 품목에 대해 재고를 가지고, 빈도가 낮은 품목은 공급업자에게 구매해서 제공하는 방식을 선택한다.

각 단계는 자신의 고객으로부터 들어온 주문청구의 빈도를 고려하여 상위 80%에 해당되는 품목을 재고로 확보하고, 나머지 품목은 관심을 두지 않게 된다. 각 단계가 재고로 확보하는 품목은 다를 수 있다.

그런데 이런 방식의 파레토법칙Pareto's rule을 적용하면, 매번 재고를 저장해야 하는 품목이 달라지는 문제가 발생한다. 품목 수 비중에서 대략 80%에 해당되는 품목들에서 일부는 새로이 저장해야 하는 품목으로 변하게 된다.

고장간격 시간mean time between failure이 27개월인 품목이 있다. 이 품목은 첫 두 해에는 고장이 하나도 발생하지 않았기에 재고저장 품목에 들어가지 않는다. 셋째 해에는 대량 발생하여 재고저장 품목으로 등록된다. 그런데 재고로 쌓아두었는데 넷째 해에는 소요가 하나도 발생하지 않는다. 재고저장 품목이었다가 탈락된 품목들은 일반적으로 3단계 e3로 이동해서 저장된다. 이는 공급망에서 플로우의 복잡성complexity을 초래한다. 이런 문제는 [그림 4-25]와 같은 구조를 선택하여 해결할 수 있다.

사용자에게 가장 가까운 위치 e1에 전체 품목 수의 20%가 발생빈도frequency 기준으로 80%를 차지하는 A급 품목을 저장한다. 이는 [그림 4-24]의 e1이 가지는 재고품목 수나 품목의 발생빈도에서 차이가 발생하지 않는다.

두 번째 단계 e2는 품목 수로 30%, 발생빈도 기준으로 15%에 해당하는 품목들을 저장한다. 이

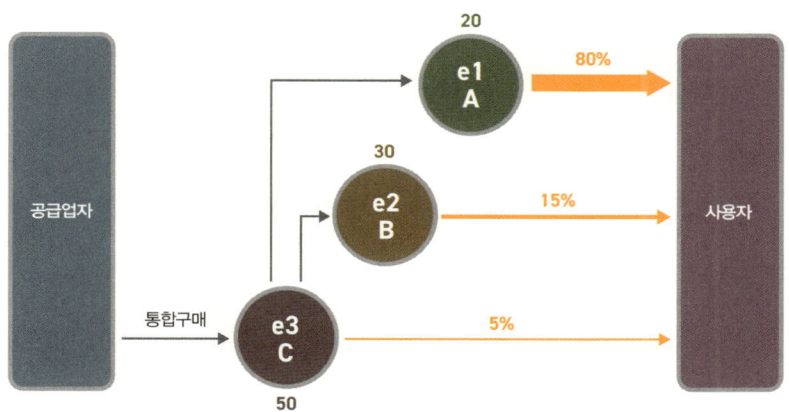

[그림 4-25] ABC재고관리 방식의 수리부속 공급망

는 [그림 4-24]의 구조에서는 저장하지 않았던 품목이다. 세 번째 단계 e3는 품목 수는 50%, 발생빈도에서 하위 5%에 해당되는 품목들을 저장한다.

이렇게 되면 제한된 자원예산이 문제가 될 수 있다. [그림 4-25]의 경우 수리부속 모든 품목을 재고로 가져가는 형태가 되기 때문이다. 하지만 [그림 4-24]의 경우 e2, e3가 중복하여 보유 중인 재고를 줄이면 그만큼 예산도 줄어들기 때문에, 자원 제약성이 예상보다 크지 않을 수 있다.

운영규칙operation rule을 잘 정하는 것이 관리management라고 해도 과언이 아니다. 실무자들은 일반적으로 운영규칙을 쉽게 바꾸지 못한다. 운영규칙이 잘못 되었는지 판단하기 어렵고, 임의로 규칙에 어긋나게 시행하면 문책을 면할 수 없다.

② 수리부속 공급망 정보관리

수리부속의 정보관리는 수요 측면과 공급 측면으로 구분해서 관리되어야 한다. 그리고 획득한 정보는 공유되어야 한다.

❶ 관계형 데이터 수집

장비는 모듈module과 파트part로 구성되어 있다. 이를 자재명세서bill of material라고 한다. 실제 자재명세서는 조립시간, 소요량 등이 함께 명기되어 있다.

장비E는 모듈m1, 모듈m2, 파트p1으로 구성되어 있다. 모듈m1은 파트p2와 파트p3로 구성되어 있다. 모듈m2는 파트p3와 파트p1으로 구성되어 있다. 수리부속품은 모듈이 될 수도 있고 파트가 될 수도 있다. 기계가 복잡해지면서 파트 중심으로 운영되던 것이 점차 모듈화되고 있다.

수리부속품의 수요 측면에서의 데이터 수집은 일단 재고저장 단위stock keeping unit의 확정에서 시작한다. 과거 p2와 p3를 보관하던 것이 m1으로 재고저장 단위가 바뀌는 경우가 있다. E가 고장 나서 살폈더니 m1이 문제였고, 그중에서도 p2가 낡아서 p2를 교체하였다면 m1은 재고저장 단위가 아니다.

[그림 4-26]의 자재명세서의 예시는 매우 축약된 형태이고, 실제로는 매우 복잡하다. 맨 윗단계가 레벨level 0으로 하는데, 4-6레벨에 이르는 경우도 많다. 레벨 수가 높을수록 수리부속품의 종류가 많아진다.

그런데 [그림 4-26]을 보면 조금 특이한 것들이 있다. P3는 m1과 m2의 공통부품common part이다. 그리고 p1은 레벨0인 E에도 사용되고, m2에도 사용된다. 수리부속품은 다른 장비에도 사용될 수 있다. 따라서 SKU를 관리하려면 사용처를 모두 모아서 관리해야 한다.

수리부속의 소요량 발생 데이터는 빅데이터big data이다. 수리부속은 예방정비 목적과 고장정비 목적 두 가지로 나뉜다. 하나의 수리부속은 교체 이유를 상세히 기록해야 한다. 예를 들어 p3

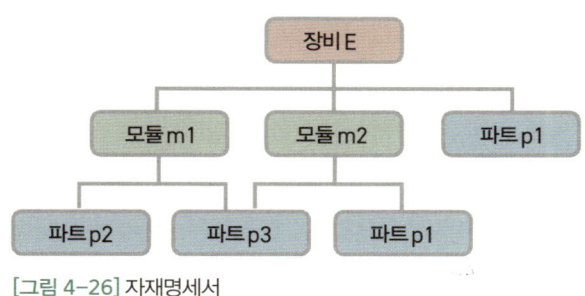

[그림 4-26] 자재명세서

의 교체가 이루어졌다면 그것이 m1의 예방정비 때문인지, m2의 예방정비 때문인지, 아니면 m2의 고장정비 때문인지에 대한 기록을 해야 한다. 이렇게 교체 이유를 명확히 해야 하는 이유는 예방정비 용도와 고장정비 용도에 따른 예측 가능성이 다르기 때문이다.

그리고 교체 발생 시점에서의 상위 레벨의 상태정보까지 알고 있어야 된다. 예를 들면, E의 누적가동 거리, 운전자, 온도, 탑재 화물의 무게 등등 각종 데이터를 시간대별로 추적할 수 있도록 수집되어야 한다.

장비의 도입 초기에는 생산업체에서 제시한 모수parameter를 사용할 수밖에 없다. 하지만 이 모수는 매우 부정확하다. 길게는 30~40년씩 사용되는 장비의 수리부속의 효율적 관리를 위해서는 정보수집이 기초가 된다.

2부에서는 데이터를 충분히 수집해서 현실적으로 그 수리부속의 수요를 예측하기에 충분하지 않을 수 있다고 하였다. 그럼에도 불구하고 데이터를 지속적으로 수집해야 한다. [그림 4-26]과 같은 구조에서는 구성품들이 서로 영향을 주고 받으면서 수요가 발생한다. 즉, 하나의 데이터에는 구조적인 영향요인이 포함되어 있다. 하나의 데이터가 한 가지 의미만 가지지 않는다는 것이다.

❷ 모수의 추정

특정 수리부속을 얼마나 보관하고, 언제 주문할 것인지, 얼마나 주문할 것인지 등은 중요한 의사 결정이고, 이러한 의사 결정에 핵심적인 모수는 시간당 고장량이다. 시간당 고장량은 고장간격 시간에 의해서도 도출된다.

시간당 고장량이라는 모수는 확정된 값이 아닌 확률값probability value이다. 어떤 값일 수도 있고 아닐수도 있다. 사전값prior value은 어떤 사건이나 증거들에 의해 사후값posterior value으로 변한다. 사후값은 알고자 하는 모수이며, 사건이나 증거들은 빅데이터 분석을 통해 알아낸다.

이러한 논리는 베이즈 정리Bayes' theorem에 바탕을 둔다. 간단한 예시를 통해 설명한다. 닉 폴슨Nick Polson과 제임스 스콧James Sott의 공동저서인 《AIQ:How People and Machines Are Smarter Together》에서 제시한 사례이다.

스미스Smith 부부에게는 자식이 둘 있다. 둘 중 하나가 딸이라는 사실을 알았다. "둘 다 딸일 확률은 얼마인가?"의 질문부터 시작한다. 이 확률은 비교적 간단하다. 증거evidence라고 할 수 있는 정보가 있어 둘 다 딸일 확률은 1/3이다.

그런데 증거라고 할 수 있는 정보가 변경되었다. 화요일에 태어난 딸이 하나 있다,라는 정보다. 화요일에 태어났다는 증거가 확률에 아무런 도움을 주지 않을 것 같은데, 실제로는 상당히 사후값의 확률을 높이게 된다.

[그림 4-27]에서 행으로 구성된 것은 첫째에 대한 것으로, 열로 구성된 것은 둘째에 대한 것이다. 남자인 경우와 여자인 경우로 구분하였고, 월요일에서 일요일까지 구성하였다. 총 14개의 행이 존재한다. 둘째에 대해서도 동일하게 14개의 열로 구성된다. 총 196개의 칸이다.

이 중에서 오른쪽 아래의 49칸은 첫째도 남자, 둘째도 남자인 경우다. 이 경우는 둘 중 하나가 딸이라는 사실 때문에 사전 확률값에서도 제외된 부분이다. 옅은 회색으로 칠해진 부분은 147칸이다. 이 중에서 둘 모두 딸일 확률은 49/147로 1/3이다. 이것이 사전값이다.

그런데 화요일이라는 정보가 추가되었다. 이 경우에는 첫째가 화요일에 태어난 경우와 둘째가 화요일에 태어난 경우가 27칸이다. 둘 다 화요일에 태어난 경우는 중복이기 때문에 28에서 1을 뺀 값이다.

총 27개 칸에서 둘 다 여자인 경우는 [그림 4-27]의 왼쪽 위의 첫째와 둘째가 모두 여자인 13개 칸이다. 따라서 사후 확률값은 13/27이다. 화요일이라는 정보 하나가 확률을 1/3에서 1/2에 가깝도록 만들었다.

		둘째													
		여자							남자						
		월	화	수	목	금	토	일	월	화	수	목	금	토	일
첫째 · 여자	월														
	화														
	수														
	목														
	금														
	토														
	일														
첫째 · 남자	월														
	화														
	수														
	목														
	금														
	토														
	일														

[그림 4-27] 베이즈 정리에 의한 확률 추정 예시

수리부속의 고장률은 생산업체에서 초기에 주어진다. 운영하면서 각종 정보를 수집한다. 그리고 수집된 정보를 바탕으로 사후확률을 계산한다. 보다 정확한 모수값을 도출해내야 한다.

그러기 위해서는 앞의 예시에서 다루었던 증거에 대한 데이터를 수집해야 한다. 예를 들어, 장비Equipment 의 사고event, 유사장비의 사고발생에 따른 대규모 예방정비 실시, 장비 운전자의 정숙성 등 수많은 데이터들이 사후확률을 높일 수 있다.

CBMcondition based monitoring은 각종 센서를 활용하여 예방정비preventive maintenance를 돕는다. 타이어에 센서를 부착하여 얼마나 닳았는지를 실시간으로 파악하고, 파손 정도를 보고 예방 차원의 정비를 실시한다. CBM을 실시하기 전에는 누적 가동거리를 추적하여 타이어 교환시기를 결정하였다. 하지만 도로 사정에 따라 파손 정도는 크게 달라진다. 막연하게 누적 가동거리를 기준으로 하면, 어떤 타이어는 파손이 거의 되지 않은 채 교환될 수 있다.

[그림 4-28] 타이어에 부착된 스마트 센서 (https://www.continental-tires.com/kr/ko/stories/tire-monitoring-system/)

수많은 장비와 장비 안에 들어 있는 각종 센서가 시시각각 데이터를 양산한다. 이런 데이터를 모아야 하고, 관련성에 따른 빅데이터 분석이 이루어져야 한다. 장비별 모수들은 연속해서 업데이트되어야 한다.

❸ 고장과 예방의 구분

수리부속 교체가 고장 때문인지 예방 때문인지는 명확히 구분되어야 한다. 예방정비를 하는 이유는 고장방지 때문이다. 고장이 발생할 것 같은 시간 바로 전에 교체하는 것이 바람직하기 때문에 예방을 많이 하면 고장이 줄게 된다. 예방과 고장은 상쇄trade-off관계를 가진다.

[그림 4-29]는 고장간격 시간mean time between failure이 3인 복수의 장비인 경우다. 만약 2.7시간에 고장이 발생한 장비는 2.7시간이 지난 다음 다시 고장이 발생할 수 있다. 첫 사이클에서 고장을 수리하였을 경우는 평균을 중심으로 양쪽으로 퍼진 정규분포 형태를 띨 수 있다. 그다음 평균에서는 최고확률은 떨어지고 양쪽으로 퍼진 모습을 보인다. 확률적으로 조기에 수리된 장비가 그다음에도 조기에 발생할 수 있기 때문이다. 이렇게 몇 번 순환하다 보면 1/고장간격 시간의 확률을 가진 편평한 확률분포를 보이게 된다.

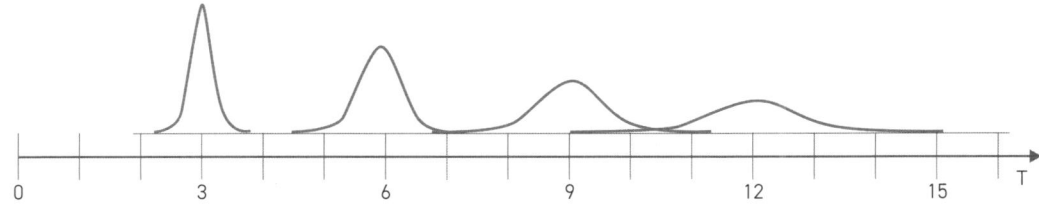

[그림 4-29] 예방정비가 없을 때의 시간에 따른 고장발생 패턴

만약 고장확률 분포가 [그림 4-29]의 첫 번째 곡선과 같을 때 여기서는 시간 2 전에는 고장발생확률이 0 임, 만약 예방정비 주기를 2로 설정하면 고장이 하나도 발생하지 않게 된다.

만약, 예방정비 주기를 3으로 설정하면 고장은 다음의 [그림 4-30]과 같다. [그림 4-30]에서 아래의 세모는 예방정비를 나타낸다. 고장이 발생하여 수리부속이 교체된 장비를 예방정비 때 다시 교체하지는 않기 때문에 이런 모양이 나타난다. 이런 패턴을 예측하기 어렵다. 예기치 않은 사고가 발생할 수 있기 때문이다. 심지어 예방정비의 주기도 일정하지 않다. 가동거리에 따라 예방정비가 이루어질 수 있다.

수리부속의 교체가 이루어졌을 때, 고장 때문인지 예방정비 때문인지 구분하면 다음 수리부속 필요량 재고량을 결정을 보다 쉽게 내릴 수 있다. 예를 들어, 100대 장비에 하나씩 들어가는 어떤 수리부속품이 있다. 예방정비를 마친 장비가 90대라면 10대에 대해서만 수리부속품을 가지고 있으면 된다. 고장정비 부분에 대해서도 장비별로 고장함수를 차등 적용한다. 예방정비를 마친 장비의 고장확률은 낮다.

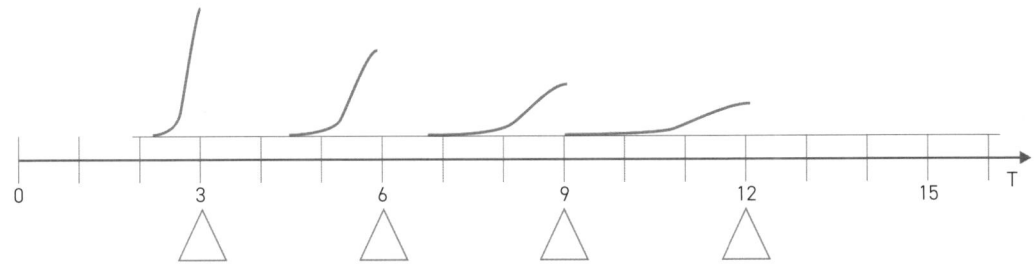

[그림 4-30] 예방정비 주기가 3인 경우의 시간에 따른 고장발생 패턴

수리부속품에 연결된 장비와 모듈에 대한 예방정비 시점, 가동거리, 고장정비 시점 등에 대한 데이터가 있어야 수리부속품의 구매량이나 재고량에 대한 의사 결정을 효율적으로 수행할 수 있다.

❹ 비어 있는 데이터의 처리

데이터를 처리하다 보면 비어 있는 곳을 만날 수 있다. 실무 현장이나 데이터웨어하우스data warehouse에서의 실수나 사고 등이 원인이 될 수 있다.

다음의 [그림 4-31]처럼 두 점까만 점이 있고, 그 사이의 값이 없다. 그런데 그 중간값을 추정해야 할 때가 있다. [그림 4-31]은 가장 간단한 형태의 보간법interplation이다. 최단 거리점 추정은 가장 가까운 지점의 값을 사용하는 방법이다. 완전 중간값을 어떻게 처리할 것인지는 규칙반올림, 올림, 버림 규칙 등을 따른다.

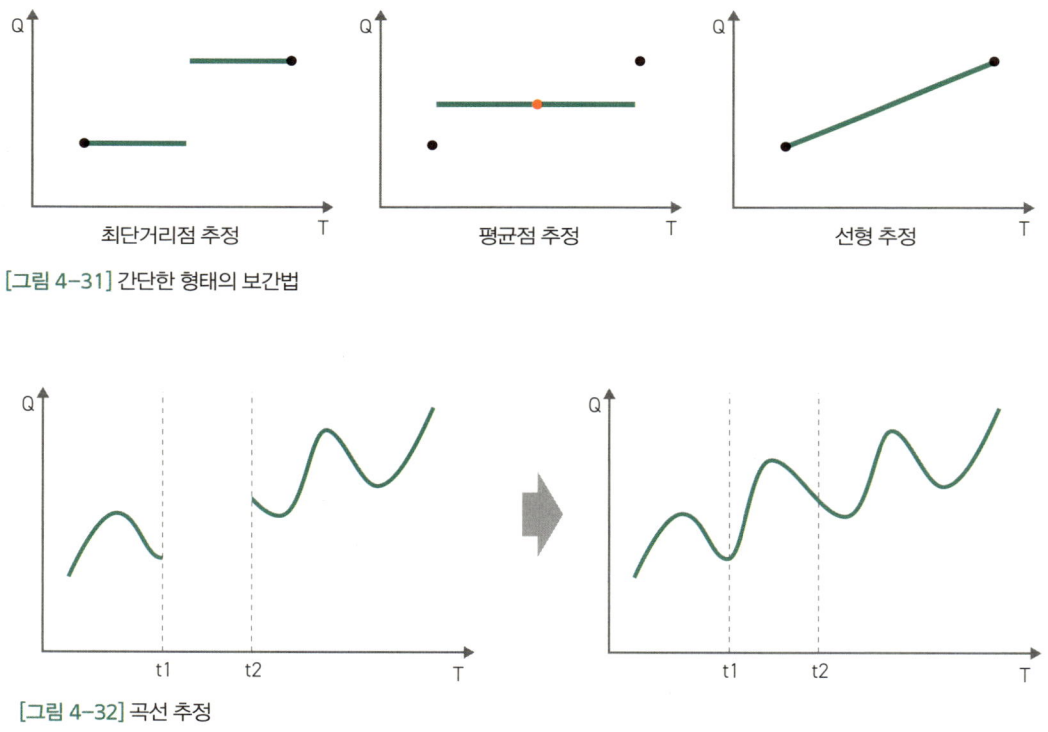

[그림 4-31] 간단한 형태의 보간법

[그림 4-32] 곡선 추정

평균점 추정은 두 까만 점의 평균을 구하고 그 평균값을 사이 전체에 적용한다. 선형 추정은 두 점 사이에 직선을 긋고, 그 직선 위의 값으로 추정한다.

곡선인 경우는 좀 더 추정이 어렵다. [그림 4-32]와 같이 t1에서 t2 사이의 값을 추정해야 한다. 곡선 추정에는 지수exponential, 다항식polynomial, 스플라인spline 방법 등이 사용된다. 3차원 추정에서는 역거리 가중법inverse distance weighted, 크리깅kriging법 등이 활용된다. 내부값을 추정하는 방법과 마찬가지로 외부값을 추정하는 것도 활용도가 높다. 이를 보외법extrapolation이라 한다. 이 외에도 수많은 방법들이 활용되고 있다.

이 방법들 중에 어떤 것이 가장 좋은지와 그 방법을 사용하였을 경우의 추정치 도출 등을 최근에는 머신러닝machine learning을 활용하고 있다.

❺ **백워드 정보공유** backward information sharing

최종 사용자나 소비자의 소비정보를 처음으로 가지는 참가자는 고객 접점에 있는 참가자이다. 이 참가자가 소비정보를 상류로 전달하는 것을 정보공유라고 한다. 공급망에서 하류downstream의 정보를 상류upstream로 보내는 것을 백워드 정보라고 한다.

상류 참여자들은 소비정보를 알수록 좋다. 수요정보를 얻으면, 예측 정확도를 높여서 재고량을 줄일 수 있고 서비스 수준을 향상시킬 수 있다.

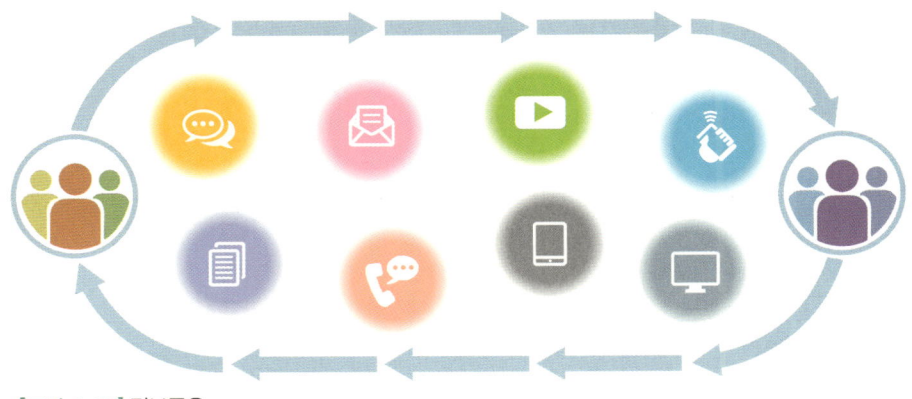

[그림 4-33] 정보공유

상류 참여자들은 정보제공자에게 어떤 이득을 제공해야 한다. 관계특유 자산relationship specific asset을 제공하는 경우가 많다. 정보수집을 위한 하드웨어hardware나 소프트웨어software를 제공해야 한다. 또는, 정보제공에 대한 인센티브를 제공해야 한다.

❻ 수리부속 맞춤 공급망 시스템agile supply chain system

수리부속품에 대한 백워드 정보가 공급망에서 공유되면, 이 정보를 활용하여 공급망 관리를 혁신할 필요가 있다. 이상적인 상황에 대한 그림을 보면 역으로 어떤 정보가 취합되어야 하는지 명확해진다.

이 예시는 다음과 같은 상황이다. [그림 4-34]의 색칠된 박스가 수리부속 수요이다. 어떤 수리부속품이 3일에 1개, 7일에 1개, 11일에 3개가 발생하였다. 총 5개의 소요량이었다. 5개의 소요에 대한 정보를 분석하였더니 3일 차 것은 예방정비용이었고 7일 차 것은 고장정비용이었다. 그리고 11일 차 3개 중 2개는 예방정비용이었고, 한 개는 고장정비용이었다. 3일의 파란색 p박스는 예방정비용 수리부속품을 의미한다. 7일차의 빨간색 c박스는 고장정비용 소요를 뜻한다.

예방정비용은 모장비의 상황을 모니터링하고 있어서 언제 교체할 것인지 예측 가능하다. 그래서 3일에 필요한 것을 예측하여 2일까지 미리 배송하여 정비소에 위치시킨다. 일찍 배송할 필요는 없다. 일반적으로 예방주기는 안전시간buffer time을 확보하고 있기 때문이다. [그림 4-34]의 하얀색 f박스와 r박스는 배송된 재고를 의미한다.

고장정비용 소요인 c박스에 대해서는 예측이 매우 어렵기 때문에 이에 대응한 r박스가 위치한다. 예방정비용 재고는 소요 발생 전에 위치시키고, 고장정비 비용 재고는 소요 발생 후에 위치시킨다.

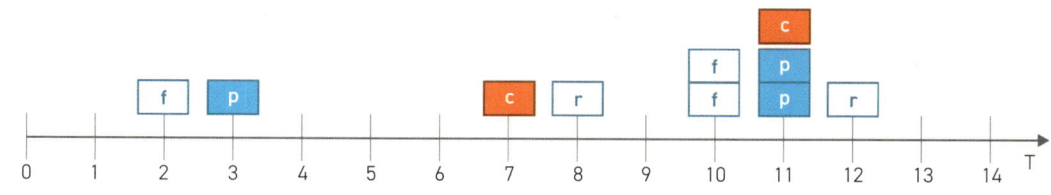

[그림 4-34] 수리부속품에 대한 맞춤 공급망 시스템 예시

예방정비용 소요 예측을 잘 하기 위해서 백워드 정보에 대한 분석능력을 키워야 한다. 소요에 영향을 미치는 요소가 가동거리인지, 가동시간인지, 이착륙 횟수인지 등을 사전에 확인하고 모니터링해야 한다. 주된 확정요인이 있어 수리부속품의 라이프사이클life cycle 동안 유지될 수 있다.

고장정비용 소요는 예측이 어렵기 때문에 대응response 위주로 이루어져야 한다. 7일 차에 고장이 발생하면, 이 수리부속이 어디에 위치하는지를 실시간으로 파악하고, 바로 주문하여 배송받아야 한다. 이 과정이 실제로 오래 걸릴 수 있으나, 신속반응quick response 물류를 통해 달성할 수 있다.

수리부속이 아닌 일반 품목에 대해서도 맞춤배송 시스템이 가동되고 있다. 아마존Amazon, 쿠팡Cupang 등은 예측배송anticipatory shipping을 통해 재고를 줄이고, 서비스 만족도를 높이고 있다. 아마존은 2013년에 예측배송을 특허 출원하였다. 소비자의 주문을 미리 예측하고 선제적으로 소비자와 근거리에 위치한 장소로 배송을 시작하는 방법이다. 소비자가 주문을 하지 않는다면 다른 지역 혹은 물류센터fulfillment center로 재이동시킨다.

❼ 포워드 정보공유forward information sharing

수리부속품 구매업자 또는 사용자는 적정재고를 계산하기 위해 포워드 정보를 바탕으로 한다. 특히, 재고부족 비용underage cost을 계산하려면 충격의 크기와 부족확률을 계산해야 한다. 특히, 공급붕괴supply disruption 상황이 발생할 확률을 알아야 한다.

수리부속품 구매업자의 재고량은 해당 수리부속품의 충격량에서 공급가능량을 차감한 값이다. 충격량은 공급붕괴가 일어날 시간과 단위시간에서의 필요량을 통해 구해진다. 이때 공급붕괴 시간에 대한 확률과 분산 등에 대한 정보는 포워드 정보공유를 통해 이루어질 수 있다 이 부분에 대해서는 다음 절인 공급붕괴에서 보다 자세히 다룬다. 따라서 포워드 정보공유는 수리부속품 구매업자의 입장에서는 반드시 이루어져야 하는 것이다.

수리부속품 공급업자의 입장에서도 이점이 비용보다 커야 한다. 포워드 정보공유가 공급업자에게 이로운 점은 다음과 같다.

- 구매업자의 서비스 충족률 향상을 통해 공급망의 경쟁력을 높이기 때문에 공급업자는 장기적으로 수익을 확보할 수 있다.
- 수익공유 계약 등을 구매업자와 체결함으로써 상승된 고객 판매 또는 사용의 이익을 되돌려 받을 수 있다.
- 구매업자와의 장기적인 파트너쉽을 형성하여 안정적인 경영환경을 구축할 수 있다.

우리는 4부에서 팬텀오더phantom order에 대해 논의하였다. 공급량이 부족할 것으로 예상되면 가수요를 발생시켜서 공급을 더 많이 받으려고 한다. 이는 포워드 정보공유의 단점이라 할 수 있다.

공급업자의 구매원가 정보를 하류에서 알게 되면, 더 많은 이익을 추구하는 하류 참여자는 구매가격에 대해 더 압박을 가할 수 있다. 이 또한 포워드 정보를 공급망에서 공유하기 어려운 이유이다. 이러한 폐단은 공급업자와 구매자 간의 관계가 시장market 구조일 때 발생한다. 시장구조에서는 글로벌 최적화global optimization를 꾀하기 어렵다. 각 참여자들이 자신의 이익을 최대화하는 로컬 최적화local optimization에 빠지기 쉽다.

결과적으로 포워드 정보공유는 공급업자와 구매자의 글로벌 최적화, 장기적 관계에서 효과를 발휘할 수 있다. 기회주의opportunism를 버리고, 윈윈win-win할 수 있는 신뢰trust 기반 하에서 효과가 발생한다.

③ 공급망 관계관리

공급망에서 하류downstream에 대한 관계관리가 고객관계 관리CRM; customer relationship management라고 하고, 상류upstream에 대한 것이 공급업자관계 관리SRM; supplier relationship management이다.

❶ CRM customer relationship management

잠재적인 소비자들을 자신의 고객으로 만들고, 한 번 형성된 고객을 장기적으로 유지하기 위한 경영방식을 말한다. 시장과 고객에 대한 이해를 바탕으로 고객별 맞춤 마케팅 전략이 포함된다. 어떤 제품을, 어떤 가격으로, 어떤 판매 채널channel을 통해, 어느 정도의 프로모션promotion을 실시할 것인지를 결정한다.

CRM을 하기 위해 위해서는 시장에 대한 분석과 고객에 대한 데이터 분석을 실시해야 한다. 그래서 유사어로서는 DBMdatabase marketing, SFAsales force automation와 같은 유사어들이 있다. 고객응대와 고객분석 기능이 잘 갖춰져 있어야 한다.

CRM을 실시하게 되면 맞춤 서비스를 통해 수익성을 증대, 각종 경영지표 향상 효과가 있다. 잠재고객의 프로파일 정보를 이용하여 전략적 영업정보화가 가능하며, 우량고객의 이탈을 방지할 수 있다. 최근에는 CRM이 SaaSsoftware as a Service 형태로 제공되고 있다. 기본적인 ERPenterprise resources planning을 기본으로 클라우드cloud 기반의 데이터베이스를 가진다. 여기에 각종 인공지능artificial intelligence이 의사 결정을 돕는 소프트웨어로 작용한다. 글로벌한 공급망에서 어디서든 쉽게 접근할 수 있도록 하는 것이 핵심이다.

[그림 4-35] CRM

❷ SRM supplier relationship management

SRM은 공급망에서의 상류upstream 참여자에 대한 데이터베이스를 기반으로 공급조건 비교, 공급업체 후보 육성 등에 대한 기능을 수행한다. 인터넷 기반으로 작동되는 경우를 e-SRM이라고 한다. 공급업자 데이터베이스에서는 공급업체의 강점, 성과, 능력, 공급차질 이력 등이 포함된다.

SRM을 통해 공급망에 혁신성과 경쟁력을 제공할 수 있다. 상호 이득이 되는 공급망전략을 수립하기 위해서는 글로벌 최적화가 필수인데, SRM을 통해 이를 달성할 수 있다. 개별적으로 최적화 의사 결정이 이루어지는 예전 방식에 비하여 현격한 성과를 거둘 수 있다.

CRM에 비해 SRM은 기업이나 조직에서의 관심도가 아직은 덜하다. 여러 원인이 있겠지만 매출 성장 위주의 전략 때문으로 평가된다. 군military에서의 장비 공급업체에 대한 SRM은 아직 초기 단계에 지나지 않는다. 한국군의 경우 공급업체에서의 조달procurement은 방위사업청에서 담당하고, 운영은 군military에서 담당하고 있다. 군에서 필요한 정보를 공급업체로부터 직접 얻을 수 없는 구조다. 이런 구조하에서는 군이 공급업체와의 협력collaboration을 기대하기는 어렵다. 공급업체에서는 장기적 거래관계가 이루어지는 조직, 군 공급망에서는 방위사업청과의 관계가 우선시 될 수밖에 없다.

SRM을 위한 공식적인 조직이 이루어져야 한다. 그리고 최고 실무자 간의 상시적인 미팅이 이루어져야 하며, 협의된 내용들에 대해서는 주도적이고 신속하게 실행될 수 있도록 해야 한다. 공급망 붕괴 사건이 빈번해지고, 이에 따른 공급망의 생존이 좌우되는 상황에서 SRM은 더욱 중요해진다. 군에서의 SRM구축은 핵심적인 부분으로 평가된다.

최근 들어 PBLperformance based logistics의 비중이 커지고 있다. PBL은 특정 수리부속품에 대해 시장market구조에서 위계hierarchy구조로 전환되는 것을 의미한다. 특정 수리부속류를 책임지고 조달하고, 정비를 지원한다. PBL업체는 장비가용도를 베이스로 계약을 체결한다. PBL업체의 군 공급망에 대한 기여도가 높아진다. 군 입장에서는 정비, 조달 기능을 아웃소싱outsourcing하게 된다. PBL을 수행하면 해당 장비에 대한 공급업체와 수리부속에 대한 지식 축적이 어려워지는 단점이 있다. 수리부속품에 대한 고장간격 시간, 조달 시간, 공급업체의 파산 위험 등에 대한 정보

축적이 이루어지기 힘들다. 결과적으로 공급망 붕괴 등에 대한 대처가 어려워지는 단점이 있다.

이러한 이유로 군에서 수리부속을 포함한 어떠한 보급이나 정비행위를 PBL로 계약할 때에는 각별한 주의가 필요하다. 민간의 우수한 공급망을 활용하기 위해 PBL을 활용하고, 그 과정에서 얻어지는 데이터를 군이 공유받는 형태가 좋을 수도 있다. 또, 이를 고려한 적정재고 수준을 군에서 통제하고 보유하도록 하는 것은 리질리언트한 공급망을 유지하면서 민간의 우수한 기능만을 확보할 수 있는 전략이다. 다만, 같은 업무가 민간으로 위탁될때 발생하는 예산의 확대는 고려되어야 할 것이다.

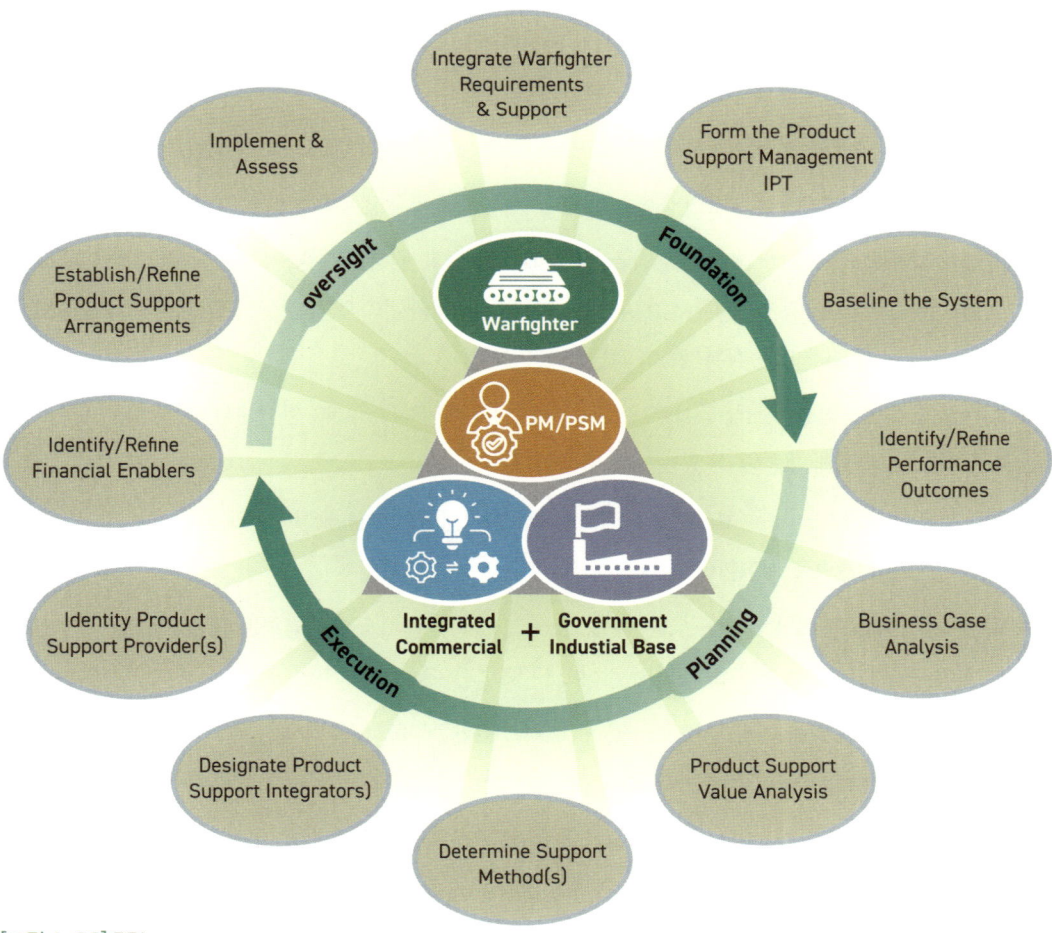

[그림 4-36] PBL

4 공급망 성과지표

공급망의 성과지표는 개별 참여자의 성과지표와는 구별되어야 한다. 심지어 개별 참여자의 성과지표가 공급망의 성과지표에 악영향을 미칠 수도 있다. 예를 들어, 공급망에서의 중간 참여자의 주문충족률order fulfillment ratio이 높으면 공급망재고supply chain inventory를 증가시킬 수 있다.

SCORsupply chain operations reference은 공급사슬 위원회supply chain council에 의해 정립된 표준standard이다. 최고 수준best practice을 설정하고 측정 관리한다. 대표적인 측정도구measurement tool는 다음과 같다.

● **배송성과**delivery performance: 고객이 요구한 시간 이내에 배송한 주문 건수의 비율로 주로 계산된다.

● **충족률**fill rates: 고객으로부터의 총주문 건수 분에 배송된 주문 건수의 비율로 측정된다.

● **완전 주문충족률**perfect order fulfillment: 고객에게 정시에, 원하는 수량으로, 손상 없이 배송된 주문 비율을 말한다. 이상의 3가지 측정 도구들은 거의 유사한 개념이지만, 계산식은 조금씩 차이가 발생한다. 조직의 특성에 따라 취사선택이 가능하다.

● **주문충족 리드타임**order fulfillment lead time: 주로 MTO make to order 환경에서 사용된다. 고객 주문에 얼마나 신속하게 대응할 수 있는 가를 측정한다.

● **공급사슬 대응시간**supply chain response time: 시장의 심각한 수요변화에 전체 공급사슬이 대응하는 데 소요되는 시간으로 측정한다.

● **공급사슬 관리비용**total supply chain management costs: 공급사슬을 운영하는 데 소요되는 모든 비용의 합으로 측정한다. 쉽게 구하기 어려운 점이 단점이다.

● **보상 및 반품처리 비용**warranty/returns processing costs: 공급사슬의 품질을 측정할 수 있는 도구로, 고객으로부터의 반품을 처리하는 데 소요되는 비용으로 측정한다.

● **현금화 사이클 타임**cash-to-cash cycle time: 원자재 구매에 사용된 금액이 판매 후 현금을 회수하기까지 소요되는 시간으로 측정한다. 공급망의 주요 재무지표 중 하나다.

- **공급 재고일수**inventory days of supply: 공급망에 들어와 판매까지의 소요되는 평균 시간을 의미한다. 이는 공급망 총재고량을 평균 판매량으로 나눈 값으로 계산될 수 있다. 리틀의 법칙little's law에 근거한다.
- **자산 회전율**asset turns: 연year 단위로 측정된다. 재고회전율이 대표적이다. 재고회전율은 매출원가/평균재고로 계산한다. 재고가 연간 몇 번 팔리는지를 계산한다.

공급망 차원의 성과지표들을 바탕으로 개별 참여자의 성과지표들이 설정되어야 한다. 공급망 성과지표에 공헌하지 못하는 개별 참여자의 성과지표는 채택되어선 안 된다. 잘못된 지표가 잘못된 방향으로 인도하기 때문이다.

일반적으로 하류에서는 주문충족률과 같은 서비스 지표의 비중이 높고, 상류에서는 재고 관련 지표의 비중이 높다. 최종 고객에 대한 충족률을 향상시키거나, 유지하면서 재고를 떨어뜨려야 한다.

3장

공급망 붕괴

① 붕괴의 원인

    수요의 불확실성에 대한 관심은 전통적으로 높았다. 예측 또한 수요 중심으로 전개되었다. 그런데 공급망 붕괴는 공급 불확실성 때문에도 발생한다. 최근 들어 공급망 불확실성 요인들이 급증하고 있다. 수요와 공급의 불확실성 요인들은 너무도 많다. 자연재해에서 운영상의 문제에 이르기까지 다양한 요인들이 공급망 붕괴로 연결된다. 공급망 붕괴 요인들은 다음의 [그림 4-41]에 정리되어 있다. 대표적인 것들이다.

[그림 4-41] 수요와 공급의 불확실성 요인들과 특징

[그림 4-42] 아이슬란드 화산폭발

　지진, 화산 등은 자연재해의 대표적인 예이다. 화산이 폭발하면 주변 항공망이 봉쇄될 수 있다. 아이슬란드 화산폭발로 북유럽의 항공물류가 몇 달 간 중지된 적 있다. 지진 발생으로 특정 공항이나 항구가 폐쇄되는 경우는 수없이 많다.

　정치적 문제 또한 공급망 붕괴에 큰 영향을 미친다. 러시아와 우크라이나 전쟁, 중동전, 한국에서의 비상계엄 등은 정치적 문제가 공급망에까지 영향을 미치는 대표적인 예들이다.

[그림 4-43] 중국으로부터의 요소수 수입 중단

[그림 4-44] 파업에 의한 공급 차질

전염병이 공급망 봉쇄로 연결된 사례는 최근 코로나 바이러스의 예를 통해 잘 목격했을 것이다. 사스 등의 호흡기 관련 전염병은 향후에도 계속 발생될 가능성이 크다.

테러공격의 경우 주로 종교적 문제로 발생하지만 상존하는 요인이다. 환경위험에 대해서는 최근 들어 강조되는 ESG경영과도 관련성이 높다. 유가 상승, 환율변동, 운송지연, 공급자의 성과하락, 내부 운영상의 문제 등이 공급망 붕괴로 연결되는 것은 설명할 필요가 없을 것 같다. 수리부속에서의 위조품이 등장하면 공급망이 붕괴될 수 있다. 해당 위조품으로 오염된 공급망 부분을 모두 들어내야 하기 때문에 상당한 시간 공급망 참여자들이 활동을 멈춰야 하는 경우가 있다.

이러한 공급붕괴 요인들은 두 가지 측면에서 관리되어야 한다. 통제 가능성과 충격이다. 예측할 수 있으면 일반적으로 통제 가능하다. 그래서 두 가지 측면은 높은 상관성을 가지기 때문에 하나로 간주한다. 충격은 통제 가능성이나 예측 가능성과는 독립적인 요인이다.

공급망 붕괴 요인들에 대한 통제가능성과 충격에 대한 데이터를 관리해야 한다. 계량화해야 하며, 갱신해야 한다. 일반적으로 자연재해는 통제 불가능하며, 발생하였을 때 충격은 매우 크다. 인건비 상승의 경우, 예측 가능성이 높아 통제 가능성도 높고 충격은 다른 요인들에 비해 덜하다.

운영상의 문제operational problems는 통제 가능하나, 충격량이 매우 높은 요인이다. 따라서 우리가 우선해서 관리에 초점을 둬야 하는 부분은 운영상의 문제들이다. 내부 창고에서 불이 나거나,

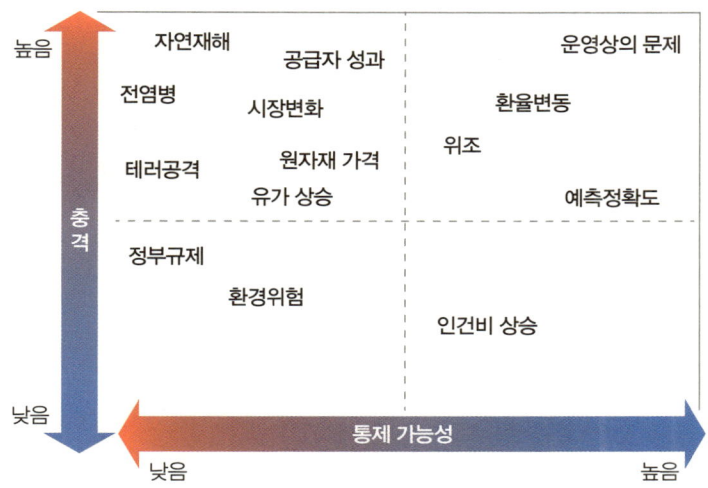

[그림 4-45] 공급망 붕괴 요인들에 대한 통제 가능성과 충격에 대한 포지셔닝

사고 발생 등은 모두 여기에 해당된다. 예측 정확도가 낮은 것도 상당한 충격을 줄 수 있다는 점은 주목할 필요가 있다. 데이비드 심치레비David Simchi-Levi 교수는 예측 정확도를 충격이 큰 문제로 보았는데, 이에 대해서는 저자들도 동의한다. 거의 모든 수리부속의 경우 푸시push에 의해 재고로 쌓아두어야 하는데, 그 기본값은 예측량이기 때문이다.

[그림 4-45]에서 붕괴요인들에서의 우선순위를 굳이 따지자면 오른쪽 위 사면이 제일 높다. 통제가능성이 높고, 발생했을 때 충격이 크기 때문이다. 통제가능성이 높은 것은 예측가능성이 높다. 이는 예측치에서의 분산이 작음을 의미한다. 분산은 안전재고량에서의 분산을 의미하기도 한다. 작은 양으로도 커버가 가능하다는 의미로까지 연결된다. 자연재해의 경우 통제가능성이 매우 낮아, 예측치의 분산이 매우 높다. 발생하였을 때의 충격도 매우 높다. 따라서 어마어마한 양의 재고가 필요할 수 있다. 이는 도저히 대처할 수 없는 요인이기도 하다.

통제가능성이 높은 것일수록 재고를 통해 대처하고, 낮은 것일수록 신속반응을 통해 대처할 필요가 있다. 이에 대해서는 다음 절에서 자세히 설명한다.

붕괴요인들 간의 관련성도 분석되어야 한다. 붕괴요인들은 독립적으로 발생하지 않을 수 있다.

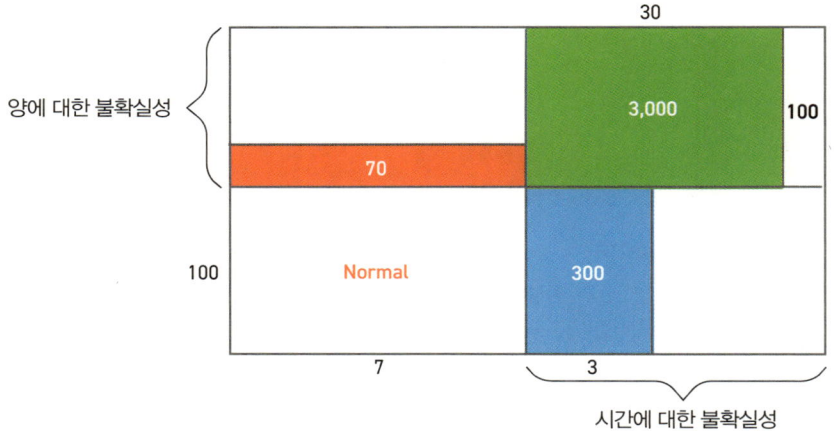

[그림 4-46] 충격량 계산

예를 들면, 유가 상승이 일어나면 인건비 상승으로 연결될 수 있다. 공급자의 성과가 악화되면 위조로 연결될 수도 있다. 환경위험은 유가 상승, 원자재 가격, 인건비 상승, 운영상의 문제 등 상당한 붕괴요인들의 동반 발생률을 높인다.

이벤트event에 따른 충격량을 수리부속품별로 계산해야 한다. 시나리오도 매우 다양하고, 엄청난 데이터를 수집해야 하며, 분석도 대동되어야 하기에 공급망 붕괴 분석팀이 필요할 수도 있다. AI를 통해 가능할 수도 있겠지만 정착되기까지 상당한 시간이 요구된다.

충격 계산은 [그림 4-46]과 같다. 충격량 계산은 시간에 대한 불확실성과 양에 대한 불확실성 두 가지 측면에서 계산될 수 있다. 그리고 전체 충격량은 두 불확실성의 곱으로 계산된다.

> 충격량 = 시간에 대한 불확실성 × 양에 대한 불확실성
>
> 충격 = 충격량 × 확률

특정 이벤트가 발생하였을 때 총충격은 붕괴요인들의 발생확률과 요인들 발생 시의 충격량의 곱을 합산한 것이다. 여기에 동시 발생확률에 의한 충격량을 빼면 된다.

수리부속품별로 다음과 같은 자료들이 있어야 충격에 대한 계산이 가능하다.

- 붕괴요인의 발생확률
- 붕괴요인 발생시의 충격량 평균
- 붕괴요인 발생시의 충격량 분산
- 붕괴기간에 대한 평균
- 붕괴기간에 대한 분산
- 붕괴요인들간의 동시 발생확률

수리부속품이 1만 개이고, 관련 붕괴요인이 10가지이면 10만 가지에 대한 평균과 분산을 구해야 한다. 총 40만 가지의 모수가 추정되어야 한다. 여기에 동시발생 확률은 수억 개에 이를 수 있다. 이를 종합계산하여 수리부속품별 충격을 계산해야 한다. 이는 재고량과도 직결된다.

상시 모니터링을 통해 위의 모수들은 갱신되어야 한다. 수리부속품들의 공급업체별 위치, 수송경로 등에 대한 정보까지 수집되어야 한다. 공급업체별 파산위기 등에 대한 정보도 포함된다. 따라서 어마어마한 빅데이터가 수집되고 갱신되어야 하기 때문에 한 사람에 의해 운영될 수 없다. 조직 차원에서의 대응이 필요하다.

❷ 리질리언트 공급망 resilient supply chain

불확실성에 대처하는 공급망은 리질리언트해야 한다. 리질리언트한 공급망의 재고는 [그림 4-47]과 같은 패턴을 일반적으로 보여준다.

어떤 불확실한 사건이 발생하고 나면, 재고는 급감한다. 이때 충격에 견딜 수 있어야 한다. 충격에 견디면 강한 strong 시스템이고, 재고가 0 이하로 떨어지면 벌네러빌러티 vulnerability라고 한

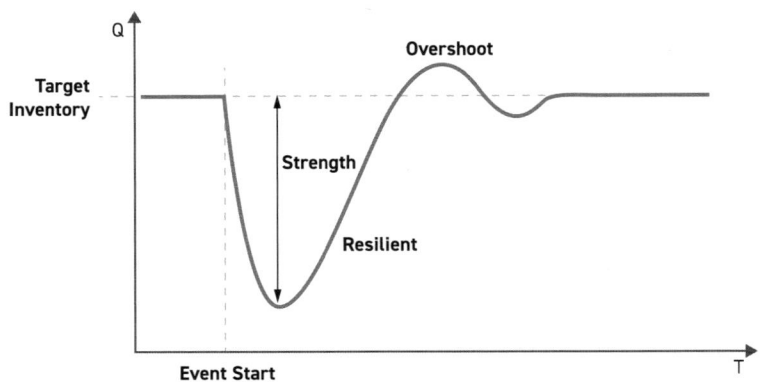

[그림 4-47] 리질리언트한 공급망에서의 재고 패턴

다. 재고가 0까지 떨어지지 않을 필요가 있다. 재고가 0 이하이면 이 공급망은 완전히 망가질 수 있다. 더 이상 회복이 안 될 수도 있다. 예를 들면, 전쟁을 수행하는 군에서는 재고가 0이라는 것은 군수품을 전부 소진하였다는 것이고, 더 이상 전쟁을 수행하지 못한다는 의미다. 재고가 다시 주어지면 전쟁을 재개할 수 있는 것은 아니다.

만약 공급망이 리질리언트하면 목표재고량target inventory으로 회복해야 한다. 리질리언트하려면 나가는 양보다 들어오는 양이 많아야 한다. 이 양들의 차이가 리질리언트 기울기를 좌우한다. 기울기가 급하면 빠른 속도로 회복된다.

이때 스피드가 느리면 재고량이 목표재고량을 초과한다. 이를 오버슈트overshoot라고 한다. 오버슈트가 발생하면 이어서 재고가 목표재고량 이하로 떨어진다. 심지어 이 상황에서 재고량이 0으로 떨어질 수도 있다. 오버슈트의 크기는 지연delay 효과 때문이다. 지연이 길면 길수록 오버슈트의 크기는 커진다.

❸ 재고inventory

재고량은 충격량에서 공급가능량을 뺀 값과 같다. 불확실한 시간과 양에 대한 개념 상황에서 도표로 작성하면 다음의 [그림 4-48]과 같다.

재공급 시작 시점이 불확실한 이벤트가 발생한 후 일정 기간 후이고, 단위시간에서의 공급량이 단위시간에서의 충격량보다 큰 경우 [그림 4-47]과 같은 리질리언트한 시스템이 만들어진다. 이 때 재고량은 [그림 4-48]의 왼쪽 진한 파란색 사각형 영역이다.

만약, 단위시간에서의 공급량이 단위시간에서의 충격량보다 작을 때의 재고량은 다음의 [그림 4-49]와 같다. 여기서도 진한 파란색 부분이다.

단위시간에서의 공급량이 단위시간에서의 충격량보다 작으면 기존에 가지고 있던 재고는 계속 낮아진다. 만약, 충분한 사전 재고량을 가지고 있다면 다행히도 재고량이 0 이하로 떨어지지는 않을 것이다. 만약 0 이하가 되면 벌네러벌한 시스템이 된다.

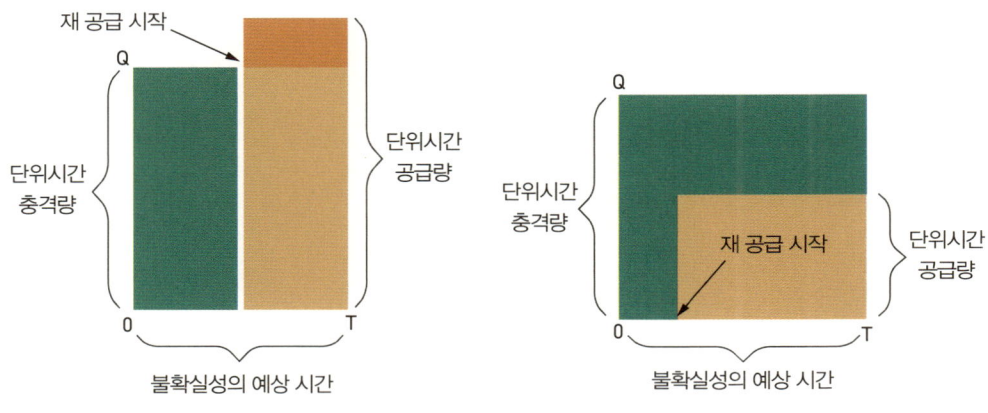

[그림 4-48] 리질리언트한 공급망에서의 충격량, 공급가능량과 재고량의 관계

[그림 4-49] 벌네러벌 시스템에서의 충격량, 공급가능량과 재고량의 관계

④ 재고량과 위치

불확실한 사건의 발생지점보다 하류에 재고를 위치시켜야 한다. [그림 4-50]과 같다. [그림 4-50]에서는 불확실한 사건이 두 번 발생하는 예이다. 하나는 A 앞에서 검은색 상자의 충격량으로 발생한다. 또 하나는 B 앞에서 빨간색의 상자의 충격이 발생한다. 이 충격에 대비한 재고는 충격 발생 지점의 하류에 위치해야 한다. 만약, 검은 상자의 충격이면 A와 B는 나눠서 보유할 수 있다. 빨간색 상자의 충격에 대해서는 B 홀로 감당해야 하기 때문에 재고는 B에서 보유해야 한다.

재고의 위치가 발생지점과 인접할 필요는 없다. 하류지점에서 분할 저장이 가능하다. 하류지점들에서의 저장능력에 따라 결정된다. 글로벌 최적화global optimization가 필요하다.

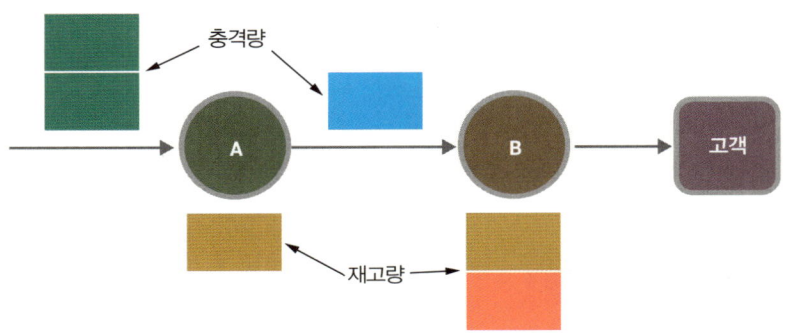

[그림 4-50] 공급망에서의 불확실성 대비 재고의 위치

⑤ 복구

재공급 시작시점도 리질리언트한 시스템을 구축할 때 고려되어야 한다. 전체 재고량을 결정할 때 영향을 미치며, 하류 공급자들의 재고 분할 때에도 영향을 미치기 때문이다.

어떤 공급업체가 부도가 나면, 다른 공급업체를 선정하여 재공급 받아야 한다. 이때 재공급받는 시점이 벌네러벌한 시스템이 될 것인지 리질리언트한 시스템이 될 것인지를 결정하게 된다.

❻ 현장 정비 시스템

정비시간은 장비의 가용도를 높인다. 장비에서 고장이 발생하였을 때, 해당 수리부속을 구매, 배송하여 정비사를 대동하여 현장에서 정비활동을 시행하려면 상당한 시간이 소요된다. 만약, 수리부속의 공급업체와 장비운용 현장이 직접 연결된다면 상당한 시간을 단축시킬 수 있다.

현장과 수리부속품의 공급업체 간의 직접 연결이기에 실시간 필요량을 결정하고, 바로 공급하기 때문에 관료제하에서의 단계별 주문–배송에 비하여 상당 시간을 줄일 수 있다. 한국의 LIG넥스원, 미국의 캐터필라Caterpillar, 영국의 롤스로이스Rolls-Royce사 등은 온라인 정비지원 체계를 24시간 가동하고 있다.

[그림 4–51] 공급업체의 현장정비 지원시스템

[그림 4-52] 3D 프린트를 이용한 수리부속품

 ## 3D 프린터

임시로 사용할 수 있는 수리부속품을 프린트하여 제공할 수 있으면 대응시간을 대폭 단축할 수 있다. 장비가용도를 높일 수 있다. 불확실성에 대처할 수 있는 좋은 방안이다.

수리부속품 중에서 단일 매질로 만들어진 것, 구매기간이 긴 것, 장비에 없어서는 안 되는 품목들을 우선하여 3D 프린팅 기술을 적용할 필요가 있다.

 ## CBMcondition based maintenance을 도입 확대 필요

CBM을 이용하면 장비에 각종 센서를 부착하여 수리부속의 교체시기를 실시간으로 파악할 수 있는 장점이 있다. IoTinternet on thing 기술의 발전과 함께 정비 분야는 CBM이 확대될 전망이다. 장비조건에 따라 고장 시점을 예측할 수 있기 때문에 예방정비 비중을 높일 수 있다.

불확실한 사건이 발생할 때에도 그 양이 중요한데, CBM을 통해 실시간으로 추산할 수 있다. 가

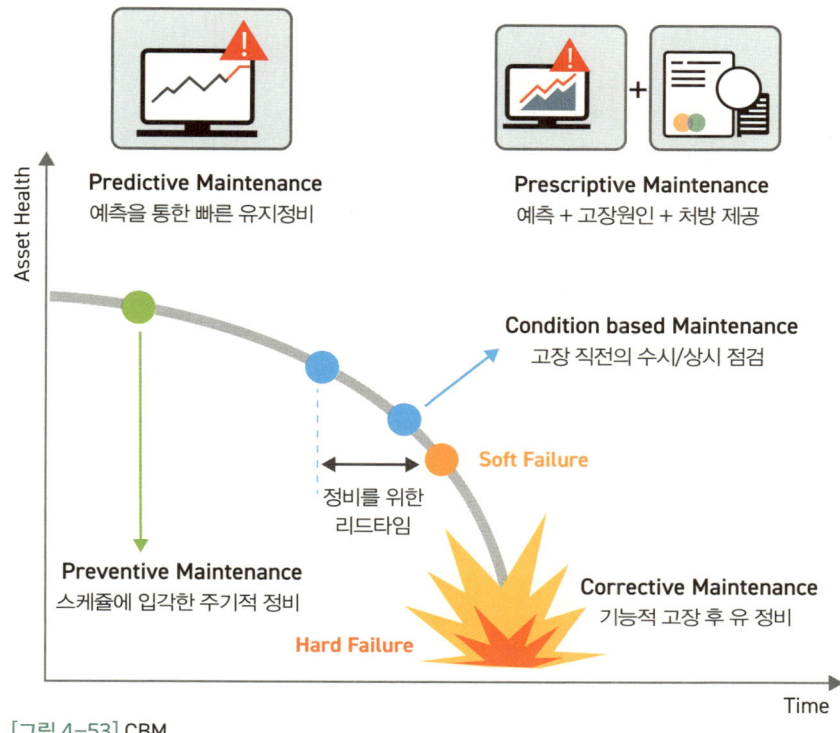

[그림 4-53] CBM

용장비 중에서 어떤 장비를 우선 사용할 것인지도 CBM을 통해 결정할 수 있다. 하지만 CBM을 적용할 수 있는 장비나 수리부속에는 분명 한계가 있다.

⑨ 후보 공급업체 관리

특정업체나 수송경로에서의 불확실한 사건이 발생하면, 즉시 다른 공급업체로 선회해야 하는 상황이 발생할 수 있다. 그 사건이 발생하기 전부터 공급업체들의 후보들을 리스트업 하고 실시간 상황을 모니터링해야 한다.

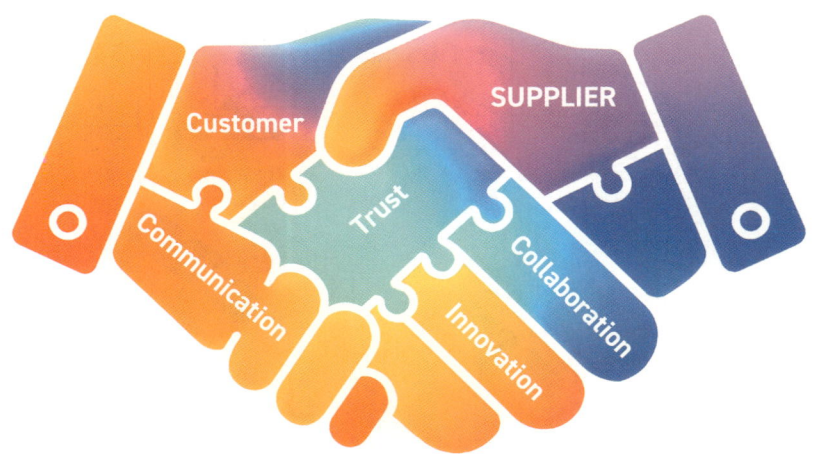

[그림 4-54] SRM

SRM supplier relationship management이 핵심 공급업체와의 관계 관리라고 한다면, 이를 확대하여 일반 공급업체에 대해서도 충격과 공급가능성에 대한 모니터링 시스템이 마련될 필요가 있다.

불확실한 사건 전에 다중 공급업체를 선정하고 일정 비율에 의해 나눠서 공급받는다면, 특정 공급업체의 부재 시에 **빠르게** 대응할 수 있다. 불확실성의 크기에 따라 후보 수는 늘리는 것이 좋다.

 유연성

정비도 능력capacity이다. 수요나 소요에 대응하여 능력을 유지하는 것이 중요하다. 이 과정에서 구조structure를 잘 구축하면 유연성을 제고할 수 있다. [그림 4-55]의 예시를 가지고 설명한다.

정비공장이 A, B, C, D 네 군데 있고, 각각은 1, 2, 3, 4 장비를 정비한다. 정비수요소요는 평균 100이어서 정비능력을 각 100으로 설정하였다. 수요 100이라는 것은 100 이상일 수도 있고, 이하일 수도 있다. 어느 날 1 장비의 수요가 120 등 [그림 4-55]와 같이 나타났다. 정비능력이 100

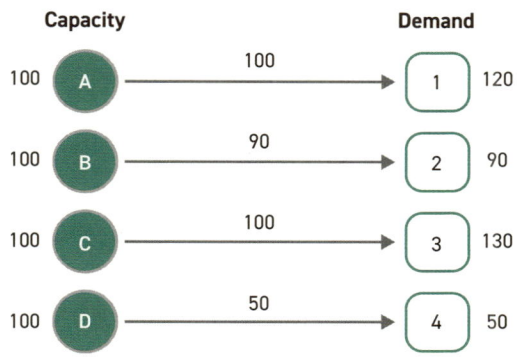

[그림 4-55] 전용화된 정비능력에 따른 서비스율

인 A는 수요 120 중 100만큼 정비할 수 있다. B는 정비능력 100임에도 수요가 90밖에 없어서 사용되지 않은 능력 10이 발생한다. C와 D에서는 수요와 능력 간의 차이가 더 크게 발생한다.

전용화된 정비공장에서는 평균만큼 능력을 설정하여도 수요평균을 충족시킬 수 없다. 이런 문제를 해결하기 위해 능력풀링capacity pooling을 활용한다. 능력풀링의 효과를 3가지 경우로 나눠서 설명한다. 부분 풀링, 유연 풀링, 완전유연화 풀링으로 나눈다.

부분 풀링에서는 A와 B가 1, 2 장비를 담당하고, C와 D가 3, 4 장비를 정비하는 모델이다. 부분 풀링의 수요충족률은 360/390이고 가동률은 360/400이다. 이는 전용화인 경우 충족률이 340/390, 가동률이 340/400에 비하여 높다.

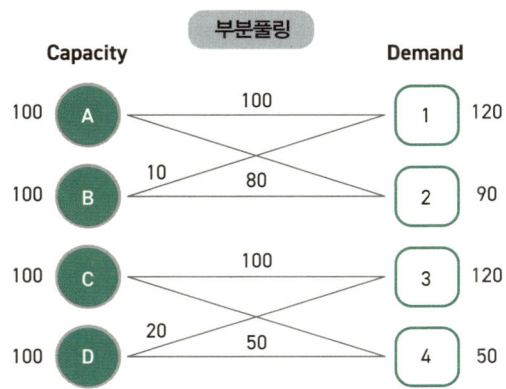

[그림 4-56] 능력풀링을 통한 유연성 확대

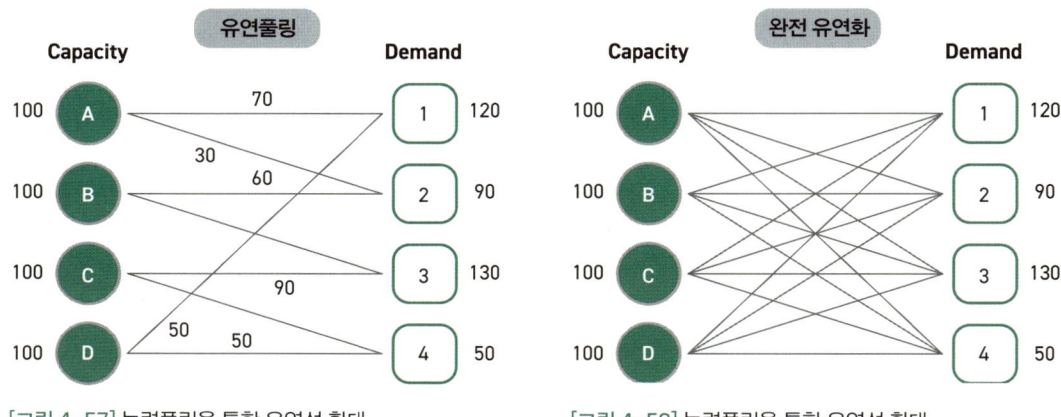

Capacity	유연풀링	Demand		Capacity	완전 유연화	Demand

[그림 4-57] 능력풀링을 통한 유연성 확대   [그림 4-58] 능력풀링을 통한 유연성 확대

유연 풀링에서는 A가 1, 2 장비를 정비하고, B가 2, 3 장비를 정비한다. C는 3, 4를, D는 4, 1 장비를 정비한다. 이렇게 연결하면 수요충족률 390/390이고, 가동률은 390/400이다. 부분 풀링 보다 유연 풀링의 성과가 뛰어나다.

유연 풀링은 완전유연화만큼이나 성과가 뛰어나다. 하지만 유연 풀링의 비용은 완전유연화보다 낮다. 왜냐하면 능력과 수요를 연결하는 선 하나하나가 모두 교육이나 설비 등에 투자해야 하는 비용 요소이기 때문이다. 완전유연화에서 링크선는 총 16개이고, 유연 풀링에서의 링크 수는 절반인 8개뿐이다. 따라서 유연 풀링이 완전유연화만큼의 성과를 내지만, 소요되는 비용은 현저히 줄일 수 있다.

[그림 4-56]의 유연 풀링을 2-유연 구조2-flexibility structure라고 한다. 2-유연 구조는 정비 유연성을 제고할 수 있다.

에필로그

2050년, 전쟁은 더 이상 인간의 손에 달려 있지 않다. 유기체가 아닌 기계들이 전장을 지배하는 시대가 도래했다. 우리는 2025년에도 전쟁이 이럴 거라고 예측했지만, 우리가 예측했던 것보다 훨씬 자동화되고 무인화되었다. 2050년의 전쟁은 로봇과 드론이 주도하고, 인간은 그저 결과를 지켜보는 존재가 되었다. 무기체계의 획득, 운영, 정비, 폐기까지의 과정은 모두 자동화되었고, 그 모든 과정이 끊임없이 진화하는 알고리즘에 의해 조정된다. 무인화나 자동화는 미래 방위사업의 핵심이 될 것이다. 기술은 빠르게 진화하고, 전장의 환경에 맞춰 무기체계는 끊임없이 변한다. 무기체계는 더 이상 단순한 무기 그 이상이다. 무기체계는 진화하는 존재이며, 전투를 통해 성장하는 생명체와 같다.

전 세계의 군사 연합체와 국가들은 방위사업 입찰 네트워크에 접속하여 자율적으로 무기체계를 선택한다. 네트워크에 연결된 AI 시스템은 제시된 무기체계의 제안서, 성능 데이터, 전술적 필요 등을 자동으로 분석하여 각각의 무기체계를 평가한다. 이 과정은 수초 만에 이루어지며, 성능과 진화 가능성을 최우선으로 고려한다. 각 무기체계는 기술 발전의 결과로, 진화적인 특성을 갖춘 AI에 의해 설계되고, 새로운 임무를 수행할 수 있도록 진화한다.

무기체계의 선정 과정에서 중요한 점은 단순히 현재의 성능이 아니라 진화적 적응성이다. 처음에는 그저 비슷한 협상으로 만들어 낼 뿐이다. 이것을 전장이나 연습에 투입하고 필요한 부분을 계속해서 진화시킨다. AI는 새로운 전장 환경에 맞춰 스스로 학습하고, 자신을 계속해서 개선한다. 전쟁이 진행되는 동안, 무기체계는 스스로의 한계를 넘어서려는 노력을 계속하며 새로운 방식으로 적의 전략에 대응한다. 전술의 변화, 상대방의 변화, 전장의 상황에 맞게 무기체계는 실시간으로 업그레이드된다.

전쟁의 시작은 인간의 손을 떠나, AI의 결정에 의해 이루어진다. 로봇과 드론들은 전투를 수행하는 주체로서 그들만의 전략을 세운다. 각 무기체계는 고도로 발달된 자율 AI를 탑재하고 있어, 전투 중에 스스로 목표를 설정하고, 적을 추적하며, 싸움을 벌인다. 드론은 하늘을 나는 정보수집자로서, 지속적으로 전장의 변화를 감지하고 실시간으로 지상 로봇에게 데이터를 전송한다. 로봇은 이 데이터를 기반으로 공격을 개시하거나, 방어를 강화하며, 전장에서 점차 전술적 우위를 점하기 위해 노력한다.

각 무기체계들은 상호작용하며 협력한다. 드론은 정보를 제공하고, 로봇은 그 정보를 바탕으로 물리적인 임무를 수행한다. 이러한 협업은 전투의 속도와 효율성을 극대화한다. 중요한 점은 전투가 점점 더 복잡해지면서 무기체계들이 상호 학습하고, 전략적 협업을 통해 점차 더 정교해진다는 것이다. 이 과정은 완전히 자율적으로 이루어지며, 인간의 개입은 필요 없다.

AI는 전장의 흐름을 실시간으로 분석하고, 동적으로 전술을 수정한다. 적의 드론이 급격히 증가하면 AI는 이를 예상하고 이에 대응할 수 있는 로봇을 자동으로 배치한다. 이 모든 과정은 자동화되어 인간은 그저 결과를 지켜보는 존재가 된다. 전쟁은 인간의 감정이나 판단과는 무관하게 냉정하고 정확한 AI의 계산에 의해 이끌려간다.

전장에서 무기체계의 효율성이 떨어지면 그에 맞는 자율적 정비 시스템이 작동한다. 무기체계들은 스스로 자신의 상태를 점검하고 고장이 발생하면 즉시 수리 프로세스를 시작한다. 드론이 비행 중에 고장 나면 근처의 수리 드론이 자동으로 이를 감지하고 복구 작업을 진행한다. 로봇 또한 자가 진단을 통해 문제를 발견하면 다른 로봇과 협력하여 문제를 해결한다.

이 과정에서 중요한 점은 자원관리이다. 전장에서 수집된 자원은 무기체계의 정비뿐만 아니라 새롭게 생산될 부품의 원재료로도 사용된다. 로봇과 드론들은 전장의 자원을 스캔하고, 필요한 부품을 자동으로 생산한다. 이는 전쟁의 지속적인 효율성을 높이며, 자원 낭비를 최소화한다. 무기체계들은 필요에 따라 부품을 재활용하고, 새로운 기술을 적용하여 계속해서 최적화된 상태로 전장을 떠나지 않는다.

전투가 종료되면 무기체계는 더 이상 필요하지 않거나 성능이 떨어지게 된다. 그러나 그들의 임무가 끝났다고 해서 바로 폐기되는 것은 아니다. 폐기된 무기체계는 전투 평가 AI에 의해 분석된다. 각 무기체계는 그 전투에서 어떤 성과를 거두었는지, 어떤 부분이 부족했는지에 대한 데이터를 제공한다. 이 데이터는 다음 무기체계의 설계에 중요한 영향을 미친다. 진화하는 알고리즘은 이를 반영하여 더 효율적인 무기체계가 개발되도록 돕는다.

폐기된 무기체계들은 자원 회수 시스템을 통해 재활용된다. AI는 부품을 분석하고 이를 최적화된 방식으로 재활용하여, 새로운 무기체계의 설계에 필요한 자원을 확보한다. 이 과정에서 중요한 점은 자원의 효율적인 사용이다. 폐기된 무기체계는 단순히 버려지는 것이 아니라, 미래 전투에 대한 데이터와 자원을 제공하며 전쟁의 순환적 특성을 이어간다.

모든 무기체계는 진화적 알고리즘을 통해 지속적으로 발전한다. 전투에서의 성공과 실패는 그 자체로 학습의 기회가 되며, 무기체계는 전쟁을 치를 때마다 더 강해진다. 전장의 변화, 적의 전술, 전투 경험은 모두 데이터로 축적되고, 이 데이터는 무기체계의 설계와 전략을 발전시키는 데 중요한 역할을 한다. 진화는 그저 한 번의 과정이 아니라, 무기체계의 전 생애에 걸친 지속적인 변화와 발전을 의미한다.

무기체계의 생애가 종료되면, AI는 그에 맞는 폐기 절차를 자동으로 진행한다. 이때, 무기체계는 최종 평가를 받고, 자원 회수 및 재활용 과정을 거친다. 더 이상 사용되지 않는 부품은 효율적인 방법으로 폐기되며, 이 또한 자원관리 시스템에 의해 철저히 관리된다. 결과적으로 무기체계는 전쟁을 지속 가능한 방식으로 이끌어가며, 전장의 흐름을 자동적으로 최적화한다.

미래의 전쟁은 이제 인간의 손을 떠나 자율적이고 자동화된 시스템에 의해 이끌려간다. 로봇과 드론들은 전장에서 끊임없이 진화하며, 스스로 전략을 수정하고, 자원을 관리하며, 효율적인 전투를 이어간다. 이 시대의 무기체계는 단순히 무기가 아니라 자율적이고 진화하는 존재이다. 전쟁의 승패는 더 이상 인간의 감정이나 판단에 달려 있지 않다. 그것은 AI의 차가운 계산에 의해 결정되며, 그 속에서 무기체계는 계속해서 성장하고 발전한다. 미래의 전장은 완전히 자동화된, 진화하는 전쟁이 될 것이다.

가상의 미래 전쟁 시나리오를 그려 보았다. 21세기의 전장은 더 이상 단순히 병력 수, 화력의 총량, 무기의 절대적 성능만으로 승패가 결정되는 공간이 아니다. 기술적 진보, 디지털화, 인공지능 기반의 정보 우위 경쟁, 그리고 분산형 전투 개념이 동시에 작동하는 복합전장의 등장 속에서 무기체계는 그 자체의 성능뿐 아니라 획득 방식, 운용 효율성, 정비 지속성, 폐기 안전성, 그리고 공급망의 유연성과 회복 탄력성까지 포함한 전 주기적 관리 역량을 요구받고 있다. 이제 우리는 단순히 '좋은 무기'를 확보하는 것에서 나아가 '효율적으로 지속 운용이 가능한 전투체계'를 설계하고, 국가의 국방산업 역량과 방위산업 생태계의 건강성을 포괄적으로 고찰해야 할 시점에 와 있다.

미래의 무기체계는 단일 하드웨어의 개념이 아닌 플랫폼 중심의 유기적 네트워크 체계로 진화하며, 이에 따라 획득 전략 또한 고도로 유연하고, 모듈화되며, 민군 협업을 전제로 한 구조로 변화해야 한다. 전통적인 방식의 획득은 요구사항 설정, 개념연구, 탐색개발, 체계개발, 양산이라는 고정적이고 선형적인 절차에 따라 움직였지만, 급변하는 기술 환경과 위협 양상의 비예측성은 이 같은 고정형 획득 구조의 한계를 드러냈다. 따라서 미래의 무기체계 획득은 '기민한 민첩성agility'과 '개방형 아키텍처'를 중심으로 재편되어야 하며, 선형적 개발에서 점증적·모듈형 개발로의 전환이 요구된다. 이를 위해 요구사항 설정 단계부터 운용 부대와 정비체계, 산업계가 통합적으로 참여하는 '다자 공동 설계multi-stakeholder design' 체계를 구축해야 하며, 기존의 획득 중심 사고에서 '생애 주기 전체 비용'을 고려한 총소유 비용TCO, total cost of ownership 관점으로의 사고 전환이 필수적이다.

2022년 러시아의 우크라이나 침공은 현대전의 양상을 다시금 근본적으로 흔들었다. 과거 냉전기 방식을 연상시키는 대규모 기갑전과 포격전이 등장하는 동시에, 드론과 위성통신, 오픈소스 정보 활용, 인공지능 기반의 타격 대상 식별 등 첨단 기술전이 융합되어 진행되고 있는 이 전쟁은, 무기체계가 단순히 개별 기술의 집합이 아닌, 정보와 네트워크, 민군 통합 인프라의 결정체라는 점을 명확히 보여준다. 우크라이나는 상용 드론에 소프트웨어를 개조해 즉석에서 전장에 투입하는 유연성을 보였으며, 미국과 서방은 고속 정밀무기뿐 아니라 정보 인프라까지 통합적으로 지원함으로써 하이브리드형 전장 운영 모델을 제공하고 있다. 이 사례는 무기 획득에서 전통적 절차를 따를 수 없는 급변 상황에 대응하기 위한 민군 융합, 상용 기술 전환, 디지털 기반의 빠른 획득 체계의 필요성을 잘 보여준다. 미·중 간 전략 경쟁 역시 이 흐름과 맞닿아 있다. 중국은 자국의 방위 산업 기반을 통합적으로 발전시키며, 핵심 기술 내재화, 극초음속 무기, 양자 통신, AI 기반 무기체계 자동화 등에서 빠른 진보를 보이고 있으며, 이에 대응해 미국은 민간 빅테크 기업들과의 연계를 통한 무기체계의 디지털화, 자율화, 전장 네트워크 통합에 박차를 가하고 있다. 이러한 경쟁 속에서 무기체계는 기술뿐 아니라 산업구조, 경제 기반, 공급망 통제력의 대결장으로 변모하고 있다.

획득의 기획 단계에서는 단순히 '최신 무기 도입'이 아닌, '운용 지속성'과 '정비 용이성', '기술 주권 확보'까지 고려하는 다차원적 평가 프레임워크가 구축되어야 하며, 이를 위해서는 국방 R&D와 연계된 중장기 기술 로드맵과 무기체계 아키텍처 전략이 병행되어야 한다. 국산화와 기술 독립은 그 자체로 목적이 아니라 전략적 자율성 확보의 수단이며, 국제 협력과 연계를 통해 유연성을 확보하되, 핵심 구성 요소에 대해서는 자립화 전략을 병행함으로써 획득 위험을 최소화할 수 있다.

운영 단계로 넘어가면, 무기체계의 실질적 전투력 발휘 여부는 운용개념CONOPS, concept of operations과의 정합성, 실시간 정보 전력과의 융합 능력, 그리고 병력 숙련도와 전투 지속 능력에 의해 결정된다. 특히, 미래의 분산형·다영역 작전 개념 속에서 개별 무기체계는 독립적인 하드웨어가 아닌, 센서−슈터−지휘망의 일부로서 통합되어야 하며, 이를 위해 C4ISR 체계와 연동되는 상호 운용성과 디지털 인터페이스 표준화가 사전부터 설계되어야 한다.

운영 효율성 제고를 위해서는 '상태 기반 정비CBM, condition-based maintenance' 개념을 적극적으로 도입해야 하며, 이는 단순히 정비 비용을 줄이는 차원을 넘어 무기체계의 전투 가용률을 극대화하는 전략적 요소로 작용한다. 센서 기반의 실시간 상태 모니터링, 예지정비예측정비 기술, AI 기반 장애 진단 시스템이 접목된 무기체계는 수동적 정비를 벗어나 자율적 자기진단 능력을 갖추게 되며, 이는 정비 병력의 부담을 경감시키는 동시에 전력 운용의 가시성과 민첩성을 제고하게 된다.

이러한 기술 기반 정비체계의 구축은 단순히 기술적 문제에 그치지 않고, 정비 데이터를 분석하고 관리할 수 있는 디지털 기반의 통합 플랫폼을 필요로 하며, 여기서 축적된 데이터는 다시 획득·개발 단계로 환류되어, 미래 무기체계의 설계 개선과 정비성 향상에 기여하는 '지능형 피드백 루프'를 형성하게 된다.

폐기 단계에서는 환경적 책임성과 자원 재활용 관점이 함께 고려되어야 하며, 특히 탄소중립, 친환경 국방이라는 글로벌 흐름 속에서 노후 무기체계의 안전한 해체와 재활용 기술의 확보는 방위산업의 지속 가능성 관점에서도 중요한 이슈가 된다. 폭발물 해체 기술, 특수금속 회수 공정, 부품의 민간 전환 기술 등은 향후 무기체계 생애 주기 관리에서 별도의 전략적 기술 영역으로 분리되어야 하며, 이 과정에서 민간업체와의 협력이 중요해진다. 폐기는 단지 무기를 없애는 절차가 아니라, 전력 전환과 다음 세대 무기체계의 설계 전략을 위한 자원 회수이자 교훈 도출의 통로가 되어야 한다. 이때까지 축적된 운용·정비·장애 이력 데이터는 무기체계의 설계 개선을 위한 핵심 자산이므로, 생애 말기 관리 단계에서 이를 체계적으로 분석·환류하는 기능도 확보되어야 한다.

공급망 관리의 영역은 최근 글로벌 불안정성과 지정학적 위기 속에서 가장 중요한 전략적 이슈로 부상하고 있다. 반도체, 희토류, 복합소재 등 특정 국가에 의존하는 핵심부품의 수입 중단은 무기체계 전체의 생산과 운용을 마비시킬 수 있는 치명적 취약 요소이며, 이에 따라 미래의 방산 공급망은 '국가안보 기반의 회복 탄력성resilient supply chain'을 중심으로 설계되어야 한다. 핵심 소재·부품에 대해서는 국내 생산 기반을 확보하거나 전략적 비축체계를 마련해야 하며, 다중 공급선 확보, 국산 대체품 개발, 글로벌 파트너십에 의한 리스크 분산 전략이 필요하다. 이러한 공급망 회복 탄력성 확보는 단기적 비용 부담을 초래할 수 있지만, 전시나 국가 위기 상황에서 전력 유지의 관건이 되므로 '국가 전략물자 관리 체계'와 연계하여 장기적 전략적 자산으로 재편성되어야 한다.

이를 위한 디지털 기반의 공급망 가시성 플랫폼은 단순 재고관리 수준을 넘어, 실시간 수요예측, 부품 수급 경로 모니터링, 위기 시 대체 경로 자동 탐색 등의 기능을 갖추어야 하며, AI 기반 공급망 의사 결정 시스템과 결합될 경우, 미래 무기체계의 유지 지속성을 보장하는 핵심 인프라로 기능할 수 있다. 특히, 국방 특성상 외부 위협에 대한 보안성, 사이버 회복성, 물리적 재해에 대한 이중화 구조까지 포함된 통합 공급망 보안 전략이 필요하며, 이 모든 요소는 결국 통합된 국방 디지털 트윈 환경 내에서 시뮬레이션되고, 예측되며, 사전에 대비될 수 있어야 한다.

결국, 무기체계의 미래는 단순히 '강한 무기'가 아닌, '지속 가능하고 자립 가능한 전투체계'로 귀결된다. 국방 획득은 기술의 조달이자 전략의 실현이고, 운영은 효율성의 시험장이며, 정비는 지속성의 본질이며, 폐기는 책임성의 귀결이고, 공급망은 회복력의 기반이다. 이를 하나의 통합된 체계로 보지 못하고 각 요소를 단절된 개별 기능으로 인식하는 한, 우리는 미래 복합전의 주도권을 장악할 수 없다. 디지털화, 민군 융합, 개방형 설계, 예측 기반 정비, 회복 탄력적 공급망, 그리고 생애 주기 비용 기반 의사 결정이라는 여섯 개의 키워드는 우리가 나아가야 할 방향의 근간을 이룬다. 이를 바탕으로 한 국방혁신은 더 이상 선택이 아닌 생존의 조건이며, 이 체계적 진화를 이끌어 낼 주체는 기술이 아닌 기술을 이해하고 전략화할 수 있는 사람이다. 우리가 가야 할 길은 분명하다. 빠르게, 그러나 깊이 있게, 유연하지만 단단하게. 무기체계의 미래는 단절이 아니라 연결, 폐기가 아니라 순환, 획득이 아니라 생애 주기 전체의 통찰 속에서 완성되는 것이다.

우리는 이 책을 통해 무기체계는 국가안보의 핵심으로 국가의 자주국방과 안보를 지키는 필수 요소로, 이를 개발·획득·운영하는 국방 종사자들의 헌신과 노고를 조금이라도 치하하고 그들의 사기가 진작되었으면 하는 바람이다. 마지막으로 이 글을 읽는 국민들이 무기체계에 대한 이해와 관심을 증진시켜 그것의 중요성을 알고 이에 대한 관심과 이해를 더욱 높이기를 기대해본다.

저자 소개

문성암

2002년부터 국방대학교 국방관리대학원 교수로 재직 중으로, 연세대에서 경영학박사를 취득하였다. LG경제연구원 산업분석가, 동의대 유통관리학과 교수를 역임했다. 기획재정부의 공공기관 혁신평가위원, 국방부, 방위사업청, 육군 인참부, 육군 군수사령부, 국토교통부 자문위원을 지냈고, 2023년부터 2025년까지 한국로지스틱스 학회장을 역임했다. 저서로 『벤토리』(2010, 한경사), 『시스템 스토리텔링』(북큐브, 2011), 『시간을 파는 사람들』(북큐브, 2011), 『디지털 시대의 유통론』(한경사, 2016), 『The Emperor's S-Curve』(Amazon, 2014), 『The 3Pig's Pooling』(Amazon, 2014), 『Making the Match Girl Rich』(Amazon, 2014) 등이 있으며, 역서로는 『전략적 수요공급관리』(지필, 2006), 『물류 및 공급체인관리』(한국맥그로힐, 2006) 등이 있다. 국내외 100여 편의 논문을 게재하고 있다.

최경환

2000년 공군사관학교 48기로 졸업한 이후 공군비행단, 항공사업단, 방위사업청에서 군수, 계약, 사업, 획득, 교육 업무를 담당했다. 2020년부터 2년간 국방대 국방관리학과 교수로 재직하며, 국방조달관리, 계약 및 협상관리, 원가관리 등의 수업을 통해 국방의 다양한 문제들을 심도 있게 다루었다. 2014년 국방대 군사운영분석 전공으로 군사학 박사학위를 취득했고, 한국로지스틱스학회 편집위원과 이사, 광운대 방위산업연구소 편집위원, 한국국방조직학회 이사로 활동 중이다. 주요 관심 분야는 획득 관리, 공급사슬관리, 국방과학, 방위산업 등이며, 저서로는 『Smart Logistics(스마트 군수)』(공저, 한경사, 2022)와 『시스템 다이나믹스를 활용한 재고관리』(공저, 북큐브네트웍스, 2022)가 있다.

최진우

2009년 해군사관학교 63기로 졸업한 이후, 수상함·잠수함 기관장, 차세대 잠수함 건조 사업 및 지원 설비 등의 군수 분야 업무를 수행하였다. 2022년 국방대 군수 경영 전공 박사학위를 취득한 후, 해군의 군수 분야 발전을 위해 연구·분석업무를 수행하며 한국로지스틱스학회 편집위원으로 활동 중이다. 저서로는 『Smart Logistics(스마트 군수)』(공저, 한경사, 2022), 『시스템 다이나믹스를 활용한 재고관리』(공저, 북큐브네트웍스, 2022)가 있다. 주요 관심 분야는 군 장비의 고장과 수요예측, 국방 디지털 트윈, 공급사슬관리 등이다.